—— 安全生产 18 讲丛书 ——

消防安全教育18讲

闫 宁 王小龙 主编

中国劳动社会保障出版社

图书在版编目(CIP)数据

消防安全教育18讲/闫宁，王小龙主编. -- 北京：中国劳动社会保障出版社，2020
(安全生产18讲丛书)
ISBN 978-7-5167-4655-4

Ⅰ.①消… Ⅱ.①闫…②王… Ⅲ.①消防-安全培训-教材 Ⅳ.①TU998.1

中国版本图书馆CIP数据核字(2020)第173075号

中国劳动社会保障出版社出版发行
(北京市惠新东街1号 邮政编码：100029)
*
北京市艺辉印刷有限公司印刷装订 新华书店经销
880毫米×1230毫米 32开本 10.75印张 264千字
2020年10月第1版 2024年1月第4次印刷
定价：32.00元

营销中心电话：400-606-6496
出版社网址：http://www.class.com.cn

内 容 简 介

本书为“安全生产18讲丛书”之一，重点讲述生产生活尤其是企业生产经营活动中应知应会的消防安全管理知识和技术，企业生产现场的消防安全工作，火灾事故预防与应急处置的基础知识，以及相关法律法规、技术标准。本书内容围绕企业消防安全教育应关注的18个大的知识点，主要包括燃烧、火灾与爆炸的基础知识，安全管理与消防安全管理概述，消防安全法律法规体系，消防安全管理机构与工作组织，火灾隐患排查与消防安全检查，消防安全宣传教育、责任与监督，以及建筑消防安全基本设置、火灾扑救、火灾事故现场抢险避灾与救护知识等。

本书可供企业安全管理人员教育培训使用，也可作为广大生产经营单位的从业人员学习消防安全相关知识的手册，能够有效提升企业生产一线各类岗位人员的消防安全事故预防、应急与救护的素质和能力。

Contents

目　录

第 1 讲　燃烧基础知识

1. 1　燃烧的定义及条件 /1
1. 2　燃烧的类型 /7
1. 3　燃烧产物 /13

第 2 讲　火灾与爆炸基础知识

2. 1　火灾的引发原因及其危害 /22
2. 2　火灾的分类、发展阶段与发生规律 /27
2. 3　爆炸基础知识 /32

第 3 讲　安全管理与消防安全管理概述

3. 1　安全管理及其分类 /39
3. 2　现代安全管理理论简介 /40

3.3　生产安全事故概述 /45
3.4　消防安全管理定义 /49
3.5　消防安全管理的基本方法 /51

第4讲　消防安全法律法规体系

4.1　消防安全管理的方针和原则 /55
4.2　消防安全法律法规体系概述 /61

第5讲　消防安全管理机构与工作组织

5.1　消防安全管理机构 /65
5.2　消防安全工作组织 /70

第6讲　火灾隐患排查与消防安全检查

6.1　火灾危险性分类 /78
6.2　火灾隐患的含义和分级 /80
6.3　火灾隐患的确定 /81
6.4　火灾隐患的整改方式 /82
6.5　消防安全检查 /83

第7讲　消防安全宣传教育

7.1　消防安全宣传教育基本概念 /93

7. 2　消防安全宣传教育的要求 /94
7. 3　消防安全宣传教育的主要内容和形式 /99

第 8 讲　消防安全责任与监督

8. 1　消防安全责任 /102
8. 2　火灾事故调查 /108
8. 3　消防产品质量监督管理 /112

第 9 讲　建筑消防安全基本设置

9. 1　建筑分类及其耐火等级 /117
9. 2　消防车道 /122
9. 3　救援场地和入口 /125
9. 4　消防电梯 /127
9. 5　直升机停机坪 /129
9. 6　防火墙 /129
9. 7　疏散设施 /131
9. 8　防火设备 /135
9. 9　防火分区和层数 /136

第 10 讲　消防安全标志

10. 1　安全色及其对比色 /141
10. 2　消防安全标志及其构成 /142

10.3 消防安全标志的功能分类 /147
10.4 消防安全标志设置要求 /151

第11讲 消防应急照明和疏散指示

11.1 消防应急照明和疏散指示系统 /157
11.2 消防应急灯具 /162
11.3 疏散指示标志灯的图形与文字 /165
11.4 消防应急照明和疏散指示系统产品识别 /167
11.5 消防应急照明和疏散指示系统技术要求 /169

第12讲 防烟排烟与自动报警系统

12.1 火灾烟气及其危害 /175
12.2 防烟排烟系统 /179
12.3 防烟排烟方式 /183
12.4 火灾自动报警系统 /186

第13讲 灭火系统

13.1 室内外消火栓系统 /197
13.2 自动喷水灭火系统 /206
13.3 泡沫灭火系统 /212
13.4 干粉灭火系统 /217
13.5 气体灭火系统 /221

第14讲　灭　火　器

14.1　灭火 /227
14.2　灭火剂 /233
14.3　常见灭火器及其使用 /242

第15讲　火 灾 扑 救

15.1　生产装置火灾扑救 /248
15.2　气体或液化气泄漏火灾扑救 /251
15.3　易燃液体泄漏火灾扑救 /254
15.4　电气线路和设备火灾扑救 /257
15.5　管道系统火灾扑救 /259
15.6　危险化学品火灾扑救 /262
15.7　汽车火灾扑救 /264
15.8　人体着火扑救 /265

第16讲　火灾爆炸事故现场应急处置

16.1　事故现场应急处置概述 /266
16.2　冶金企业生产事故应急处置 /272
16.3　化工企业生产事故应急处置 /277
16.4　煤矿火灾事故应急处置 /283

第17讲　火灾现场避险

17.1　火灾烟气的危害逃避 /287
17.2　火灾发生后安全疏散与逃生 /290
17.3　火灾现场安全疏散和逃生自救方法 /292

第18讲　火灾爆炸伤员现场急救

18.1　事故现场急救概述 /299
18.2　事故现场通用急救知识 /308
18.3　火灾爆炸事故常见伤员急救 /320

第 1 讲

燃烧基础知识

燃烧是一种伴随发光、发热的化学反应过程。在燃烧的过程中，可燃物与氧化剂相互作用，有的物质被氧化，有的物质被还原，生成了与原来完全不同的物质。由于燃烧过程中的氧化速度快、反应剧烈，因而会发出大量热，这些热把燃烧产物加热到发光的程度，火焰就是燃烧发热、发光的表现，也是燃烧的一大特征。

可以认为，火灾是一种意外的、不可控的物质燃烧过程，因此要了解火灾有关控制方法，首先要掌握燃烧方面的基本知识内容。本讲重点讲述燃烧的定义及其产生条件，以及燃烧的分类、产物等基础知识。

1.1 燃烧的定义及条件

1.1.1 燃烧的定义

现代燃烧理论认为，燃烧是一种游离基的链锁反应，这是目前被广泛认可并且较为成熟的一种解释。链锁反应也叫链式反应，它是由单独分子游离基的变化而引起的一连串分子变化的化学反应。游离基又称自由基，是化合物或单质分子在外界的影响下分裂而成的含有不成对价电子的原子或原子团，是一种高度活泼的化学基团，一旦生成即诱发其他分子迅速地、一个接一个地自动分解，生成大量新的游离基，从而形成更快、更大范围的蔓延、扩张、循环传递的链锁反应，直到不再产生新的游离基为止。因此，在这个过程中介入抑制剂抑制游离基的产生，链锁反应就会终止，燃烧就会停止。

1.1.2 燃烧的特征

燃烧通常具有以下三个特征：

(1) 氧化还原反应

根据物质燃烧的化学反应式可知，任何物质的燃烧，都是可燃物与氧化剂作用发生的氧化还原反应，而该反应一般都非常剧烈。

(2) 放热

凡是燃烧都有热量生成，这是因为氧化还原反应在进行时总是有旧键的断裂和新键的生成，断键时要吸收能量，成键时要放出能量。由于燃烧时，断键吸收的能量要比成键放出的能量少，所以都表现为放热反应。

(3) 发光和发烟

燃烧过程中，会产生特定频率的光子，这样我们就见到了光。不同物质发出的光子的频率并不一样，所以我们能够在燃烧中看到不同颜色的火焰。

燃烧过程中若有固体（如煤炭未完全燃烧产生的碳黑）或液体（如氢气和氧气燃烧时产生的水在较低气温下冷却成水雾）颗粒产生，我们就可以看到烟雾，还有一种情况是在产生有颜色的气体的情况下也可以看到烟［如燃烧产生的二氧化氮（NO_2）气体会在空气中让人觉得产生棕黄色的烟气，但是这按烟雾的定义来说并不是烟］。

1.1.3 燃烧的条件

燃烧的发生是有一定条件的。要发生燃烧必须同时具备三个条件：一是要有可燃物；二是要有助燃物；三是要有着火源。这三个条件（要素）缺一不可。如图 1-1 所示是燃烧三角形，俗称“火三角”，它形象地解释了燃烧发生的必要条件。另外，也有人将燃烧作为链式反应的原理，引入游离基之后，将燃烧的“火三角”进一步理解为燃烧四面体，如图1–2所示。

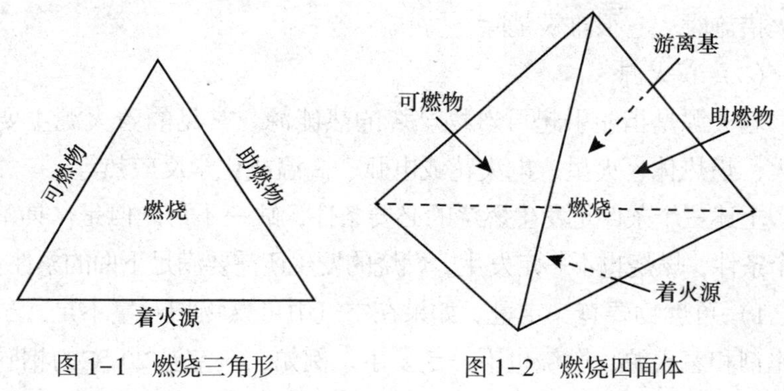

图1–1 燃烧三角形 图1–2 燃烧四面体

（1）可燃物

广义地讲，无论在什么条件下，凡是能够燃烧的物质都是可燃物，例如木材、酒精、棉花、汽油、甲烷、氢气等都是可燃物。

可燃物按照其燃烧的难易程度，可分为易燃物、准燃物和难燃物三类。

1）易燃物是指在低于空气的氧浓度下遇着火源即可持续有焰燃烧的物质，通常指氧指数小于22%的物质。

2）准燃物是指在标准状态下的空气中遇着火源即可持续有焰燃烧的物质，通常指氧指数大于等于22%、小于等于27%的物质。

3）难燃物是指在空气中受到火焰或高温作用时能够发生燃烧，但将着火源移走后燃烧就终止的物质，通常指氧指数大于27%、小于等于50%的物质。

（2）助燃物

助燃物即氧化剂，是指处于高氧化态，具有强氧化性，与可燃物相结合能够导致燃烧的物质，如氧气、氯气、高锰酸钾、氯酸钾、过氧化钠等。

氧气是最常见的一种氧化剂，由于空气中氧气的体积分数约为

21%，因此人们的生产和生活空间都被氧气所包围。多数可燃物在空气中能够燃烧，即燃烧的氧化剂这个条件是普遍存在的，在采取防火措施时，它很难被消除。

（3）着火源

着火源是指能引起可燃物燃烧的热能源。常见的着火源主要有明火、炽热体、火星、电火花或电弧、高温或化学反应热等。

上述三个条件是发生燃烧的必要条件，缺一不可。但是，具备这三个条件，燃烧也不一定发生。燃烧的发生还需要满足下面的条件：

1）可燃物要有一定量。如果在空气中可燃物相对量不足，虽有氧化剂和着火源，燃烧也不一定发生。例如，在室温 20 ℃的相同条件下，用火柴去点燃汽油和煤油时，汽油能立刻燃烧，而煤油却不燃。这是因为汽油易挥发，在 20 ℃时就能挥发出足够燃烧的可燃蒸气，达到发生燃烧的浓度；而煤油相对来说挥发性不强，在 20 ℃时挥发出的可燃蒸气太少，达不到燃烧的浓度，因而不能发生燃烧。

2）氧化剂要达到一定比例。以氧气为氧化剂的可燃物燃烧都有最低含氧量的要求，当空气中的含氧量（氧气的体积分数）不能满足其燃烧所需要的助燃条件，这类物质在空气中就无法燃烧。常见物质燃烧的最低含氧量见表 1-1。

表 1-1　常见物质燃烧的最低含氧量　%

物质	最低含氧量	物质	最低含氧量
汽油	14.4	乙醚	12.0
煤油	15.0	乙炔	3.7
乙醇	15.0	橡胶屑	13.0
丙酮	13.0	多量棉花	8.0
氢气	5.9	黄磷	10.0

3）着火源必须具有一定温度和足够的热量。用一根燃烧着的火柴，可以点燃香烟、织物和纸张，但却不能点燃煤块。这是因为火

柴的火焰所具有的温度和热量已经达到了使香烟、织物和纸张燃烧的温度和热量，但却没有达到使煤块燃烧的温度和热量。从烟囱冒出来的炭火星，温度高达 600 ℃，已经超过一般可燃物的燃点，如果落在草垛和棉垛上，有可能引起燃烧。但是如果落在木材上，炭火星就会很快熄灭，不能引起燃烧。这是因为炭火星的温度虽然很高，达到了木材的燃点（250~450 ℃），但由于其热量不够，因此仍然不能引起木材燃烧。常见着火源温度见表 1-2。

表 1-2　　常见着火源温度　　单位：℃

着火源	温度	着火源	温度
火柴火焰	500~650	气体灯火焰	1 600~2 100
点燃的香烟头（中心）	700~800	酒精灯火焰	1 180
点燃的香烟头（表面）	250	煤油灯火焰	700~900
机械火星	1 200	蜡烛火焰	640~940
煤炉火	1 000	打火机火焰	1 000
烟囱炭火星	600	焊割火花	2 000~3 000
石灰遇水发热	600~700	汽车排气管火星	600~800

4）三个条件同时作用。三个条件相互作用，缺一不可，燃烧才能够发生。例如，在我们的房间内，有桌、椅等家具可燃物，有充满空间的空气，有火源、电源，燃烧的三个条件都具备了，但是并没有发生燃烧现象，是因为这些条件没有相互作用的缘故。

1.1.4　燃烧条件在消防安全工作中的应用

（1）燃烧条件在防火工作中的应用

一切防火措施都是为了防止产生燃烧的条件。在防火工作中，人们采取的基本措施主要有以下几点：

1）控制可燃物。在建筑中尽量减少可燃物的使用。例如，用难燃或不燃材料代替易燃材料；将可燃材料浸泡或涂刷防火涂料，提高材料的耐火性能；对于具有火灾爆炸危险性的场所，采取强制通风的方法，以降低易燃易爆气体、蒸气或粉尘在空气中的浓度，使之达不到燃烧浓度；将化学性质上能相互作用的物品分开存放等。

2）隔绝空气。例如，使用易燃易爆物质的生产环节应在密闭设备中进行；对于有异常燃烧爆炸危险的生产，充装稀有气体保护；隔绝空气储存活性较强的物质，如将金属钠存于煤油中、黄磷存于水中、二硫化碳用水封闭存放等。

3）消除着火源。例如，在易燃易爆场所禁止烟火，禁穿化纤衣服和带铁钉、铁掌的鞋，使用防爆电器；采取隔离控温、避雷、遮挡阳光、防止撞击等措施。

4）阻止火势蔓延。例如，通过在建筑物之间设置防火墙，留防火间距；在可燃气体管道上安装阻火器和安全水封，在通风管道上安装防火阀等。这些方法都是为了阻止新的燃烧条件形成，使火灾范围得到控制，防止其蔓延。

（2）燃烧条件在灭火工作中的应用

一切灭火措施都是为了破坏已经形成的燃烧条件，或使燃烧反应中的游离基消失。灭火时，人们采取的基本方法主要有以下几种：

1）冷却灭火法。例如，将灭火剂直接喷洒在可燃物上，使可燃物的温度降低到其燃点以下，从而使燃烧停止；用水冷却尚未燃烧的可燃物，防止其达到燃点而着火。

用水扑救火灾，其主要作用就是冷却灭火，一般物质起火，都可以用水来冷却灭火。

2）窒息灭火法。可燃物质在没有空气或空气中的含氧量低于可燃物质燃烧的最低含氧量的条件下是不能燃烧的。所谓窒息法，就是隔断燃烧物的空气供给。

采取适当的措施，阻止空气进入燃烧区，或用稀有气体稀释空气中的含氧量，使燃烧物质缺乏或断绝氧气而熄灭，这种方法适用于扑救封闭式的空间、生产设备装置及容器内的火灾。运用窒息灭火法扑救火灾时，可采用石棉被、湿麻袋、湿棉被、沙土、泡沫等不燃或难燃材料覆盖燃烧或封闭孔洞，用水蒸气、稀有气体充入燃烧区域，利用建筑物上原有的门以及生产储运设备上的部件来封闭燃烧区，以阻止空气进入。

3）隔离灭火法。可燃物是燃烧最重要的条件之一，如果把可燃物与着火源或空气隔离开来，那么燃烧反应就会自动中止。如用喷洒灭火剂的方法，把可燃物同空气和热隔离开来、用泡沫灭火剂产生的泡沫覆盖于燃烧的液体或固体的表面，把可燃物与火焰、空气隔开等，都属于隔离灭火法。

采取隔离灭火法的具体措施有很多。例如，将火源附近的易燃易爆物质转移到安全地点；关闭设备或管道上的阀门，阻止可燃气体、液体流入燃烧区；拆除与火源相邻的易燃建筑结构，形成阻止火势蔓延的空间地带等。

4）抑制灭火法。即将化学灭火剂喷入燃烧区参与燃烧反应，使游离基的链式反应中止，从而使燃烧反应停止或不能持续下去。采用这种方法可使用的灭火剂有干粉和卤代烷。灭火时，应将足够量的灭火剂准确地喷射到燃烧区内，使灭火剂阻断燃烧反应，同时还应采取冷却降温措施，以防复燃。

1.2 燃烧的类型

1.2.1 按点燃方式分类

燃烧按点燃方式的不同可分为引燃和自燃两种。

（1）引燃

引燃是指受外部着火源的作用，物质开始燃烧的现象。即着火源接近可燃物，局部开始燃烧，然后迅速传播的燃烧现象，可分为局部引燃和整体引燃。例如，用打火机点燃烟头属于局部引燃；炼制沥青、松香等易熔固体，温度超过引燃温度属于整体引燃。

（2）自燃

自燃是指没有外界着火源的作用，物质依靠自身内部一系列物理、化学变化产生热量，从而发生自动燃烧的现象，如白磷的自燃现象。自燃最大的特点是靠物质自身内部变化提供能量，即燃烧所需要的温度。

1.2.2　按燃烧时可燃物状态分类

按燃烧时可燃物呈现的状态可将燃烧分为气相燃烧和固相燃烧两种。可燃物的燃烧状态并不是指可燃物燃烧前的状态，而是指燃烧时的状态，如乙醇燃烧前是液态，燃烧时转化为气态，其燃烧则归类为气相燃烧。

（1）气相燃烧

气相燃烧是指燃烧时可燃物和氧化剂均为气态的燃烧。气相燃烧是一种常见的燃烧形式，如汽油、酒精、丙烷、蜡烛等燃烧都属于气相燃烧，事实上，凡是有火焰的燃烧都属于气相燃烧。

（2）固相燃烧

固相燃烧是指燃烧进行时可燃物为固态的燃烧，固相燃烧也称为表面燃烧。如木炭、镁条、焦炭的燃烧就属于固相燃烧，只有固体可燃物才能发生此类燃烧。但是，也不是所有固体的燃烧都是固相燃烧，燃烧时分解、熔化、蒸发的固体的燃烧都不属于固相燃烧，仍然属于气相燃烧。

1.2.3　按可控性分类

（1）有控制的燃烧

有控制的燃烧是指为了利用燃烧产生的发热、发光特性而进行的可控性燃烧，如煮饭、取暖、照明等都是利用此类燃烧。这类燃烧是我们生产和生活所需要的正常燃烧，不属于火灾燃烧。

（2）失去控制的燃烧

失去控制的燃烧简称“失火”，是指人们不需要的失去控制所形成的燃烧。各种火灾条件下的燃烧都属于失去控制的燃烧。

1.2.4 按燃烧速度及现象分类

（1）闪燃

在一定温度下，液体（含能蒸发的部分可燃固体，如石蜡、樟脑、沥青、萘等）产生的蒸气与空气混合后，达到一定浓度时遇着火源产生一闪即灭的燃烧现象叫作闪燃。此类可燃液体在闪燃温度下蒸发速度还不太快，蒸发出来的蒸气仅能维持瞬间的燃烧，而来不及补充新的蒸气维持稳定燃烧，故一闪即灭。闪燃虽然一闪即灭，不能引起持续燃烧，但对消防安全工作却有重要意义。从消防安全的观点来说，闪燃是火险的警告，是着火的前奏。液体发生闪燃的最低温度叫该液体的闪点，表1-3列举了常见可燃液体的闪点。

表1-3　常见可燃液体的闪点　单位：℃

液体	闪点	液体	闪点
汽油	-58~10	乙醚	-45
煤油	28~45	丙酮	-20
柴油	50~90	醋酸	40
乙醇	12	松节油	35
苯	-11	二甲苯	25
甲苯	4	二硫化碳	-45

闪点在消防安全工作中的意义：

1）闪点是评定液体火灾危险性大小的依据。液体的闪点越低，其火灾危险性就越大。例如，汽油、煤油和柴油，闪点越来越高，因而相对来说，其火灾危险性相应减小，即汽油的火灾危险性大于煤油，而煤油的火灾危险性相对大于柴油。一般来说，液体的闪点高于环境温度时，其火灾危险性就相对小一些，否则，火灾危险性就相对大一些，必须采取相应的安全措施，防止发生火灾事故。

2）闪点是确定液体生产、储存火灾危险性类别的依据。《建筑设计防火规范》（GB 50016—2014，2018 年版）将生产、储存物品的火灾危险性分为五类（分别是甲类、乙类、丙类、丁类、戊类），其中将可燃液体分在甲、乙、丙三类中。闪点小于 28 ℃的可燃液体，其生产、储存的火灾危险性为甲类，如甲醇、丙酮、苯等合成或精制厂房，植物油加工厂浸出车间，苯、甲苯、乙醇、乙醚及 60 度及以上的白酒仓库；闪点大于等于 28 ℃而小于 60 ℃的可燃液体，其生产、储存的火灾危险性为乙类，如樟脑油提取工位、煤油灌桶间或仓库等；闪点为 60 ℃及以上的可燃液体，其生产、储存的火灾危险性为丙类，如香料厂的松油醇提取工位，油浸变压器室，沥青加工厂房和润滑油、机油、重油仓库等。

（2）着火

可燃物在与空气共存的条件下，当达到某一温度时，与着火源接触即能引起燃烧，并在着火源离开后仍能持续燃烧，这种持续燃烧的现象叫着火。也就是说，物质着火需要一定温度，如果达不到这个温度，着火就不能发生，或者仅仅发生闪燃。

1）燃点。燃点就是可燃物开始持续燃烧所需要的最低温度，即该物质的着火点。不同的物质，燃点不同。可燃物都有燃点，液体的燃点都高于闪点。一般来说，易燃液体的燃点比闪点高 1~5 ℃，液体闪点越低其燃点与闪点度数差越小，闪点低于 0 ℃的液体，其燃点与闪点仅相差约 1 ℃；而闪点在 100 ℃以上的液体，其燃点要高出闪点 30 ℃以上。常见可燃物的燃点详见表 1-4。

表 1-4　　常见可燃物的燃点　　单位：℃

可燃物	燃点	可燃物	燃点
纸张	130	布匹	200
棉花	210	松木	250
麻绒	150	橡胶	120
蜡烛	190	赛璐珞	100
烟叶	220	樟脑	70
麦草	200	松节油	53
豆油	220	—	—

2）燃点在消防安全工作中的应用：

①控制温度，使其在可燃物燃点以下，以防止起火。例如，在熬炼、烘烤和其他高温作业中，其温度控制即以加工物的燃点为依据。

②根据燃点确定燃烧固体类别。易燃固体是指燃点低于或等于 300 ℃的固体（天然纤维、农副产品除外），如赛璐珞、樟脑等；可燃固体是指燃点高于 300 ℃的固体。

③根据燃点决定火场抢救物资的先后。在火场上，如果燃点不同的可燃物处在相同条件下，受到着火源作用时，燃点低的先着火、易蔓延。因此，在灭火抢救时，要先抢救或冷却燃点低的物质。

（3）自燃

1）自燃与自燃点。可燃物发生自燃的最低温度叫自燃点。可燃物的自燃点受一些因素的影响而不固定，尤其受环境、压力、可燃物浓度及氧化面、含氧量的影响较大。一般来说，压力越高、可燃物浓度越大、环境氧浓度越高，可燃物的自燃点就越低，越容易发生自燃。常温常压下，常见可燃物的自燃点见表 1-5。

根据热源的不同，自燃分为受热自燃和自热自燃。受热自燃是指物质受到外来热源的作用而发生的自动燃烧现象，如加热、烘烤、摩擦、辐射等非直接火源作用引起的燃烧。自热自燃是指由于物质

表 1-5 常见可燃物的自燃点（常温常压下） 单位：℃

可燃物	自燃点	可燃物	自燃点	可燃物	自燃点
黄磷	34～35	籽棉	407	乙醇	414
松香	240	稻草	333	桐油	410
汽油	255～530	木材	250～350	棉籽油	370
煤油	240～290	赛璐珞	150～180	铁粉	316
柴油	350～380	乙醚	180	铝粉	470

内部自行发热而引起的自动燃烧现象。受热自燃和自热自燃两种现象的本质是一样的，只是热的来源不同，前者是外部加热的作用，而后者是物质本身的热效应。

2）自燃点在消防安全工作中的应用：

①根据自燃点确定物质的安全存储方法和防火安全措施。例如，在常温下易发生自燃的物质，在储存中就应采取冷却、密封或通风等特殊方法。

②根据自燃点确定工艺控温极限。例如，在加热、蒸馏、熬炼、合成或分解反应中，应控制物质的温度在自燃点以下。

③根据自燃点确定选用防爆电气设备型号。自燃点是防爆电气设备制造和爆炸危险场所防爆电气设备选型的重要参数之一。根据物质的自燃点，可以选择确定适合爆炸危险场所的防爆电气设备的类型。

3）常见自热自燃物质。从消防安全的观点来看，具有自热自燃性质的物质是危险的，因为其不需要外来火源和热源，自热就能发生自动燃烧，其防火措施也不同于一般物质。常见的具有自热自燃特性的物质主要有以下几类：

①化学品。例如，黄磷、二硫化碳、赛璐珞等。

②金属类。例如，钾、钠、镁等轻金属及铝粉、镁粉、锌粉、铝镁合金等。

③矿物类。例如，硫化铁、烟煤等。

④植物类。例如，稻草、麦草、烟叶、籽棉等。

⑤油脂及其制品。主要是植物油，如桐油、亚麻籽油、葵花籽油及其制品如油布、油纸、油棉纱等。

1.3 燃烧产物

1.3.1 燃烧产物的概念

燃烧产物是指由燃烧或热解作用而产生的全部物质。也就是说可燃物燃烧时，生成的气体、固体和蒸气等物质均为燃烧产物，如灰烬、炭粒（烟）等。

燃烧产物按照燃烧的完全程度分为完全燃烧产物和不完全燃烧产物两大类。如果在燃烧过程中生成的产物不能再燃烧了，那么这种燃烧叫作完全燃烧，其产物称为完全燃烧产物，如燃烧产生的二氧化碳、二氧化硫、水、五氧化二磷等都为完全燃烧产物。完全燃烧产物在燃烧区中具有冲淡氧含量抑制燃烧的作用。如果在燃烧过程中生成的产物还能继续燃烧，那么这种燃烧叫作不完全燃烧，其产物即为不完全燃烧产物。例如，炭在空气不足的条件下燃烧时生成的产物是一氧化碳，那么这种燃烧就是不完全燃烧，其产物就是不完全燃烧产物。不完全燃烧一般是由于温度太低或空气不足造成的。

1.3.2 几种重要的燃烧产物

(1) 一氧化碳（CO）

一氧化碳为不完全燃烧产物，是一种无色、无味而有强烈毒性的可燃气体，难溶于水。一氧化碳是火场中的主要“杀手”之一，体积分数在火灾初期阶段约为1%，充分发展阶段可达到5%，最高时能够达到10%。在火场烟雾弥漫的房间中，一氧化碳体积分数比较高时，对房间中人员的身体会有严重影响，必须注意防止一氧化碳中毒和一氧化碳与空气形成爆炸性混合物。火场中不同部位和物质燃烧的一氧化碳体积分数见表1-6。

表1-6　火场中不同部位和物质燃烧的一氧化碳体积分数　%

火灾地点和燃烧物质	一氧化碳体积分数	火灾地点和燃烧物质	一氧化碳体积分数	火灾地点和燃烧物质	一氧化碳体积分数
地下室	0.04~0.65	浓烟	0.02~0.1	火药	2.45~15.0
闷顶内	0.01~0.1	赛璐珞	38.4	爆炸物质	5.0~70.0
楼层内	0.01~0.4	—	—	—	—

一氧化碳的毒性较大，与血红蛋白的结合力强（其结合力约为氧与血红蛋白结合力的240~300倍），能将血液中的氧置换出来，人体吸入后易与血液中的血红蛋白结合形成碳氧血红蛋白，造成人的机体组织缺氧，出现中毒窒息症状。空气中不同体积分数的一氧化碳对人体的影响见表1-7。

表1-7　空气中不同体积分数的一氧化碳对人体的影响　%

一氧化碳体积分数	对人体的影响
0.01	几小时之内没感觉
0.05	1 h内影响不大
0.1	1 h内头疼、作呕、不舒服
0.5	2~3 min有死亡危险
1.0	急性中毒死亡

（2）二氧化碳（CO_2）

二氧化碳为完全燃烧产物，是一种无色、无味不燃气体，溶于水，有弱酸性，有窒息性，对人的呼吸系统有刺激作用。当人体内二氧化碳增多时，能刺激人的中枢神经系统而引起呼吸频繁，使人的需氧量增多。而空气中二氧化碳浓度过大时，又会使含氧量相对减少，使人窒息。在火灾充分发展阶段的二氧化碳体积分数可达

13%左右，所以，很容易使人窒息身亡。空气中不同体积分数的二氧化碳对人体的影响见表1−8。

表1−8 空气中不同体积分数的二氧化碳对人体的影响 %

二氧化碳体积分数	对人体的影响
0.55	6 h内不会有任何症状
1~2	感到呼吸急促，引起不快感
3	呼吸中枢受到刺激，呼吸频率增加2倍，脉搏加快，血压升高，容易疲劳
4	有头痛、眼花、耳鸣、心搏加速等症状
5	感觉迟钝、耳鸣、血液循环加快，喘不过气来，在30 min内引起中毒
6	感到呼吸急促、困难
7~10	头晕、呼吸困难，数分钟内会失去知觉发生昏迷
10~20	呼吸处于停顿状态、失去知觉
20~25	可立即致人窒息死亡

二氧化碳在常温和60个标准大气压下即成液体，当降低压力时，这种液态的二氧化碳会很快汽化，大量吸热，周围温度会很快降低，最多可达到−79 ℃，一部分会凝结成雪花状的固体，故俗称干冰。二氧化碳在消防安全工作中常被用作灭火剂，但是由于钾、钠、钙、镁等金属物质燃烧时产生的高温能够把二氧化碳分解为碳和氧，所以不能用二氧化碳灭火剂扑救金属物质的火灾。

（3）二氧化硫（SO_2）

二氧化硫是含硫可燃物燃烧后的产物，是一种无色、有刺激性臭味的气体。二氧化硫比空气重2.26倍，易溶于水，在200 ℃时，1体积的水能溶解约20体积的二氧化硫。因此，二氧化硫易被人体湿润的黏膜表面吸收生成亚硫酸、硫酸，对眼睛黏膜有强烈的刺激作用，大量吸入可引起肺水肿、喉水肿、声带痉挛而致窒息。二氧化硫轻度中毒时，出现流泪、畏光、咳嗽和咽、喉灼痛等症状，严重中毒可在数小时内发生肺水肿，吸入极高浓度将引起反射性声门痉挛而致窒息。空气中不同浓度二氧化硫对人体的影响见表 1-9。

表 1-9　空气中不同浓度的二氧化硫对人体的影响

二氧化硫浓度		对人体的影响
体积分数/%	体积质量/（mg/L）	
0.000 5	0.014 6	长时间作用无危险
0.001～0.002	0.029～0.058	感到气管刺激，咳嗽
0.005～0.01	0.146～0.293	1 h 内无直接的危险
0.05	1.46	短时间内有生命危险

（4）氰化氢（HCN）

氰化氢是聚氨酯泡沫塑料等含氮高分子材料的燃烧产物，为无色气体或液体，易燃，极毒。氰化氢的毒性作用主要是通过氰离子发生的，氰离子可经呼吸道、消化道甚至完整的皮肤吸收进入人体，能抑制细胞呼吸引起窒息。空气中不同体积质量的氰化氢对人体的影响见表 1-10。

表 1-10　空气中不同体积质量的氰化氢对人体的影响

单位：mg/m^3

氰化氢体积质量	对人体的影响
5～20	会使人感觉到头痛、头晕
20～40	接触几小时会出现头痛、恶心、呕吐等轻度症状
50～60	人只能耐受 30～60 min，会有后遗症
120～150	一般在 1 h 内死亡
150	吸入 30 min 可致人死亡
200	吸入 10 min 可致人死亡
300	会立即致人死亡

（5）氮氧化物

燃烧产物中氮氧化物主要是指一氧化氮（NO）和二氧化氮（NO_2）。硝酸和硝酸盐分解，含硝酸盐及亚硝酸盐炸药的爆炸，硝酸纤维素及其他含氮有机化合物在燃烧时都会产生一氧化氮或二氧化氮。常态下，一氧化氮为无色气体，二氧化氮为棕红色气体，都具有难闻的气味，而且具有较强毒性。其中，二氧化氮对肺有强烈的刺激性，能引起人的即刻死亡以及滞后性伤害。不同浓度的氮氧化物对人体的影响见表1-11。

表1-11 不同浓度的氮氧化物对人体的影响

氮氧化物浓度		对人体的影响
体积分数/%	体积质量/（mg/L）	
0.004	0.19	长时间作用无明显症状
0.006	0.029	短时间内即感到气管刺激
0.01	0.48	短时间内感到气管刺激，咳嗽，继续作用有生命危险
0.025	1.20	短时间内可迅速致死

（6）醛类

燃烧产物中的醛类主要有丙烯醛、甲醛等，在火场中，主要是软质聚氨酯泡沫塑料等的燃烧产物。丙烯醛是具有窒息性臭味的毒性气体，对人眼的刺激性强，空气中最大容许浓度为0.3 mg/m^3。甲醛是具有刺激性和窒息性的毒性气体，空气中最大容许浓度为5 mg/m^3。

（7）氯化氢（HCl）

氯化氢是含氯可燃物的燃烧产物。它是一种刺激性气体，吸收空气中的水分后成为酸雾，具有较强的腐蚀性，在较高浓度的场合，会强烈刺激人眼，引起呼吸道发炎和肺水肿。不同体积分数的氯化氢对人体的影响见表1-12。

（8）五氧化二磷（P_2O_5）

五氧化二磷是含磷可燃物的燃烧产物。磷在常温常压下为白色固体粉末，能溶于水并生成偏磷酸或正磷酸。磷燃烧时生成的五氧

表 1-12　不同体积分数的氯化氢对人体的影响　%

氯化氢体积分数/（$\times 10^{-6}$）	对人体的影响
0.5~1.0	轻微的刺激感
5	鼻子有刺激感，有不快感
10	强烈地刺激鼻子，不能坚持 30 min 以上
35	短时间内刺激喉咙
50	短时间内能坚持住的极限值
1 000	有生命危险

化二磷为气态，而后凝固。纯五氧化二磷无特殊气味，但由于磷不纯时常常含有三氧化二磷（或六氧化四磷），因而磷燃烧时会闻到蒜味。五氧化二磷具有毒性，会刺激呼吸器官，引起咳嗽和呕吐。

1.3.3　燃烧产物的危害

火灾总是伴随着浓烟滚滚、火光闪烁，产生大量对人体有毒、有害的烟气。据资料统计，在火灾造成的伤亡人数中，被烟气熏死者所占比例很大，一般是被火直接烧死者的 4~5 倍，如建筑物着火层以上死亡的人多数是被烟气伤害的。由于火灾时对人的最大威胁是烟气，所以我们认识燃烧产物中烟气的危害性非常重要。

（1）致灾危险性

炽热的燃烧产物，由于空气对流和热辐射作用，都可能引起其他可燃物质的燃烧而成为新的起火点，并造成火势扩散蔓延。有些不完全燃烧产物还能与空气形成爆炸性混合物，遇火源而发生爆炸，更易造成火势蔓延。据测试，烟气的蔓延速度超过火的 5 倍。起火之后，失火房间内的烟气不断地进入走廊，在走廊内通常以 0.3~0.8 m/s 的速度向外扩散，如果遇到楼梯间敞开的门（甚至门缝），则以 2~3 m/s 的速度在楼梯间向上蔓延，直奔最上一层，而且楼越高，蔓延得越快。例如 30 m 高的大楼起火，烟气从顶部流出去的速度，接近 22 m/s，相当于九级大风风速。炽热的浓烟不但使一般喷水装置难以对付，而且在很远的距离对人体就有强大的威胁。例如在美国发生的一起大楼火灾中，浓烟上升的明火虽然只烧到第5层，但在第21层已经有人窒息丧命了。

（2）对人的危害

1）减光性。由于燃烧产物的烟气中，烟粒子对可见光是不透明的，故对可见光有完全的遮蔽作用，使周围环境的能见度下降。在火灾中，当烟气弥漫时，可见光会因烟粒子的遮蔽作用而大大减弱，尤其是在空气不足时，烟气的浓度更大，能见度会降得更低。如果是楼房起火，走廊内大量的烟气会使得人们不易辨别火势的方向，不易寻找起火地点，看不见疏散方向，找不到楼梯和门，造成安全疏散的障碍，给火灾扑救和人员疏散工作带来困难。

2）刺激性。烟气中有些气体对人的眼睛有极大的刺激性，使人难以睁眼，造成人们在疏散过程中行进速度大大降低。所以火灾烟气的刺激性是其毒害性的帮凶，增大了人中毒或被烧死的可能性。

3）恐怖性。大量火场研究证明，在着火大约15 min后烟气的浓度最大。在这种情况下，人们的能见距离一般只有30 cm，此时，特别是发生轰燃时，火焰和烟气冲出门窗类洞口，浓烟滚滚、烈焰熊熊，会使人们产生极强的恐惧感，常给疏散过程造成混乱局面，甚至使有的人失去活动能力，失去理智。

4）毒害性。燃烧产生的大量烟气，会使空气中氧气含量急剧下降，加上一氧化碳、氯化氢、氰化氢等有毒气体的作用，使在场人员有窒息和中毒的危险，对神经系统造成麻痹而出现无意识、失去理智的动作。烟气的毒害性主要表现在以下三个方面。

①烟气中的含氧量往往低于人们正常生理所需的数值。在着火的房间内，当空气中的氧气的体积分数低于6%时，短时间内即会造成人的窒息死亡；即使氧气的体积分数为6%～10%，人在其中虽然不会短时窒息死亡，但也会因此失去活动能力，以及判断力下降而不能逃离火场，最终丧生火海。

②烟气中含有多种有毒气体，达到一定浓度时，会造成人中毒死亡。近年来，随着高分子合成材料在建筑结构、装修及家具制造中的广泛应用，火灾所生成的烟气的毒性更加严重。

③燃烧产物中的烟气（包括水蒸气）温度较高，会达到数百甚至上千摄氏度，人在这种湿热环境中是极易被烫伤的。实验证明，人对高温烟气的忍耐性是有限的，烟气温度越高可忍耐时间越短：65 ℃时可短时间忍受；120 ℃时，15 min 就会产生不可恢复的损伤；140 ℃时，可忍耐时间约为 5 min；170 ℃时，可忍耐时间仅约为 1 min。

1.3.4 燃烧产物的作用

（1）可以根据烟气的特征判断是什么物质在燃烧

如前所述，烟气是由燃烧或热解作用所产生的悬浮在大气中的可见固体或液体微粒。物质组成不同，燃烧时产生的烟气的成分也是不同的，因此其颜色和气味也各不相同。根据这个特点，在火灾扑救过程中，可以根据烟气的颜色和气味判断是什么物质在燃烧。

常见的可燃物燃烧时生成的烟气特征见表 1-13。

表 1-13　　常见的可燃物燃烧时生成的烟气特征

可燃物	烟气特征		
	颜色	臭	味
木材	灰黑色	树脂臭	稍有酸味
石油产品	黑色	石油臭	稍有酸味
磷	白色	大蒜臭	—
镁	白色	—	金属味
硝基化合物	棕黄色	刺激臭	酸味
硫黄	—	硫臭	酸味
橡胶	棕黑色	硫臭	酸味
钾	浓白色	—	碱味

续表

可燃物	烟气特征		
	颜色	臭	味
棉和麻	黑褐色	烧纸臭	稍有酸味
蚕丝	—	烧毛皮臭	碱味
黏胶纤维	黑褐色	烧纸臭	稍有酸味
聚氯乙烯纤维	黑色	盐酸臭	稍有酸味
聚乙烯	—	石蜡臭	稍有酸味
聚丙烯	—	石油臭	稍有酸味
聚苯乙烯	浓黑色	煤气臭	稍有酸味
锦纶	白色	酰胺类臭	—
有机玻璃	—	芳香臭	稍有酸味
酚醛塑胶	黑色	木头、甲醛臭	稍有酸味
脲醛塑料	—	甲醛臭	—
玻璃纤维	黑色	酸臭	有酸味

（2）对燃烧有阻止作用

完全燃烧产物在一定程度上有阻止燃烧的作用。如果将房间所有孔洞封闭，随着燃烧的进行，完全燃烧产物的浓度会越来越高，空气中的氧会越来越少，燃烧强度便会随之降低，当完全燃烧产物的浓度达到一定程度时，燃烧会自动熄灭。实验证明，如果空气中二氧化碳的体积分数达到 30%，一般可燃物将都不能发生燃烧。所以，对已着火的房间不要轻易打开门窗，地下室火灾必要时可采取封堵洞口的措施。

（3）提供早期的火灾警报的作用

由于不同的物质燃烧的烟气有不同的颜色和气味，故在火灾初期产生的烟气能够给人们提供火灾警报。人们可以根据烟气的方位、规模、颜色和气味，大致断定着火的方位、火灾的规模、燃烧物的种类等，从而实施正确的扑救方法。

第 2 讲

火灾与爆炸基础知识

区别于可控的燃烧，火灾是指在时间和空间上失去控制的燃烧所造成的灾害。在各种灾害中，火灾是最经常、最普遍威胁公众安全和经济社会发展的主要灾害之一。火灾的本质是燃烧，因此具有燃烧的一切现象和特征，燃烧条件对火灾也同样具有限制作用。

本讲主要阐述火灾与爆炸的基础知识，内容包括火灾的引发原因及其危害，火灾的分类、发展阶段与发生规律，爆炸基础知识等。

2.1 火灾的引发原因及其危害

2.1.1 火灾的判定条件

火灾应当包括三个判定条件：一是必须造成灾害，包括人员伤亡或财物损失等；二是该灾害必须是由燃烧造成的；三是该燃烧必须是失去控制的燃烧。

要确定一种燃烧现象是否为火灾，应当根据以上三个条件去判定，否则就不能确定为火灾。例如，人们在家里用煤气做饭的燃烧就不能算是火灾，因为它是有控制的燃烧；垃圾堆里的燃烧，虽然是失去控制的燃烧，但该燃烧没有造成灾害，所以也不能算火灾。

2.1.2 火灾的引发原因

从众多火灾原因的统计来看，除了雷击、物质自燃、地震等自然原因引发的火灾外，主要是由于用火不慎、用电不当、吸烟不慎、儿童玩火、违反安全操作规定等人为因素引起的。

（1）用火不慎

人们在日常生活中经常要用火，然而，由于人们消防安全知识的缺乏，又常因用火不慎引发火灾。据近几年的火灾统计数据，因用火不慎引发的火灾占总数的31%左右。例如，北京某单位职工郭某从液化石油气站换气瓶回来，安装后划火点不着，便叫其兄来帮助检查，此时已放气5~6 min，其兄用打火机点火时，泄漏的液化石油气遇明火发生爆燃，将在场的4人全部烧伤。

（2）用电不当

在发生的各种火灾中，因用电不当而引发的火灾占相当大比例，全国已调查的火灾分析表明，因用电不当引发的火灾已达总数的26.6%。例如，中国铁路物资总公司下属某器材贸易公司为了办公方便，将转租的北京和平门烤鸭店的两间办公室中的一间仅9 m^2 的单间改为储藏室，并从室内壁电线插座上接出两台打字机电源线，日后又在这条电源线上接通了两台复印机和一台电视机，形成了并联固定设备的电源，这就如同一匹小马拉一套大马车，超负荷运行。经理又让职工将一万多件牛皮纸信封及纸箱等可燃物堆放在5台电气设备的电源插座周围。一日傍晚，公司下班后，在一单身职工和烤鸭店服务员的两个孩子看电视时，电视画面突然闪了一下，图像立即消失。就在这一瞬间，小间储藏室内着起了火。18时46分消防救援部门接到报警并赴现场救援，虽然经奋力抢救保住了第4、第5层楼的西部，未造成人员伤亡，但房间内的大量办公用品、家具和电气设备全部化为灰烬，着火面积约为600 m^2，造成了高达263.7万元的直接经济损失。

（3）吸烟不慎

吸烟不慎常常是引发火灾的原因。据统计，因吸烟不慎引发的火灾约占总数的10.2%，这方面的教训非常深刻。例如，在北京市海淀区某医院宿舍楼居住的某教授，抽完烟之后随手将烟头丢弃在废纸篓里，结果引发了火灾，不仅烧毁了他自己的家，还波及了附近的6户居室，约540 m^2 建筑物过火，直接经济损失达25.2万元。

（4）儿童玩火

儿童几乎对所有的社会活动都感兴趣，表现出强烈的好奇心和模仿力，尤其对各种声、光、色更感兴趣，如燃放鞭炮、玩火做游戏等。但是，由于儿童缺乏生活经验，不知玩火时应注意些什么，更不了解火还有危险的一面，为了躲避责备玩火时又带有一种隐蔽性，当火焰蔓延扩大到控制不住时，就会惊慌失措，不知如何是好。所以，儿童玩火不仅常常无意识地导致火灾，而且往往威胁自身的生命安全。据统计，全国约有7%的火灾是由于儿童玩火引起的。例如，黑龙江省饶河县富丰镇某村一位七岁的女孩黄某，一天她从灶台上拿了火柴和五岁的弟弟擦着玩，孩子的妈妈发现后便夺过火柴训斥了几句，随手将火柴扔在了炕头上，之后便离开房间出门干活去了。不久，邻居家六岁的小孩高某到黄某家来玩，黄某意犹未尽，又从炕上拿起了火柴，带着弟弟和高某到屋外去玩火。他们害怕被人看见，就爬上自家的玉米楼内玩火。玉米楼是用秫秸搭建的，十分干燥、易燃，3个小孩在玩火时无意中点着了秫秸，火势迅速蔓延。当见四周窜出火苗后，他们惊慌失措，不知如何逃命，蜷缩在玉米楼里紧紧抱在一起，被火夺去了宝贵的生命。

（5）违反安全操作规定

从全国多年火灾统计情况看，因违反安全操作规定而引起的火灾占总数的7.2%~16%，究其原因，都是由于人们消防安全意识淡薄、工作责任心不强所致。例如，江苏省某化肥厂驾驶员驾驶液化石油气槽车从上海运回2 t液化石油气，当日14时到厂后，当即就把槽车上的橡胶输送管接在了25 m^3 的储罐上准备卸载，但发现储罐内的液位已达到了规定容量，便未再继续操作。由于当日正值星期六，该驾驶员等都急于回家，以致未将橡胶输送管拆下便离去。

20 时 45 分左右，另一名驾驶员来厂按照事先约定，准备把槽车开进车库。但他并不知道槽车上的橡胶输送管已与储罐相接，又未检查就跨进驾驶室，贸然启动槽车发动机，然而发现刚起步发动机就熄火。由于停车场曾是堆煤场，地面凹凸不平，该驾驶员误认为车轮陷进了洼坑，便再次启动槽车加大油门猛冲。结果，将液化石油气储罐上与液化石油气橡胶输送管相接的铸铁止回阀拉断，顿时，大量液化石油气迅速外喷，遇化肥厂煤气发生炉的明火而发生爆炸。爆炸冲击波使距爆炸中心 50~100 m 的建筑物（全部厂房、附近民房 20 多间）全部震塌，200 m 范围内的屋顶、墙壁、门窗都受到了不同程度的破坏，6 000 余平方米的建筑物被震坏。本起事故共造成 6 人死亡、55 人重伤，主要设备、厂房建筑遭到了毁灭性破坏，直接经济损失达 70 余万元。

电气焊接是生产、施工经常使用的动火操作，火灾危险性很大，在实际生产作业中，常因违反安全操作规定而引发大火。例如，河北省唐山市某百货大楼于某日上午，在家具厅顶部进行明火焊接作业，下面的家具厅照常营业。电焊渣火花两次从屋顶落下引燃家具厅的一个小木盒却未引起在场人员的重视。13 时 15 分左右电焊渣火花第三次溅落在家具厅内一人高的海绵床垫堆垛上，引起海绵床垫起火。本次火灾事故共造成 81 人死亡、54 人重伤，直接经济损失 400 余万元，属特大火灾事故。河南省洛阳市某商厦在装修时，将地下一层大厅中间通往地下二层的楼梯通道用钢板焊封，但在楼梯两侧扶手穿过的钢板处留有两个小方孔。某日，装修人员在进行电焊作业时，不慎将电焊火花从方孔溅入地下二层可燃物上，引燃地下二层的绒布、海绵床垫、沙发和木质家具等。火灾事故发生后，因逃生疏散通道不畅，共造成 309 人死亡、7 人重伤、直接经济损失 275 万余元，属特大火灾事故。

2.1.3 火灾的危害

由前面的例子中可以看出，火灾的发生会造成非常重大的人员伤亡和经济损失，其危害后果主要由以下因素引起。

（1）高温

火灾作为一种燃烧反应会产生巨大的热量，这些热量通过对流、传导和辐射的方式加热可燃物和周围气体，使得环境温度快速升高。高温不仅能使人的心率加快，身体大量出汗，很快出现疲劳和脱水症状，影响人员自救和疏散，还可能直接造成人员死伤。

（2）烟雾

烟雾是物质在燃烧反应过程中生成的气态、液态和固态物质与空气的混合物，通常由极小的炭粒子完全燃烧或不完全燃烧产物、水分以及可燃物的燃烧分解产物所组成，其危害主要是本身的毒害作用造成人员窒息。而且，烟雾环境中的能见度会降低，影响人员及时疏散逃离。另外，人在烟雾中，心理极不稳定，会产生恐惧感，导致判断力下降，极易造成自救和逃生失误。

（3）有毒有害气体

发生火灾时，可燃物的燃烧会产生大量的有毒有害气体，这些气体中除水蒸气外其他大部分都对人体有害，能造成人员中毒或窒息，如一氧化碳、二氧化硫、五氧化二磷、氯化氢、一氧化氮、二氧化氮等。并且火灾发生时，由于燃烧要消耗大量的氧气，使空气中的氧含量显著下降，人长时间地在这种低氧的环境中，就会产生呼吸障碍、失去理智、痉挛、脸色发青等症状，甚至窒息死亡。当建筑物内大火燃烧旺盛时，还会产生大量的二氧化碳，人员接触体积分数为10%~20%的二氧化碳后，会引起头晕、昏迷、呼吸困难，甚至神经中枢系统出现麻痹，失去知觉，直至死亡。另外，火灾还会产生一些对人眼有较强刺激作用的气体，让人无法看清方向，本来很熟悉的环境也会变得无法辨认，从而找不到疏散路线和出口。

（4）引起爆炸或其他事故

发生火灾后，特别是工业生产中的火灾往往会造成易燃易爆气体的泄漏，一旦这些泄漏的气体达到它们的爆炸极限就会发生爆炸事故。特别是在一些有限空间中的火灾，在用水灭火过程中会产生水煤气，达到爆炸极限就会爆炸。另外，由于火灾会造成建筑物或设备的结构破坏，使它们的支撑能力下降，从而造成人员触电、建筑物坍塌等其他事故。

2.2 火灾的分类、发展阶段与发生规律

2.2.1 火灾的分类

根据消防安全工作的实际需要，可以把火灾按照以下方法进行分类。

（1）按经济损失和伤亡人数分类

根据《生产安全事故报告和调查处理条例》（国务院令第 493 号），可将火灾分为特别重大火灾、重大火灾、较大火灾、一般火灾四类。

1）特别重大火灾。指造成 30 人以上死亡，或者 100 人以上重伤，或者 1 亿元以上直接经济损失的火灾。

2）重大火灾。指造成 10 人以上 30 人以下死亡，或者 50 人以上 100 人以下重伤，或者 5 000 万元以上 1 亿元以下直接经济损失的火灾。

3）较大火灾。指造成 3 人以上 10 人以下死亡，或者 10 人以上 50 人以下重伤，或者 1 000 万元以上 5 000 万元以下直接经济损失的火灾。

4）一般火灾。指造成 3 人以下死亡，或者 10 人以下重伤，或者 1 000 万元以下直接经济损失的火灾。

上述中，“以上”包括本数，“以下”不包括本数。

(2) 按可燃物的类型和燃烧特性分类

依据可燃物的类型和燃烧特性，《火灾分类》（GB/T 4968—2008）规定如下：

1）A 类火灾。指固体物质火灾，这种物质通常具有有机物质性质，一般在燃烧时能产生灼热的余烬，如木材、干草、煤炭、棉、毛、麻、纸张等火灾。

2）B 类火灾。指液体或可熔化的固体物质火灾，如煤油、柴油、原油、甲醇、乙醇、沥青、石蜡、塑料等火灾。

3）C 类火灾。指气体火灾，如煤气、天然气、甲烷、乙烷、丙烷、氢气等火灾。

4）D 类火灾。指金属火灾，如钾、钠、镁、钛、锆、锂、铝镁合金等火灾。

5）E 类火灾。指带电火灾，物体带电燃烧的火灾。

6）F 类火灾。指烹饪器具内的烹饪物（如动植物油脂）火灾。

2.2.2 火灾的发展阶段

根据火灾发展阶段的时间和温度曲线（如图 2-1 所示），可将火灾的发展阶段分为初期阶段、发展阶段、猛烈阶段和熄灭阶段。

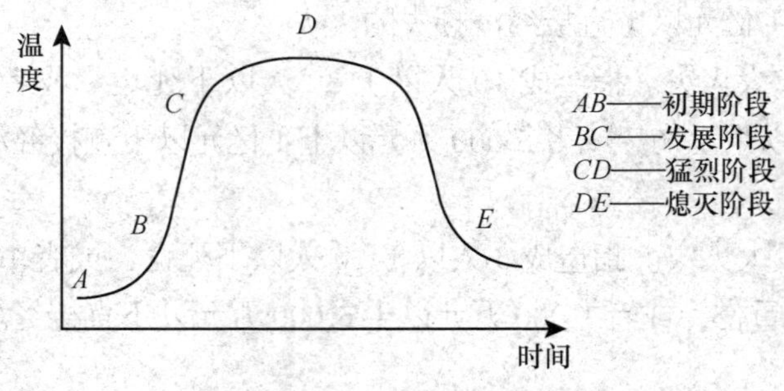

图 2-1 火灾发展阶段曲线

（1）初期阶段

初期阶段的火灾刚刚开始，范围较小，可燃物刚刚达到燃烧临界温度，不会产生高热量辐射及高强度的气体对流，烟气量不大，燃烧所产生的有害气体尚未扩散，被困人员有一定时间逃生，对建筑物还未达到破坏程度。这时，如果扑救方法正确，则可以把火灾控制在局部，甚至完全消灭。

（2）发展阶段

如果初期阶段的火灾没有得到及时控制而持续燃烧，将发展为火灾的发展阶段。火灾的控制与失控也与当时火场燃烧物的种类、气候条件、扑救环境，以及扑救人员的装备和扑救方式有着直接的关系。这时的火灾持续燃烧速度加快，温度不断升高，气体对流增强，燃烧产生的炽热烟气迅速扩散。这些热传播的方式会加剧火势蔓延，火场范围扩大，火势将难以控制。

（3）猛烈阶段

火灾发展到猛烈阶段最危险，也最具破坏性。这一阶段，温度、气体对流强度、燃烧速度均达到峰值，并伴有可燃性物质不完全燃烧或因高温分解而释放出的大量助燃物质和刺激性烟气，燃烧随时会产生突发性变化。如有燃爆性气体时，会产生瞬时爆燃，不仅扩大火势，对扑救人员、受困人员均会形成巨大安全威胁，同时对建筑物也会造成毁灭性破坏。

（4）熄灭阶段

因可燃物燃烧殆尽、消防扑救等因素使火场温度下降，气体对流减弱，这时火灾进入熄灭阶段。但这一阶段也因地理位置、火场环境等因素不同，持续时间也不一样，有时会持续很长时间，有时也会因建筑物本体坍塌，重新产生有氧对流而出现“死灰复燃”的现象。

2.2.3 火灾的发生规律

(1) 火灾具有社会性

实践证明，社会环境对火灾的影响很大，甚至不同的社会发展水平、不同的社会意识形态对火灾都具有一定的影响。

1) 社会发展程度。社会发展程度高的地方火灾少。社会发展程度高的地方，其生产、生活的现代化程度高，人们的安全意识及素质一般也较高，安全设施及防范能力强，引发火灾的概率小。

2) 经济发展状况。经济发达的地方火灾损失大。经济发达的地方物资集中，生产、使用、经营的物品贵重，火、电、油、气的使用普遍，一旦发生火灾，则不易扑救，易造成大的损失。而经济欠发达的地区物资匮乏，火灾相对易于扑救，损失相对较小。

3) 社会稳定程度。社会稳定的地方火灾少。社会稳定的地方安全管理制度及法律健全，人们安居乐业，安全防范意识强，火灾不易发生。相反，社会动乱的地方，人心惶惶，往往有法不依，无章可循，易发生纵火等案件，火灾事故较多。

4) 文化教育水平。文化教育落后的地方火灾多。文化教育虽然对火灾没有直接影响，但文化教育水平却与人们的生活方式、处世方法及生活习惯有直接关系，这些方面都影响着人们的安全意识和素质，影响火灾事故的发生概率。例如，在文化教育水平落后的地区，人们刀耕火种、大量使用明火而不加防范，迷信严重，因烧纸祭祀等引起的火灾很多。

(2) 火灾具有地域性

自然环境不同的地方，火灾发生的数量与损失也不同。例如，城市和农村相比，城市的火灾相对经济损失大、人员伤亡多，而农村的火灾发生数量多。气候不同的地方，火灾发生数量的多少也不同。气候炎热干燥的地方火灾发生数量多，而气候湿润多雨的地方火灾发生数量相对较少。生活习惯不同的地方，火灾的发生数量多少也不同。南方有些少数民族的居住地，多用竹、木和草建房，且多在房中设火塘，用柴草生火做饭；东北部林区民宅多为木房，且周围堆积了晒干的劈柴，俗称“拌子城”，这些地方常发生民宅火灾且易“火烧连营”。

（3）火灾具有行业性

火灾离不开可燃物，离不开着火源，而在生产经营领域，有些行业可燃物集中，如可燃物品加工厂、仓库；有的可燃物就较少或没有，如机械加工厂；有的虽有可燃物但能禁绝明火、电源；有的则禁绝不了火源、电源。因而可燃物集中的行业火灾多，火灾损失也大，如石油化工、棉麻的生产、储存企业，商店、商场等。

（4）火灾具有季节性

一年四季，春夏秋冬，气候随季节变化很大，而人们的生活、生产习惯也不同，这都影响到火灾的发生。冬春季节，风干物燥，多数可燃物见火就着，极易蔓延成灾，易发生山林、仓库、可燃物品堆垛及民宅火灾；新年春节期间，人们欢度节日，常因燃放烟花爆竹、吸烟及儿童玩火引发火灾；春夏之交，尤其清明节前后，风大草干，人们登山野炊及扫墓时用火、烧纸焚香，常引发山林火灾；初夏的六月，高温炎热，正是北方麦收大忙季节，也必然是火灾频发的时段；而夏季炎热多雨，易发生易燃易爆化学物品火灾，特别是自燃物品火灾常发生于此季，更是雷击火灾的多发季节；冬季天气寒冷，人们多活动于室内，取暖及其他方面用火、用电次数增多，引发火灾的因素也多，且多发生建筑火灾。

（5）火灾具有时间性

从起火次数上说，白天多，尤其以10时至22时为火灾高发时期；夜间少，以凌晨4时至8时为火灾低发时段。而从经济损失或成灾率上说，20时至次日凌晨6时发生的火灾成灾率较高，其他时间则较低。这一规律与人们的作息时间密切相关。各行各业一般将工作时间安排在白天，工作中涉及用火、用电等火灾产生因素也集中在白天，因而火灾次数在白天较多。夜间火灾次数虽然下降了，但由于夜深人静、关门闭户，一旦发生火灾，容易出现发现迟、报警迟等不利现象，致使小火酿成大火，往往经济损失较大，人员伤亡较多。

2.3 爆炸基础知识

2.3.1 爆炸及其分类

(1) 爆炸的特征

广义地说，爆炸是物质在瞬间以机械功的形式释放出大量气体和能量的现象。由于物质状态的急剧变化，爆炸发生时会使压力猛烈增高并产生巨大的声响。

所谓“瞬间”，就是说爆炸发生于极短的时间内，通常是在 1 s 之内完成。例如，乙炔罐里的乙炔与氧气混合发生爆炸时，大约在 1/100 s 内完成下列化学反应：

$$2C_2H_2+5O_2 = 4CO_2+2H_2O$$

爆炸同时释放出大量的热能，罐内压力短时间内升高 10~13 倍，其威力可以使罐体升空 20~30 m。这种克服地球引力，将重物举高一段距离的则是机械功作用的结果。人们正是利用爆炸时的这种机械功，在采矿和修筑铁路、水库等时开山放炮，大大地加快了工程的进度，使得用手工和一般工具难以完成的任务得以实现。

爆炸一旦失去控制，就会酿成安全事故，造成人身伤害和财产损失，使生产受到严重影响。

爆炸的内部特征是物质发生爆炸时产生的大量气体和能量在有限体积内突然释放或急剧转化，并在极短时间内在有限体积中积聚，造成高温高压。爆炸的外部特征是爆炸介质在压力作用下对周围物体（容器或建筑物等）形成急剧压力的冲击，或者造成机械性破坏效应，以及周围介质受震动而产生的声响效应。应当指出，生产中某些完全密闭的耐压容器，虽然其中的可燃混合气发生爆炸，但由于容器是足够耐压的，所以容器并没有被破坏，这说明爆炸和容器设备的破坏没有必然的联系。容器的破坏不仅可以由爆炸引起，而且其他物理原因（如容器内介质的体积膨胀，使压力上升）也同样可以引起破坏。因此，压力的瞬时急剧升高才是爆炸的主要特征。

（2）爆炸的分类

1）按照爆炸能量来源的不同，爆炸可分为物理性爆炸、化学性爆炸和核爆炸三类。

①物理性爆炸。这类爆炸是由物理因素变化（温度、体积和压力等）引起的。在物理性爆炸的前后，爆炸物质的性质及化学成分均不改变。锅炉的爆炸是典型的物理性爆炸，其原因是过热的水迅速蒸发出大量蒸汽，使蒸汽压力不断提高，当压力超过锅炉的极限强度时，就会发生爆炸。又如，氧气钢瓶受热升温，引起气体压力提高，当压力超过钢瓶的极限强度时即发生爆炸。发生物理性爆炸时，气体或蒸汽等介质潜藏的能量在瞬间释放出来，会造成巨大的破坏和伤害。例如，某钢厂一列拖着钢渣罐的火车开到矿渣厂，在卸车时突然有三个钢渣罐（钢渣有上千摄氏度高温）先后滚到水塘里，顿时发生了蒸汽爆炸（水变成500 ℃的蒸汽时，体积将增大3 500倍）。只见钢渣罐像火球一样飞向空中，有一个罐飞出70 m远并落在工棚上，引起工棚着火，另外两个罐飞到101 m远的修建队仓库以及附近的房屋内，共烧毁1 000多平方米建筑物，烧死烧伤多人。上述这些物理性爆炸是蒸汽和气体膨胀力作用的瞬时表现，它们的破坏性取决于蒸汽或气体的压力。

②化学性爆炸。这类爆炸是指物质在短时间内完成化学反应生成其他物质，同时产生大量气体和能量的现象。例如，用来制作炸药的硝化棉在爆炸时放出大量热能，同时生成大量气体（一氧化碳、二氧化碳和水蒸气等），爆炸时的气体体积突然增大47万倍，燃烧

在几万分之一秒内完成。由于一方面生成大量气体和热能，另一方面燃烧速度又极快，瞬时生成的大量高温气体来不及膨胀和扩散，因此仍保持着很小的体积。由于气体的压强同体积成反比，故气体的体积越小，压强就越大，而且这个压强产生极快，因而对周围物体的作用就像急剧的一击，这一击连最坚固的钢板、最坚硬的岩石也经受不住。同时，爆炸还会产生强大的冲击波，这种冲击波不仅能推倒建筑物，对在场人员还具有杀伤作用。化学反应的高速度、同时产生的大量气体和大量热能，是化学性爆炸的三个基本要素。

③核爆炸。这类爆炸是指某些物质的原子核发生裂变反应或聚变反应时，释放出巨大能量而发生的爆炸，如原子弹、氢弹的爆炸。

2）按照爆炸反应相的不同，爆炸可分为气相爆炸、液相爆炸和固相爆炸三类。

①气相爆炸。气相爆炸包括：可燃性气体和助燃性气体混合物的爆炸；气体的分解爆炸；液体被喷成雾状物在剧烈燃烧时引起的爆炸，又称喷雾爆炸；飞扬悬浮于空气中的可燃粉尘引起的爆炸等。

②液相爆炸。液相爆炸包括：聚合爆炸、蒸发爆炸以及由不同液体混合所引起的爆炸，如硝酸和油脂、液氧和煤粉等混合时引起的爆炸；熔融的矿渣与水接触或钢水包与水接触时，由于过热发生水的快速蒸发而引起的蒸汽爆炸等。

③固相爆炸。固相爆炸包括：爆炸性化合物及其他爆炸性物质的爆炸（如乙炔铜的爆炸）；因电流过载，导致导线过热，金属迅速汽化而引起的爆炸等。

3）按照瞬时燃烧速度的不同，爆炸可分为轻爆、爆炸和爆轰三类。

①轻爆。物质轻爆时的燃烧速度为每秒数米，爆炸时没有多大破坏力，声响也不太大。例如，无烟火药在空气中的快速燃烧，可燃性气体混合物在接近爆炸浓度上限或下限时的爆炸即属于此类。

②爆炸。物质爆炸时的燃烧速度为每秒十几米至数百米，爆炸

时能在爆炸点引起压力激增，有较大的破坏力，有震耳的声响。可燃性气体混合物在有限空间内的爆炸，以及被压榨火药遇火源引起的爆炸等即属于此类。

③爆轰。物质爆轰时的燃烧速度为1 000~7 000 m/s。爆轰的特点是突然引起极高压力并产生超声速的冲击波。由于在极短时间内发生的燃烧产物急速膨胀，像活塞一样挤压其周围气体，反应所产生的能量有一部分传给被压缩的气体层，于是形成的冲击波由它本身的能量所支持，迅速传播并能远离爆轰的发源地而独立存在，同时可引起该处的其他爆炸性气体混合物或炸药发生爆炸，从而产生一种“殉爆”现象。

2.3.2 爆炸的危害

与火灾相比，除了具有火灾的危害后果外，爆炸事故还有它自己的特殊危害，这些危害造成的后果更严重。

(1) 冲击波

爆炸形成的高温、高压、高能量的气体产物，以极高的速度向周围膨胀，强烈压缩周围的静止空气，使其压力、密度和温度突然升高，像活塞运动一样推动其前进，产生波状气压向四周扩散冲击。这种冲击波能造成附近建筑物的破坏，其破坏程度与冲击波能量的大小有关，与建筑物的坚固程度及其与产生冲击波的中心距离有关。

(2) 碎片冲击

爆炸的机械破坏效应会使容器、设备、装置以及建筑材料等的碎片在相当大的范围内飞散而造成伤害，碎片四处飞散的距离一般可达100~500 m。

(3) 震荡作用

爆炸发生时，特别是较猛烈的爆炸往往会引起短暂的地震波。例如，某市的亚麻厂发生麻尘爆炸时，有连续三次爆炸，结果在该市地震监测部门的地震检测仪上，记录了在7 s之内的曲线上出现有三次高峰。在爆炸波及的范围内，这种地震波就会造成建筑物的震荡、开裂、松散、倒塌等危害。

（4）造成二次事故

发生爆炸时，如果车间、库房（如制氢车间、汽油库或其他建筑物）里存放有可燃物，会造成火灾；高空作业人员受到冲击波震荡作用，会造成高处坠落事故；粉尘作业场所轻微的爆炸冲击波就能使积存于地面上的粉尘扬起，造成更大范围的二次爆炸。

2.3.3　火灾与爆炸的关系

燃烧和化学性爆炸就其本质来说是相同的，都是可燃物质的氧化反应，而它们的主要区别在于氧化反应的速度不同。例如，1 kg 整块煤完全燃烧时需要 10 min，而 1 kg 煤粉与空气混合发生爆炸时，只需 0.2 s，两者的燃烧热值都为 2 931 kJ 左右。

通过以上比较可以清楚地看出，燃烧和爆炸的区别不在于物质所含燃烧热的大小，而在于物质燃烧的速度。燃烧速度（即氧化速度）越快，燃烧热的释放越快，所产生的破坏力也越大。根据功率与做功时间成反比的关系，可以计算出一块含热量 2 931 kJ 的煤块燃烧时所发出的功率为 47.8 kW，而含同样热量的煤气燃烧时发出的功率则为 1.47×10^5 kW。功率越大，因此做功的本领越大，破坏力也就越大。

由于燃烧和化学性爆炸的主要区别在于物质的燃烧速度，所以火灾和爆炸的发展过程有显著的不同。火灾有初期阶段、发展阶段、猛烈阶段、熄灭阶段等过程，造成的损失随着时间的延续而加重，因此，一旦发生火灾，如能尽快地进行扑救，即可减少损失。化学性爆炸实质上是瞬间的燃烧，通常在 1 s 之内爆炸过程已经完成。由于爆炸威力所造成的人员伤亡、设备毁坏和厂房倒塌等巨大损失均发生于顷刻之间，猝不及防，因此爆炸一旦发生，损失已无从减免。燃烧和化学性爆炸还存在密切的联系，即两者可随条件而转化。同一物质在一种条件下可以燃烧，在另一种条件下可以爆炸。例如，煤块只能缓慢地燃烧，如果将它磨成煤粉，再与空气混合后就可能爆炸，这也说明了燃烧和化学性爆炸在实质上是相同的。

由于燃烧和化学性爆炸可以随条件而转化，所以生产过程发生的这类事故，有些是先爆炸后着火，例如油罐、电石库或乙炔发生器爆炸之后，接着往往是一场大火；而在某些情况下是先着火而后爆炸，例如抽空的油槽在着火时，可燃蒸气不断消耗，而又不能及时补充较多的可燃蒸气，因而浓度不断下降，当蒸气浓度下降进入爆炸极限范围时则发生爆炸。

2.3.4 可燃性混合物爆炸

(1) 燃爆特性

可燃性混合物是指由可燃物质与助燃物质组成的爆炸物质。所有可燃气体、蒸气和可燃粉尘与空气（或氧气）组成的混合物均属此类。例如，一氧化碳与空气混合的爆炸实际上是在火源作用下的一种瞬间燃烧反应。

通常称可燃性混合物为有爆炸危险的物质，而且它们只是在适当的条件下才变为危险的物质。这些条件包括可燃物质的含量、氧化剂含量以及着火源的能量等。可燃性混合物的爆炸危险性较低，但较普遍，工业生产中遇到的主要是这类爆炸事故。

(2) 爆炸极限

可燃气体、可燃蒸气或可燃粉尘与空气构成的混合物，并不是在任何混合比例之下都有着火和爆炸的危险，而必须是在一定的比例范围内混合才能发生燃爆。混合的比例不同，其爆炸的危险程度亦不相同。

可燃物质（可燃气体、蒸气或粉尘）与空气（或氧气）必须在一定的浓度范围内均匀混合形成预混气遇着火源才会发生爆炸，这个浓度范围称为爆炸极限（或爆炸浓度极限）。可燃物质的爆炸极限受诸多因素的影响，例如，可燃气体的爆炸极限受温度、压力、氧含量、能量等影响；可燃粉尘的爆炸极限受分散度、湿度、温度和惰性粉尘等影响。

可燃气体和蒸气爆炸极限的单位，是以其在混合物中所占体积的百分比来表示的，如一氧化碳与空气混合物的爆炸极限为12.5%~80%。可燃粉尘的爆炸极限是以其在单位体积混合物中的质量（g/m^3）来表示的，如铝粉的爆炸极限为40 g/m^3。可燃性混合物能够发生爆炸的最低浓度和最高浓度，分别称为爆炸下限和爆炸上限，这两者有时亦称为着火下限和着火上限。在低于爆炸下限和高于爆炸上限浓度时，可燃性混合物一般既不爆炸，也不着火。这是由于前者的可燃物浓度不够，过量空气的冷却作用阻止了火焰的蔓延；而后者则是空气不足，火焰不能蔓延的缘故。也正因为如此，可燃性混合物的浓度大致相当于完全反应的浓度时，具有最大的爆炸威力，完全反应的浓度可根据燃烧反应式计算出来。可燃性混合物的爆炸极限范围越宽，其爆炸危险性越大，这是因为爆炸极限越宽，则出现爆炸条件的机会就多。爆炸下限越低，少量可燃物（如可燃气体稍有泄漏）就会形成爆炸条件；爆炸上限越高，则有少量空气渗入容器，就能与容器内的可燃物混合形成爆炸条件。生产过程中，应根据各种可燃物所具有爆炸极限的不同特点，采取严防跑、冒、滴、漏和严格限制外部空气渗入容器与管道内等安全管理措施。应当指出，可燃性混合物的浓度高于爆炸上限时，虽然不会着火和爆炸，但当它从容器或管道里逸出，重新接触空气时却能燃烧，因此仍有发生火灾的危险。

第 3 讲

安全管理与消防安全管理概述

火灾爆炸事故会造成严重的人员伤亡和巨大的经济损失。例如，2019 年 3 月 21 日 14 时 48 分左右，位于江苏省盐城市响水县生态化工园区的天嘉宜化工有限公司发生特别重大爆炸事故，事故共造成 78 人遇难、76 人重伤，640 人住院治疗，直接经济损失 19.86 亿元。2019 年 4 月 15 日，法国当地时间 18 时 50 分，巴黎圣母院发生火灾，引起全世界关注，大火摧毁了这座具有 800 多年历史建筑的部分屋顶和塔尖，火灾事故带来的损失和影响难以估量。

血的教训提醒人们安全管理和消防安全管理的重要性。本讲重点讲述安全管理和消防安全管理的基础知识，以了解有关工作的基本原理。

3.1　安全管理及其分类

3.1.1　安全管理的概念

所谓安全管理，就是针对人们在生产过程中的安全问题，运用有效的资源，发挥人们的智慧，通过人们的努力，进行有关决策、计划、组织和控制等活动，实现生产过程中人与设备、物料、环境的和谐，达到安全生产的目的。

安全管理的基本对象是企业的从业人员（企业的所有人员）、设备设施、物料、环境、财务、信息等各个方面，内容包括安全生产法制管理、行政管理、监督管理、工艺技术管理、设备设施管理、作业环境和条件管理等方面。安全管理的目标是减少和控制危害事故，尽量避免生产过程中所造成的人身伤害、经济损失、环境污染以及其他损失。

3.1.2 安全管理的分类

我们可以从宏观和微观、狭义和广义等方面，对安全管理进行分类。

宏观的安全管理是指从总体上看，凡是保障和推进安全生产的一切管理措施和活动都属于安全管理的范畴，即泛指国家从行政、经济、法律、体制、组织等各方面所采取的措施和进行的活动。作为安全管理工作者，对国家有关安全生产的方针、政策、法律、法规、标准、体制、组织结构以及经济措施等均应有深刻的理解和全面的掌握。

微观的安全管理是指经济和生产管理部门以及企事业单位所进行的具体的安全管理活动。

狭义的安全管理是指在生产过程或与生产有直接关系的活动中预防意外伤害和经济损失的管理活动。

广义的安全管理泛指一切保护劳动者安全健康、防止经济受到损失的管理活动。从这个意义上讲，安全管理不但要防止劳动中的意外伤亡，也要与危害劳动者健康的一切因素进行斗争（如防治尘毒、噪声、辐射等物理化学危害，以及对女工的特殊保护等）。

3.2 现代安全管理理论简介

3.2.1 安全管理原理与原则

安全管理作为管理学的主要组成部分，遵循管理学的普遍规律，它既服从管理学的基本原理与原则，也有其自身的特殊性。

（1）系统原理

系统原理是指安全管理是生产管理的一个子系统，它包含各级安全管理人员、安全防护设备与设施、安全管理规章制度、安全生产操作规范和规程以及安全管理信息等。安全贯穿于生产活动的各个方面，安全管理是全方位、全天候和涉及全体人员的管理。系统管理是运用系统观点、理论和方法，对管理活动进行充分的系统分析，以达到管理的优化目标，即用系统论的观点、理论和方法来认识和处理管理中出现的问题。

系统原理的原则包括以下四个方面：

1）动态相关性原则。构成管理系统的各要素是运动和发展的，它们相互联系又相互制约。

2）整分合原则。在整体规划下明确分工，在分工基础上有效综合。

3）反馈原则。成功的、高效的管理，离不开灵活、准确、快速的反馈。

4）封闭原则。在任何一个管理系统内部，管理手段、管理过程等必须构成一个连续封闭的回路，才能形成有效的管理活动。

（2）人本原理

人本原理是指在管理过程中必须把人的因素放在首位，体现“以人民为中心”的指导思想。坚持“以人民为中心”的安全观，就是要把人民利益放在第一位，做到一切为了人民，为了人民的一切。“以人民为中心”是习近平新时代中国特色社会主义思想的重要内容，是一切管理工作的落脚点和着力点，安全管理也不例外。

人本原理的原则包括以下三个方面：

1）动力原则。推动管理活动的基本力量是人，管理必须有能够激发人的工作能力的动力。

2）能级原则。在管理系统中，建立一套合理能级，根据单位和个人能量的大小安排其工作，才能发挥不同能级的能量，以保证结构的稳定性和管理的有效性。

3）激励原则。以科学的手段，激发人的内在潜力，使其充分发挥积极性、主动性和创造性。

（3）预防原理

预防原理是指安全管理应以预防为主，通过有效的管理和技术手段，减少和防止人的不安全行为和物的不安全状态。

预防原理的原则包括以下四个方面：

1）偶然损失原则。反复发生的同类事故，并不一定产生完全相同的后果。

2）因果关系原则。事故的发生是许多因素互为因果连续发生的最终结果，只要事故的致因因素存在，发生事故是必然的，只是时间或迟或早而已。

3）“3E”原则。针对造成人、物的不安全因素的四方面原因——技术原因、教育原因、身体和态度原因以及管理原因，采取三种防范对策，即工程技术对策（Engineering）、教育对策（Education）和强制管理（Enforcement），简称“3E”原则。

4）本质安全化原则。从一开始和从本质上实现安全化，从根本上消除事故发生的可能性。

（4）强制原理

强制原理是指采取强制管理的手段控制人的意愿和行为，使个人的活动、行为等受到安全生产要求的约束。

运用强制原理的原则包括以下两个方面：

1）安全第一原则。在进行生产和其他活动时把安全工作放在一切工作的首要位置，当生产或其他工作与安全发生矛盾时，首先要服从安全。

2）监督原则。为了使安全生产法律法规得到落实，设立安全生产监督管理部门，对生产中的守法和执法情况进行监督。

3.2.2 事故致因理论

事故发生有其自身的发展规律和特点，只有掌握了事故发生的规律，才能保证生产系统处于安全状态。科研工作者们站在不同的角度，对事故进行研究，给出了很多事故致因理论，下面简要介绍几种。

（1）事故频发倾向理论

1939年，法默和查姆勃等人提出了事故频发倾向理论。该理论认为，事故频发倾向是指个别容易发生事故的稳定的个人内在倾向。事故频发倾向者的存在是工业事故发生的主要原因，即少数具有事故频发倾向的工人是事故频发倾向者，他们的存在是工业事故发生的原因。如果企业中减少了事故频发倾向者，就可以减少工业事故。

（2）海因里希因果连锁理论

海因里希把工业伤害事故的发生、发展过程描述为具有一定因果关系事件的连锁，即人员伤亡的发生是事故的结果，事故的发生原因是人的不安全行为或物的不安全状态，人的不安全行为或物的不安全状态是由于人的缺点造成的，人的缺点是由于不良环境诱发或者是由先天的遗传因素造成的。

海因里希将事故因果连锁过程概括为5个因素，即遗传及社会环境因素、人的缺点因素、人的不安全行为或物的不安全状态因素、事故因素、伤害因素。海因里希用多米诺骨牌来形象地描述这种事故的因果连锁关系。在多米诺骨牌系列中，一枚骨牌被碰倒了，则将发生连锁反应，其余几枚骨牌会相继被碰倒。如果移去中间的一枚骨牌，则连锁被破坏，事故过程被中止。他认为，企业安全工作的中心就是防止人的不安全行为，消除机械的或物质的不安全状态，中断事故连锁的进程，从而避免事故的发生。

（3）能量意外释放理论

1961年，吉布森提出了事故是一种不正常的或不希望的能量释放，各种形式的能量是构成伤害的直接原因。因此，应该通过控制能量或控制能量到达人体的途径、载体来预防伤害事故。

1966年，在吉布森的研究基础上，哈登完善了能量意外释放理论，提出“人受伤害的原因只能是某种能量的转移”，并提出了能量逆流于人体造成伤害的分类方法，将伤害分为两类：第一类伤害是由于施加了局部或全身性损伤阈值的能量引起的；第二类伤害是由影响了局部或全身性能量交换引起的，主要指中毒窒息和冻伤。哈登认为，在一定的条件下，某种形式的能量能否产生造成人员伤亡事故的伤害，取决于能量大小、接触能量时间长短和频率以及力的集中程度。根据能量意外释放理论，可以利用各种屏蔽来防止意外的能量转移，从而防止事故的发生。

（4）系统安全理论

20世纪50年代到60年代，美国在研制洲际导弹的过程中，系统安全理论应运而生。系统安全理论包括很多区别于传统安全理论的创新概念：

1）在事故致因理论方面，改变了人们只注重操作人员的不安全行为，而忽略硬件故障在事故致因中的作用的传统观念，开始考虑如何通过改善物的系统可靠性来提高复杂系统的安全性，从而避免事故。

2）没有任何一种事物是绝对安全的，任何事物中都潜伏着危险因素。通常所说的安全或危险只不过是一种主观的判断。

3）不可能根除一切危险源，可以减少来自现有危险源的危险性，宁可减少总的危险性而不是只彻底去消除几种选定的风险。

4）由于人的认识能力有限，有时不能完全认识危险源及其风险，即使认识了现有的危险源，随着生产技术的发展，新技术、新工艺、新材料和新能源的出现，又会产生新的危险源。

3.3 生产安全事故概述

3.3.1 事故的定义及其特征

（1）事故的定义

在生产过程中，事故是指造成人员死亡、伤害、职业病、经济损失或其他损失的意外事件。从这个解释可以看出，事故是意外的事件，而不是预谋的事件；该事件是违背了人们的意愿发生的，也就是人们不希望其发生的；同时该事件产生了违背人们意愿的后果。如果事件的后果产生了人员死亡、受伤或身体的损害就称为人员伤亡事故，如果没有造成人员伤亡就是非人员伤亡事故。

在生产过程中发生的事故或与生产过程有关的事故，称为生产安全事故。按照安全系统工程的观点，首先，生产安全事故是发生在生产过程中的意外事件，该事件破坏了正常的生产过程，任何生产过程都可能发生生产安全事故，因此要想保持正常生产过程的持续，就必须采取措施防止事故的发生；其次，生产安全事故是突然发生的，出乎人们意料之外的事件，由于导致事故发生的原因非常复杂，因而事故具有随机性，事故的随机性使得对事故发生规律的认识和事故预防变得更加困难；最后，生产安全事故会造成人员伤亡、经济损失或其他损失，因此在生产过程中，不仅要采取预防事故发生的措施，还要采取措施以减少事故发生后造成的人员伤亡和各类损失。

（2）事故的特性

事故的表现是千变万化的，并且渗透到了人们的生活和每一个生产领域，可以说是无所不在的，同时因其所造成的结果又各不相同，所以说事故是复杂的。但是事故是客观存在的，客观存在的事物发展本身就存在着一定的规律性，这是客观事物本身所固有的本质的联系。因此客观存在的事故必然有着其本身固有的发展规律，这是不以人的意志为转移的。大量的相关统计结果表明，事故主要具有以下六个特性。

1）普遍性。各类事故的发生具有普遍性，从更广泛的意义上讲，世界上没有绝对的安全。这说明安全生产工作必须时刻面对事故的挑战，任何时间、任何场合都不能放松对安全生产的要求，而且针对那些事故发生较少的地区和单位更要明确事故的普遍性这一特点，避免麻痹大意的思想，争取从源头上杜绝事故的发生。

2）偶然性和必然性。偶然性是指事物发展过程中呈现出来的某种摇摆、偏离，是可以出现或不出现、可以这样出现或那样出现的不确定的趋势。必然性是客观事物联系和发展的合乎规律的、确定不移的趋势，是在一定条件下的不可避免性。事故的发生是随机的，同样的前因事件随时间的进程导致的后果不一定完全相同，但偶然中有必然，必然性存在于偶然性之中。随机事件服从于统计规律，可用数理统计方法对事故进行统计分析，从中找出事故发生、发展的规律，从而为事故预防提供依据。

3）因果性。事故因果性是指一切事故的发生都是由一定原因引起的，这些原因就是潜在的危险因素，事故本身只是所有潜在危险因素或显性危险因素共同作用的结果。在生产过程中存在着许多危险因素，不但有人的因素（包括人的不安全行为和管理的缺陷），而且也有物的因素（包括物的本身存在着不安全因素以及环境存在着不安全条件等）。所有这些危险因素在生产过程中通常被称为隐患，它们在一定的时间和地点下相互作用就可能导致事故的发生。事故的因果性也是事故必然性的反映，若生产过程中存在隐患，则迟早会导致事故的发生。

4）潜伏性。事故的潜伏性是说事故在尚未发生或还未造成后果之时，是不会显现出来的，好像一切还处在“正常”和“平静”状态。但生产中的危险因素是客观存在的，只要这些危险因素未被消除，事故总会发生的，只是时间早晚而已。

5）可预防性。事故的发生、发展都是有规律的，只要按照科学的方法和严谨的态度进行分析并积极做好有关预防工作，事故是完全可以预防的。人们对于事故预防措施的研究一直没有停止过，而且随着人类认识水平的不断提升，各种类型的事故都已经找到比较有效的方法进行预防了。应该说人类已经基本掌握绝大多数事故发生、发展的规律，如何在企业和普通劳动者中推广，这是目前安全生产技术的关键问题所在。

6）低频性。一般情况下，事故（特别是重大、特别重大事故）发生的频率比较低。海因里希通过对55万余件机械伤害事故的研究表明，事故与伤害程度之间存在着一定的比例关系。对于反复发生的同一类型事故将遵守下面的比例关系：在330次事故当中，无伤害事故大约有300次，轻微伤害事故大约有29次，严重伤害事故大约有1次，即“1∶29∶300法则”。国际上将此比例关系称为“事故法则”，也称“海因里希法则”。很明显，“事故法则”能作为事故低频性的最好注解。

3.3.2 事故的分类

根据《企业职工伤亡事故分类》（GB 6441—1986），事故分为以下20类。

（1）物体打击：失控物体的惯性造成的人身伤害事故。

（2）车辆伤害：机动车辆引起的机械伤害事故。

（3）机械伤害：机械设备与工具引起的绞、辗、碰、割、戳、切等伤害。

（4）起重伤害：从事起重作业时引起的机械伤害事故，适用各种起重作业。

（5）触电伤害：电流流经人体，造成生理伤害的事故。

（6）淹溺：因大量水经口、鼻进入体内，造成呼吸道阻塞，发生急性缺氧而窒息死亡的事故。

(7) 灼烫：强酸、强碱等物质溅到身体引起的化学灼伤，因火焰引起的烧伤，高温物体引起的烫伤，放射线引起的皮肤损伤等事故。

(8) 火灾：造成人身伤亡的企业火灾事故。

(9) 高空坠落：由于危险重力势能差引起的伤害事故。

(10) 坍塌：建筑物、构筑物、堆置物等倒塌以及土石塌方引起的事故。

(11) 冒顶片帮：矿山、地下开采、掘进及其他坑道作业发生的坍塌事故。

(12) 透水：矿山、地下开采或其他坑道作业时，意外水源带来的伤亡事故。

(13) 放炮：施工时由于爆破作业造成的伤亡事故。

(14) 火药爆炸：火药与炸药在生产、运输、储存或使用的过程中发生的爆炸事故。

(15) 瓦斯爆炸：可燃性气体瓦斯、煤尘与空气混合形成了浓度达到燃烧极限的混合物，接触着火源而引起的化学性爆炸事故。

(16) 锅炉爆炸：各种锅炉的物理性爆炸事故。

(17) 容器爆炸：盛装气体或液体，承载一定压力的密闭设备发生的爆炸事故。

(18) 其他爆炸：不属于瓦斯爆炸、锅炉爆炸和容器爆炸的爆炸。

(19) 中毒和窒息：中毒是指人接触有毒物质，出现的各种生理现象的总称；窒息是指人体因为缺乏氧气，发生的晕倒甚至死亡的事故。

(20) 其他伤害：凡不属于上述伤害的事故均称为其他伤害。

3.3.3 事故分级

根据事故造成的人员伤亡或者直接经济损失，事故一般分为以下四个等级：

（1）特别重大事故，是指造成30人以上死亡，或者100人以上重伤（包括急性工业中毒，下同），或者1亿元以上直接经济损失的事故。

（2）重大事故，是指造成10人以上30人以下死亡，或者50人以上100人以下重伤，或者5 000万元以上1亿元以下直接经济损失的事故。

（3）较大事故，是指造成3人以上10人以下死亡，或者10人以上50人以下重伤，或者1 000万元以上5 000万元以下直接经济损失的事故。

（4）一般事故，是指造成3人以下死亡，或者10人以下重伤，或者1 000万元以下直接经济损失的事故。

这种分类方法中所称的“以上”包括本数，所称的“以下”不包括本数。

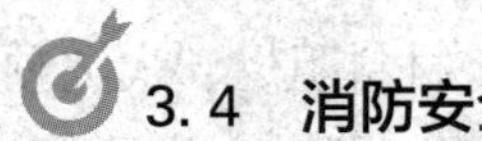

3.4 消防安全管理定义

3.4.1 消防的概念

（1）消防一词的由来

在各类自然灾害中，火灾是一种不受时间、空间限制，发生频率很高的灾害，人类同火灾作斗争是从对灭火的认识开始的。在我国古代，雷电、火山爆发、自燃等原因引起的火灾，都被看作是天降灾祸。但是，人们也从自然界雨水熄火认识到水能灭火，所以就有了《五行》中的“水克火”，《周易》中的“水火相息”等，并有了“杯水车薪”“远水救不了近火”以及“曲突徙薪”等典故，从而表明已经认识到防火的重要性。

我国历史上一般将同火灾作斗争称为“火政”“火禁”“救火”等，“消防”一词并非我国古已有之，古籍中只有“消”“防”两个字的分别解释，“消，尽也，灭也；防，堤也，防御也”。“消防”是20世纪初从日本引进我国的，在日本泛指消灭与预防火灾、水灾等灾害。

随着社会经济、科技的发展，火灾事故危害的日益突出，人们对消防安全的逐渐认识，一个完整的、独立的同火灾作斗争的管理技术工作体系逐渐形成。这样，人们就把专门同火灾作斗争称为“消防火灾”，才有了现在的“火灾消防”的特定称谓，通常简称为“消防”。目前，根据《现代汉语词典》的解释，“消防”一词的意思是：救火和防火，专指人类针对火灾的预防和扑救活动。

（2）建筑消防工程

从学科角度讲，消防是研究火灾预防和扑救的一门综合性科学。其中，建筑消防工程作为消防技术与管理的基础，是整个消防工程中最重要组成部分之一，其研究对象为火灾事前、事后的预防，及其处置与应急的技术措施和管理手段。用最短的时间处置初期火灾的技术最为关键，如建筑工程中的构件耐火、材料阻燃、火灾预警、自动灭火、防烟排烟、安全疏散等技术和措施。同时，为了给消防灭火提供有利时机，现已形成了建筑自防自救内部控火与消防机构接警并到场灭火相互结合的格局，可以做到最大限度地防止和减少建筑火灾带来的严重后果。

3.4.2　消防安全管理的概念

消防安全管理属于我国应急管理范围的一项重要业务，是指遵循国民经济发展的客观规律和火灾发生、发展的规律，依照有关的方针、政策、法律法规和规章制度，运用管理科学的原理和方法，通过计划、组织、指挥、协调、控制、奖惩等职能，使主管部门的人力、物力、财力、技术、时间和信息等做到最佳的组合，以达到预期的消防安全目标而进行的各种消防活动的总称。简单来讲，消防安全管理就是指预防和扑救火灾的安全管理工作。

我国的消防安全管理工作是由政府、部门、单位、公民来共同完成的，这点在下一讲中的“消防安全管理的原则”中还会具体阐述。本书所指的消防安全管理，是指机关、团体、企事业单位层面上的为预防火灾发生、组织扑救初期火灾、配合消防救援机构和有关部门调查和处理火灾事故，减少火灾危害、维护公共安全等所开展的一系列组织活动。

3.5 消防安全管理的基本方法

消防安全管理的基本方法，是指国务院应急管理部门和地方各级政府应急管理部门、消防救援机构（以下简称消防行政管理机构）为实现消防安全管理的目的而制定和实施的各种制度、途径、措施、活动的总和，是消防行政管理活动的基本表现形式。消防安全管理的基本方法具有目的性、权威性、强制性和互补性。消防行政管理机构为实现消防安全管理的目的，采用行政、法律、教育、经济等多种手段和方法实施管理。这些手段和方法的综合运用，逐渐形成了有专业特色的消防安全管理的基本方法，主要包括以下七个方面。

（1）完善法律法规体系

依法治国的基本方略要求国家的各项行政管理工作均应做到有法可依、有法必依、执法必严、违法必究。消防安全管理工作涉及千家万户、方方面面，必须有完善的法律法规作依据，依法调整相关的各种社会关系，依法处理相关的社会各种问题。《中华人民共和国消防法》（以下简称《消防法》）颁布之后，国务院及其有关部门和地方政府先后制定了大量的相应配套法规和规章，消防安全管理工作无法可依的局面得到了根本转变。但是，随着我国经济和社会的飞速发展，对消防安全管理工作的要求越来越高，消防安全管理工作中的新问题、新情况不断出现，急需对法律法规进行调整。因此，不断完善消防安全法律法规是消防安全管理工作适应社会发展、完成管理任务的基本方法之一。

健全的机构和组织是组织实施任何一项社会管理工作的前提和基础，因此健全的消防安全管理机构和组织是消防安全管理工作实施的必要前提和基本方法之一。《消防法》明确规定了消防行政管理机构的职责、权限，为消防行政管理机构的消防安全管理工作的开展提供了法律依据和组织保障。同时，《消防法》还规定了各级消防组织的职责、义务和组织形式等，为我国各类消防组织的建设和发展奠定了基础。健全的消防安全管理机构和组织，不仅是消防安全管理工作的组织保障，也是不断发展、提高我国消防安全管理工作水平的基本方法。

（2）制定发展规划

人类社会发展历史证明，消防安全事业的发展及其水平必须适应社会发展的要求。特别是消防安全基础设施的建设必须与社会发展同步，不断满足经济与社会发展对消防安全管理工作的需求。在现代社会，消防安全事业的发展不仅表现在人类灭火技术水平的提高和先进科学技术在灭火中的应用，而更重要的是在防火方面，体现在人类自觉地预防各种火灾，运用各种先进的科学技术手段有计划地防范火灾的危害，并在各项建设中不断加强基础设施的投入和建设。基础设施不仅是预防火灾的必要手段和措施，而且是及时扑救火灾、减少火灾危害的重要物质保障。将消防安全事业纳入经济和社会发展之中，统一规划、同步发展，是保障消防安全事业发展的关键性环节。

消防安全基础设施的建设，特别是城市建筑消防安全基础设施的建设，涉及城市建设发展规划，必须与各项公共设施统一规划、同步实施。

（3）严格审核验收

消防安全验收，主要是针对消防设计审核内容进行检查和必要的系统性能测试，是对消防设计的再把关，也是对建筑工程整体消防安全性能的把关。

消防行政管理机构依法对建筑工程的消防设计审核和验收，是消防安全管理的基本方法。根据《消防法》的规定，建筑工程的消防设计未经消防行政管理机构审核，或者经审核不合格的，建设行政主管部门不得发给施工许可证；建筑工程消防安全验收不合格的，施工单位不得交工，建筑物的所有者不得接收使用。也就是说，经消防行政管理机构设计审核、验收并许可，建筑工程的设计方、施工方、所有者，才能依法行使其建设和使用的权利。

对建筑工程的消防设计审核和验收是预防火灾和减少火灾损失的关键与基础。建筑设计是工程建设的源头，就建筑的消防安全而言，防火间距、防火分区、建筑结构耐火性能、建筑内部安全疏散设施、各类固定消防设施等只有在建筑设计时一并考虑，才可能在施工预算、施工安装中得到落实。因此，设计阶段是保证建筑物消防安全的关键，消防设计审核则是对这一关键关口的把关。通过消防设计审核，可以监督建筑工程消防技术国家标准的执行，保障各项防火措施落实到位，从根本上消除先天性火灾隐患。

（4）加强监督检查

消防监督检查是《消防法》赋予消防行政管理机构的一项主要职责，也是消防安全管理工作的基本方法。

消防监督检查是指消防行政管理机构及管理人员依法对单位和个人是否遵守消防法律法规和执行有关消防安全管理规定、技术标准情况所进行的强制性调查了解，是消防安全管理的基本方法之一，也是一项经常性的执法活动。通过消防监督检查可以及时发现、纠正各种火灾隐患和违反消防安全管理的行为，消除各种火灾隐患，处理各种违反消防安全管理的行为，切实预防火灾发生，保护公共财产和人民生命、财产安全。

有关消防安全检查的内容，在本书的第6讲中有详细的讲解。

（5）提高灭火作战水平

火灾给人类造成的危害是巨大的，及时扑救火灾、减少火灾危害是消防安全管理工作的重要任务之一。因此加强灭火队伍建设和灭火战术研究，提高灭火作战水平，及时扑救各种火灾，减少火灾危害，是消防安全管理工作的基本方法之一。消防行政管理机构要加强对各种形式的消防队伍的领导和指挥，不断提高消防队伍的灭火作战能力。扑救火灾不仅是消防行政管理机构和消防组织的一项重要业务，也是一门科学。因此，要大力加强消防安全科学的研究，积极推进国际消防安全技术交流与合作，不断提高灭火作战的水平。提高灭火作战的水平离不开先进的技术装备，各级政府应逐步加大财政投入，尽快改善消防队（组织）的技术装备，以适应现代灭火作战的要求，最大限度地减少火灾危害。

（6）做好宣传教育工作

消防安全宣传教育，是指以普遍提高全社会的消防安全意识和能力为目的，以宣传消防安全工作的方针、政策、法律法规和消防安全基础知识、基本技能为内容的宣传教育活动。它是消防行政管理、安全管理的基础性工作，也是消防行政管理、安全管理的基本方法。广泛开展消防安全宣传教育，对于普遍提高全民消防安全法制观念、消防安全意识和素质，落实各种消防安全措施，全面推进消防安全管理工作，具有重要的现实意义。有关消防安全宣传教育相关内容详见本书第7讲。

（7）从严调查处理事故

火灾发生后，消防行政管理机构要及时查明火灾事故原因，分清火灾事故责任，并依法追究火灾事故责任者的法律责任。这样，不仅使违法者依法受到处理，同时还可以教育广大群众自觉遵守消防法律法规，落实消防安全责任制。及时调查处理火灾事故，对于掌握火灾发生、发展规律，不断改进和加强消防安全工作也具有十分重要的意义。有关火灾事故调查相关内容详见本书第8讲。

第 4 讲

消防安全法律法规体系

党和人民政府高度重视消防安全工作，长期以来，消防安全法律法规建设取得了丰硕的成果，形成了以消防安全基本法、行政法规和规章制度为基本内容的完善的法律法规体系，同时，国家、地方和行业领域相继出台了大量的标准规范，有效支撑了消防安全技术和管理工作。

本讲对我国的消防安全法律法规体系进行了梳理，并具体阐述了一些重要法律法规的制定修订情况。

4.1 消防安全管理的方针和原则

4.1.1 消防安全管理的方针

方针是引导事业前进的方向和目标，原则是说话或行事所依据的法则或标准。一切的管理活动都离不开方针和原则，消防安全管理亦是如此。《消防法》第二条规定：消防工作贯彻预防为主、防消结合的方针，按照政府统一领导、部门依法监管、单位全面负责、公民积极参与的原则，实行消防安全责任制，建立健全社会化的消防工作网络。

针对消防安全管理工作，我国在不同的历史时期，制定了不同的方针。1950 年 7 月 6 日至 8 月 12 日，公安部召开全国治安行政工作会议，时任公安部部长罗瑞卿在此次会议中首次提出消防工作的方针是“防火为主，消防为辅”。由此，我国消防工作由单纯的消极灭火转向积极防火方向。1984 年 5 月，国务院公布的《中华人民共和国消防条例》第二条明文规定：消防工作，实行“预防为主，防消结合”的方针。1998 年 4 月制定颁布的《消防法》和 2009 年、2019 年修订的《消防法》都继续沿用了这一方针。

“预防为主、防消结合”的方针，具体含义是：在消防工作中，一方面要把预防火灾放在首位，积极采取各种防火措施，防止火灾发生；另一方面要切实做好各项灭火准备，当发生火灾时，能够及时有效地组织灭火，最大限度地减少火灾造成的人员伤亡和经济损失。这一方针，科学、准确地表达了消防工作“防”与“消”的辩证关系，它不仅反映了人们同火灾作斗争的客观规律，也反映了消防安全管理的基本规律，同时还指明了消防安全管理的工作方向和终极目标，体现了我国消防工作的特色，是消防安全管理工作的思想指南。

要贯彻并执行好消防工作的方针要求，必须做到以下两点。

（1）预防为主，防患于未然

“预防为主”，就是要求在消防工作中把预防火灾摆在工作首位，将火灾消灭在萌芽状态。为此，一是要健全消防法律法规和规章制度，动员和依靠人民群众贯彻和落实各项防火的行政措施、组织措施和技术措施；二是要开展经常性的防火安全检查，消除火灾隐患，从根本上防止和减少火灾发生；三是要抓好宣传教育，使人们重视消防工作，同时还要向广大群众普及消防安全知识，提高防火和扑救初期火灾的能力。

（2）防消结合，做好灭火准备

“防消结合”，就是要求在消防工作实践中，把同火灾作斗争的两个基本手段——“防”与“消”，有机地结合起来，在做好各项防火工作（监督、检查、审核验收、宣传教育等）的同时，还要做好各项灭火准备，一旦发生火灾，能够及时发现、有效扑救，最大限度地减少火灾造成的损失。做好灭火准备，一是要有思想准备，树立战备思想，打有准备之仗，一旦发生火灾做到心中有数、科学指挥，快速扑灭火灾；二是要有组织准备，建立一支训练有素的消防队伍；三是要有物资准备，要有相应的消防设施和技术装备。

4.1.2 消防安全管理的原则

消防安全管理是政府社会管理和公共服务的重要内容，是社会稳定和经济发展的重要保障。各级人民政府必须加强对消防工作的领导，贯彻落实习近平新时代中国特色社会主义思想、建设现代服务型政府、构建并实现中国梦的基本要求。政府有关部门对消防工作齐抓共管，这是消防工作的社会化属性决定的。各级应急管理、建设、市场监管、教育、人力资源社会保障等部门应当依据有关法律法规和政策规定，依法履行相应的消防安全职责。单位是社会的基本单元，是消防安全管理的核心主体。公民是消防工作的基础，没有广大人民群众的参与，消防工作就不会发展进步，全社会抗御火灾的基础就不会牢固。因此，政府、部门、单位、公民四者都是消防工作的主体。政府统一领导、部门依法监管、单位全面负责、公民积极参与，共同构筑消防安全工作格局，任何一方都非常重要，不可偏废，这是《消防法》确定的消防工作的原则。

(1) 政府统一领导

政府统一领导，明确了政府的消防安全领导责任。

根据法律法规的规定，各级人民政府应当将消防工作纳入国民经济和社会发展计划，保障消防工作与经济建设和社会发展相适应；地方各级人民政府应当将包括消防安全布局、消防站、消防供水、消防通信、消防车通道、消防装备等内容的消防安全规划纳入城乡建设规划，并负责组织实施；各级人民政府应当组织开展经常性的消防安全宣传教育，提高公民的消防安全意识；各级人民政府应当加强消防组织建设，建立多种形式的消防组织，加强消防技术人才培养，增强火灾预防、扑救和应急救援的能力；县级以上地方人民政府应当组织有关部门针对本行政区域内的火灾特点制定应急救援预案，建立应急反应和处置机制，为火灾扑救和应急救援工作提供人员、装备等保障；地方各级人民政府应当落实消防工作责任制，对本级人民政府有关部门履行消防安全职责的情况进行监督检查；县级以上地方人民政府有关部门应当根据本系统的特点，有针对性地开展消防安全检查，及时督促整改火灾隐患。

（2）部门依法监管

部门依法监管，明确了政府部门的消防安全监管责任，当前我国消防安全行政监管部门为应急管理部门和消防救援机构，详见本书第5讲。

这里所说的监督管理社会消防工作的政府部门，绝非仅仅是指应急管理部门和消防救援机构，它指的是政府中所有涉及社会消防管理的各个行政部门，应急管理部门和消防救援机构只是其中之一。政府各相关部门是社会消防工作的主体之一，是消防工作社会化不可或缺的构成条件，是建立健全社会化的消防工作网络的重要支撑。

依法监管的法，主要是指《消防法》。对《消防法》提出的政府各部门应当履行的消防法定职责，各部门应认真学习、细心领会、坚决执行、贯彻落实。

《国务院关于进一步加强消防工作的意见》（国发〔2006〕15号）首先提出了政府各个部门的消防监督职责，是对《消防法》部门依法监督管理内容的细化。其中的第五条中明确规定："有关部门各负其责，齐抓共管。公安消防部门要认真履行消防监督执法职责，并加强与有关部门的信息沟通，及时将消防安全专项治理以及认定的重大火灾隐患等情况报告当地政府并通报相关部门；安全监管、建设、工商、质检等部门要结合各自职责，对发现的火灾隐患，依法查处或者移送、通报公安消防等部门处理；教育、民政、铁路、交通、农业、文化、卫生、民航、广电、体育、旅游、文物、人防等部门和单位要建立健全消防安全工作领导机制和责任制，制定消防安全管理办法，定期组织消防安全专项检查，及时排查和整改火灾隐患。”这里对政府各部门的消防工作职责和消防工作内容都作了明确的规定，所涉及的政府部门有18个之多，这些部门所管理的企业、单位遍及社会各个方面。

(3) 单位全面负责

单位全面负责，明确了单位的消防安全管理责任。每个单位要对本单位的消防安全负责，单位的主要负责人是本单位的消防安全责任人；各单位要严格落实消防安全责任制和岗位责任制，建立健全消防安全管理制度；单位应当加强对本单位人员的消防安全宣传教育，落实消防安全责任；单位应组织防火检查，及时消除火灾隐患，保障建筑消防设施完好有效；单位应制定灭火和应急疏散预案，组织消防演练；发生火灾，单位应及时报警和组织扑救。

根据《消防法》第十六条的规定，机关、团体、企业、事业等单位应当履行下列消防安全职责：

1）落实消防安全责任制，制定本单位的消防安全制度、消防安全操作规程，制定灭火和应急疏散预案。

2）按照国家标准、行业标准配置消防设施、器材，设置消防安全标志，并定期组织检验、维修，确保完好有效。

3）对建筑消防设施每年至少进行一次全面检测，确保完好有效，检测记录应当完整准确，存档备查。

4）保障疏散通道、安全出口、消防车通道畅通，保证防火防烟分区、防火间距符合消防技术标准。

5）组织防火检查，及时消除火灾隐患。

6）组织进行有针对性的消防演练。

7）法律法规规定的其他消防安全职责。

《消防法》第十七条规定，消防安全重点单位除应当履行以上职责外，还应当履行下列消防安全职责：

1）确定消防安全管理人，组织实施本单位的消防安全管理工作。

2）建立消防档案，确定消防安全重点部位，设置防火标志，实行严格管理。

3）实行每日防火巡查，并建立巡查记录。

4）对职工进行岗前消防安全培训，定期组织消防安全培训和消防演练。

（4）公民积极参与

公民积极参与，明确了公民的权利和义务。

公民是消防工作的基础，没有广大人民群众的参与，消防工作就不会发展进步，全社会抗御火灾的基础就不会牢固。公民是消防安全工作的参与者，同时也是监督者。公民组成了单位和家庭，不论是在单位还是家庭，公民必须做好自己身边的消防安全工作。同时公民还有一项职责，就是要监督自己周边所发现的违法行为，对这些违法行为要给予制止，要给予检举揭发，以共同维护好全社会的消防安全工作。

根据《消防法》的规定，公民的消防安全职责包括：

1）任何人都有维护消防安全、保护消防设施、预防火灾、报告火警的义务；任何成年人都有参加有组织的灭火工作的义务。

2）任何人不得损坏、挪用或者擅自拆除、停用消防设施、器材，不得埋压、圈占、遮挡消火栓或者占用防火间距，不得占用、堵塞、封闭疏散通道、安全出口、消防车通道。

3）任何人发现火灾都应当立即报警。任何单位、个人都应当无偿为报警提供便利，不得阻拦报警。

4）火灾被扑灭后，相关人员应当按照消防救援机构的要求保护现场，接受事故调查，如实提供与火灾有关的情况。

4.2 消防安全法律法规体系概述

4.2.1 消防安全法律法规体系架构

目前，消防安全法律法规体系由法律、行政法规、地方性法规、国务院部门规章和技术标准组成，详见表4-1。

表4-1 我国消防安全法律法规体系

类别	主要立法情况	制定、颁布部门
法律	《中华人民共和国消防法》 《中华人民共和国安全生产法》 《中华人民共和国治安管理处罚法》 《中华人民共和国建筑法》等	全国人民代表大会及其常务委员会
行政法规	《建设工程安全生产管理条例》 《危险化学品安全管理条例》 《娱乐场所管理条例》 《森林防火条例》 《草原防火条例》等	国务院
地方性法规	根据《消防法》的原则规定，结合当地实际情况，各省、自治区、直辖市多数颁布了地方性消防法规	省、自治区、直辖市的人民代表大会及其常务委员会
国务院部门规章	《社会消防技术服务管理规定》 《消防产品监督管理规定》 《建设工程消防监督管理规定》 《消防监督检查规定》 《火灾事故调查规定》 《机关、团体、企业、事业单位消防安全管理规定》等	国务院各部门

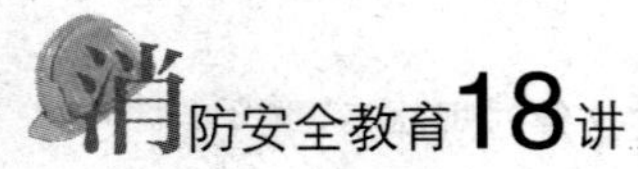

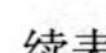
续表

类别	主要立法情况	制定、颁布部门
技术标准	《建筑设计防火规范》 《建筑内部装修设计防火规范》 《建筑内部装修防火施工及验收规范》 《建筑灭火器配置设计规范》 《自动喷水灭火系统设计规范》 《自动喷水灭火系统施工及验收规范》等	国家标准化管理委员会或消防安全各行政管理部门

4.2.2　消防安全法律法规体系主要内容

(1) 消防法律

消防法律是指全国人民代表大会及其常务委员会制定、颁布的与消防有关的各项法律，它们规定了我国消防工作的宗旨、方针、政策、组织机构、职责权限、活动原则和管理程序等，用以调整国家各级行政机关、企业、事业单位、社会团体和公民之间消防工作关系的行为规范。我国现行的法律除《消防法》之外，有关消防安全管理的法律规范条款还散见于各类其他法律文件中。例如，《中华人民共和国刑法》中就规定了与消防安全管理有关的放火罪，失火罪，消防责任事故罪，重大责任事故罪，危险物品肇事罪，生产、销售不符合安全标准的产品罪，妨害公务罪，滥用职权罪，玩忽职守罪等内容。此外，《中华人民共和国治安管理处罚法》《中华人民共和国城乡规划法》《中华人民共和国产品质量法》《中华人民共和国建筑法》等也有涉及公共安全、城乡消防规划、消防产品质量、建设工程质量等方面的条款。

(2) 消防行政法规

行政法规是国务院根据宪法和法律，为领导和管理国家各项行政工作，按照法定程序制定出来的规范性文件。消防安全有关的行政法规主要有《国务院关于特大安全事故行政责任追究的规定》《危险化学品安全管理条例》《大型群众性活动安全管理条例》《森林防火条例》《草原防火条例》等。

（3）地方性消防法规

地方性法规是由省、自治区、直辖市的人民代表大会及其常务委员会，根据本地具体情况和实际需要，在与宪法、法律和行政法规不相抵触的情况下，制定的规范性文件。地方性消防法规如《北京市消防条例》《上海市消防条例》等，这些也是消防工作的重要依据。

（4）部门消防规章

部门规章是国务院各部门在本部门职权范围内，根据法律和国务院的行政法规、决定、命令制定的，并以部门首长签署命令的形式颁布的规范性文件。部门消防规章如《机关、团体、企业、事业单位消防安全管理规定》《建设工程消防监督管理规定》《公共娱乐场所消防安全管理规定》等，这些规定是为了更好地贯彻消防法律、行政法规，结合消防工作的需要而制定的，也是社会各单位和公民应当自觉遵守的。

（5）消防技术标准

消防技术标准是国家标准化管理委员会或消防安全各行政管理部门依据《中华人民共和国标准化法》的有关法定程序单独或联合制定颁发的，用以规范消防技术领域中人与自然、科学技术关系的准则或标准。这些消防技术标准是消防安全科学管理的重要技术基础，是建设、设计、施工、工程监理单位，生产单位，行政机关开展工程建设、产品生产、消防监督工作的重要依据，具有法律效力，都必须遵照执行。

消防技术标准可分为国家标准、行业标准以及地方标准。国家标准是由国务院标准化行政主管部门制定，在全国范围内统一执行的技术要求。行业标准是由国务院有关行政主管部门制定，并报国务院标准化行政主管部门备案，是对没有国家标准而又需要在全国某个行业范围内统一执行的技术要求。地方标准由省、自治区、直辖市标准化行政主管部门制定，并报国务院标准化行政主管部门备案，是对没有国家标准和行业标准而又需要在省、自治区、直辖市范围内统一执行的技术要求。

消防技术标准，根据其强制约束力不同，可分为强制性标准和推荐性标准。保障人体健康，保障人身、财产安全的标准和法律、行政法规规定必须执行的标准为强制性标准，其他的为推荐性标准。强制性标准必须执行，推荐性标准国家鼓励企业自愿采用。消防技术标准一般都是强制性标准。

第5讲

消防安全管理机构与工作组织

俗话说："水火无情。"无数的事实告诫我们：火灾是威胁公共安全，危害人民生命、财产安全的灾害之一，具有很大的破坏性，对社会产生的危害极大。因此，消防安全是一项十分重要的工作，关系国计民生和社会安定，同每个部门、每个单位以及每个家庭和个人，都有着密切的关系。做好消防工作，对于保卫社会主义现代化建设事业，保障人民生命、财产免受火灾危害，具有重大的意义。

消防工作的目标是加强和创新消防安全管理，落实责任、强化预防、整治隐患、夯实基础，进一步提升火灾防控和灭火应急救援能力，不断提高公共消防安全水平。本讲重点讲述我国消防安全工作的监督管理行政部门、机构和组织及其主要职责。

5.1 消防安全管理机构

消防安全管理机构是国家为领导、协调、组织和实施消防安全管理工作而设立的各级、各类常设和非常设的机关、机构。

2018 年 3 月，根据党的十九届三中全会审议通过的《中共中央关于深化党和国家机构改革的决定》《深化党和国家机构改革方案》和第十三届全国人民代表大会第一次会议批准的《国务院机构改革方案》，成立中华人民共和国应急管理部（以下简称应急管理部）。应急管理部是国务院组成部门，属于行政部门，组成人员按照《中华人民共和国公务员法》的规定管理，地方成立的各级应急管理部门属于政府的职能业务部门，接受各级党委、政府的领导和上级应急管理部门的业务指导。

根据《消防法》的规定，国务院领导全国的消防工作，地方各级人民政府负责本行政区域内的消防工作。各级人民政府应当将消防工作纳入国民经济和社会发展计划，保障消防工作与经济社会发展相适应。国务院应急管理部门对全国的消防工作实施监督管理。县级以上地方人民政府应急管理部门对本行政区域内的消防工作实施监督管理，并由本级人民政府消防救援机构负责实施。军事设施的消防工作，由其主管单位监督管理，消防救援机构协助；矿井地下部分、核电厂、海上石油天然气设施的消防工作，由其主管单位监督管理。县级以上人民政府其他有关部门在各自的职责范围内，依照《消防法》和其他相关法律法规的规定做好消防工作。法律、行政法规对森林、草原的消防工作另有规定的，从其规定。具体来说，可以总结为以下几个方面。

5.1.1 应急管理部

根据中共中央印发的《深化党和国家机构改革方案》和中共中央办公厅、国务院办公厅关于印发《应急管理部职能配置、内设机构和人员编制规定》的通知，应急管理部是国务院组成部门，为正部级，贯彻落实党中央关于应急工作的方针政策和决策部署，在履行职责过程中坚持和加强党对应急工作的集中统一领导。主要职责包括：

（1）负责应急管理工作，指导各地区各部门应对安全生产类、自然灾害类等突发事件和综合防灾减灾救灾工作。负责安全生产综合监督管理和工矿商贸行业安全生产监督管理工作。

（2）拟订应急管理、安全生产等方针政策，组织编制国家应急体系建设、安全生产和综合防灾减灾规划，起草相关法律法规草案，组织制定部门规章、规程和标准并监督实施。

（3）指导应急预案体系建设，建立完善事故灾难和自然灾害分级应对制度，组织编制国家总体应急预案和安全生产类、自然灾害类专项预案，综合协调应急预案衔接工作，组织开展预案演练，推动应急避难设施建设。

（4）牵头建立统一的应急管理信息系统，负责信息传输渠道的规划和布局，建立监测预警和灾情报告制度，健全自然灾害信息资源获取和共享机制，依法统一发布灾情。

（5）组织指导协调安全生产类、自然灾害类等突发事件应急救援，承担国家应对特别重大灾害指挥部工作，综合研判突发事件发展态势并提出应对建议，协助党中央、国务院指定的负责同志组织特别重大灾害应急处置工作。

（6）统一协调指挥各类应急专业队伍，建立应急协调联动机制，推进指挥平台对接，衔接解放军和武警部队参与应急救援工作。

（7）统筹应急救援力量建设，负责消防、森林和草原火灾扑救、抗洪抢险、地震和地质灾害救援、生产安全事故救援等专业应急救援力量建设，管理国家综合性应急救援队伍，指导地方及社会应急救援力量建设。

（8）负责消防工作，指导地方消防监督、火灾预防、火灾扑救等工作。

（9）指导协调森林和草原火灾、水旱灾害、地震和地质灾害等防治工作，负责自然灾害综合监测预警工作，指导开展自然灾害综合风险评估工作。

（10）组织协调灾害救助工作，组织指导灾情核查、损失评估、救灾捐赠工作，管理、分配中央救灾款物并监督使用。

（11）依法行使国家安全生产综合监督管理职权，指导协调、监督检查国务院有关部门和各省（自治区、直辖市）政府安全生产工作，组织开展安全生产巡查、考核工作。

（12）按照分级、属地原则，依法监督检查工矿商贸生产经营单位贯彻执行安全生产法律法规情况及其安全生产条件和有关设备

（特种设备除外）、材料、劳动防护用品的安全生产管理工作。负责监督管理工矿商贸行业中央企业安全生产工作。依法组织并指导监督实施安全生产准入制度。负责危险化学品安全监督管理综合工作和烟花爆竹安全生产监督管理工作。

（13）依法组织指导生产安全事故调查处理，监督事故查处和责任追究落实情况。组织开展自然灾害类突发事件的调查评估工作。

（14）开展应急管理方面的国际交流与合作，组织参与安全生产类、自然灾害类等突发事件的国际救援工作。

（15）制定应急物资储备和应急救援装备规划并组织实施，会同国家粮食和物资储备局等部门建立健全应急物资信息平台和调拨制度，在救灾时统一调度。

（16）负责应急管理、安全生产宣传教育和培训工作，组织指导应急管理、安全生产的科学技术研究、推广应用和信息化建设工作。

（17）管理中国地震局、国家煤矿安全监察局。

（18）完成党中央、国务院交办的其他任务。

5.1.2 应急管理部消防救援局

（1）主要职责

1）组织指导城乡综合性消防救援工作，负责指挥调度相关灾害事故救援行动。

2）参与起草消防法律法规和规章草案，拟订消防技术标准并监督实施，组织指导火灾预防、消防监督执法以及火灾事故调查处理相关工作，依法行使消防安全综合监管职能。

3）负责消防救援队伍综合性消防救援预案编制、战术研究，组织指导执勤备战、训练演练等工作。

4）组织指导消防救援信息化和应急通信建设，指导开展相关救援行动应急通信保障工作。

5）负责消防救援队伍建设、管理和消防应急救援专业队伍规划、建设与调度指挥。

6）组织指导社会消防力量建设，参与组织协调动员各类社会救援力量参加救援任务。

7）组织指导消防安全宣传教育工作。

8）管理消防救援队伍事业单位。

9）完成应急管理部交办的跨区域应急救援等其他任务。

（2）重要机构设置

应急管理部消防救援局有5个直管单位，即天津训练总队、南京训练总队、昆明训练总队、应急通信保障大队和应急车辆勤务大队，在全国各省、自治区、直辖市成立有消防救援总队，市、县级分别设消防救援支队、大队，城市和乡镇根据需要按标准设立消防救援站。

据此，公安消防部队集体退出现役，成建制划归应急管理系统，组建国家综合性消防救援队伍，形成了统一高效的领导指挥体系。

5.1.3 应急管理部森林消防局

武警部队不再领导管理武警黄金、森林、水电部队。按照先移交、后整编的方式，将武警黄金、森林、水电部队整体移交国家相关管理部门，官兵集体转业改编为非现役专业队伍。因此，武警森林部队转为非现役专业队伍后，现役编制转为行政编制，并入应急管理部，承担森林灭火等应急救援任务，发挥国家应急救援专业队作用。

（1）主要职责

应急管理部森林消防局是森林消防队伍的领导指挥机关。应急管理部森林消防局在履行职责过程中坚持和加强党对消防救援工作的集中统一领导，主要职责是：

1）组织指导森林和草原火灾扑救、抢险救援、特种灾害救援等综合性应急救援任务，负责指挥调度相关救援行动。

2）组织指导森林和草原火灾预防、消防监督执法以及火灾事故调查处理相关工作。

3）负责森林消防队伍综合性应急救援预案编制、战术研究、组织指导执勤备战、训练演练等工作。

4）负责森林消防队伍建设、管理和森林消防应急救援专业队伍规划、建设与调度指挥，组织指导社会森林和草原消防力量建设，参与组织协调动员各类社会救援力量参加救援任务。

5）组织指导森林和草原消防安全宣传教育工作。

6）管理森林消防队伍事业单位。

7）完成应急管理部交办的跨区域应急救援等其他任务。

（2）重要机构设置

应急管理部森林消防局直接管理机动支队、训练支队、大庆航空救援支队、昆明航空救援支队和应急通信保障大队、应急车辆勤务大队，以及内蒙古自治区森林消防总队、吉林省森林消防总队、黑龙江省森林消防总队、福建省森林消防总队、四川省森林消防总队、甘肃省森林消防总队、云南省森林消防总队、新疆维吾尔自治区森林消防总队、西藏自治区森林消防总队。

5.2 消防安全工作组织

根据《消防法》，消防安全工作组织主要包括国家综合性消防救援队伍、消防安全委员会、专职消防队和志愿消防队。

5.2.1 国家综合性消防救援队伍

国家综合性消防救援队伍由应急管理部管理，是由公安消防部队（武警消防部队）、武警森林部队退出现役，成建制划归应急管理部后组建成立的。

如前所述，国家综合性消防救援队伍建立统一高效的领导指挥体系，应急管理部设立消防救援局和森林消防局，分别作为消防救援队伍、森林消防队伍的领导指挥机关。

组建国家综合性消防救援队伍，是以习近平同志为核心的党中央坚持以人民为中心的发展思想，着眼于我国灾害事故多发频发的基本国情作出的重大决策，对于推进国家治理体系和治理能力现代化，提高国家应急管理水平和防灾、减灾、救灾能力，保障人民幸福安康，实现国家长治久安，具有重要意义。

2018 年 10 月，中共中央办公厅、国务院办公厅印发《组建国家综合性消防救援队伍框架方案》，就推进公安消防部队和武警森林部队转制，组建国家综合性消防救援队伍，建设中国特色应急救援主力军和国家队作出部署。《组建国家综合性消防救援队伍框架方案》包括一个总体方案和职务职级序列设置、人员招录使用和退出管理、职业保障三个子方案。

组建国家综合性消防救援队伍的指导思想是：全面贯彻党的十九大和十九届二中、三中、四中全会精神，以习近平新时代中国特色社会主义思想为指导，坚持党对国家综合性消防救援队伍的绝对领导，坚持队伍建设正规化、专业化、职业化方向，按照构建统一领导、权责一致、权威高效的国家应急能力体系要求，创新体制机制，优化统筹力量，加强队伍管理，强化政策保障，着力建设一支政治过硬、本领高强、作风优良、纪律严明的中国特色综合性消防救援队伍，全面提高防灾、减灾、救灾和保障安全生产等方面能力，有效维护人民群众生命、财产安全和社会稳定。

《组建国家综合性消防救援队伍框架方案》明确要求，组建国家综合性消防救援队伍，要坚持党的绝对领导，坚持从国情出发，坚持战斗力标准，坚持稳妥有序推进，有序做好消防救援队伍新旧体制衔接工作，保持队伍整体稳定；建立健全专门管理和保障办法，经过 3 年的试行磨合，形成一套与有关法律法规相衔接、比较成熟的、定型的政策制度；有效优化整合应急救援力量和资源，提高消防救援队伍正规化、专业化、职业化水平，充分发挥应急救援主力军和国家队的作用，为经济社会发展提供安全稳定的良好环境。

组建国家综合性消防救援队伍共有六个方面的主要任务：

一是建立统一高效的领导指挥体系。省、市、县级分别设消防救援总队、支队、大队，城市和乡镇根据需要按标准设立消防救援站；森林消防总队以下单位保持原建制。根据需要，组建承担跨区域应急救援任务的专业机动力量。国家综合性消防救援队伍由应急管理部管理，实行统一领导、分级指挥。

二是建立专门的衔级、职级序列。国家综合性消防救援队伍人员，分为管理指挥干部、专业技术干部、消防员三类进行管理；制定消防救援衔条例，实行衔级和职级合并设置。

三是建立规范顺畅的人员招录、使用和退出管理机制。根据消防救援职业特点，实行专门的人员招录、使用和退出管理办法，保持消防救援人员相对年轻和流动顺畅，并坚持在实战中培养指挥员，确保队伍活力和战斗力。

四是建立严格的队伍管理办法。坚持把支部建在队、站上，继续实行党委统一的集体领导下的首长分工负责制和政治委员、政治机关制，坚持从严管理，严格规范执勤、训练、工作、生活秩序，保持队伍严明的纪律作风。

五是建立尊崇消防救援职业的荣誉体系。设置专门的“中国消防救援队”队旗、队徽、队训、队服，建立符合职业特点的表彰奖励制度，消防救援人员继续享受国家和社会给予的各项优待，以政治上的特殊关怀激励广大消防救援人员许党报国、献身使命。

六是建立符合消防救援职业特点的保障机制。按照消防救援工作中央与地方财政事权和支出责任划分意见，调整完善财政保障机制；保持转制后消防救援人员现有待遇水平，实行与其职务职级序列相衔接、符合其职业特点的工资待遇政策；整合消防、安全生产等科研资源，研发消防救援新战法、新技术、新装备；组建专门的消防救援学院。

《组建国家综合性消防救援队伍框架方案》还就按期高效推进队伍组建、建立健全相关法规制度、妥善做好人员转制安排、严格遵守改革工作纪律等提出明确要求。

5.2.2 消防安全委员会

消防安全委员会是各级党委和政府为加强消防工作，在各级地方政府或大型企业内成立的专门负责管区内消防安全工作的非正式列编领导机构，是推动各部门组织和发动群众做好防火工作、减少火灾损失的一种组织形式。

(1) 消防安全委员会的组建

省、市、县、市辖区、街道办事处、乡镇政府应当建立消防安全委员会。一些系统、行业的企事业单位根据其规模的大小建立消防安全委员会或消防安全领导小组。

政府消防安全委员会由主管或分管消防安全工作的省长（自治区主席、直辖市市长）、市长、区（县）长、乡（镇）长任主任，吸收发改、应急管理、教育、财政、政法、农林、交通运输、劳动保障和群众团体等有关部门的领导参加，还可吸收一定数量的有关安全生产和消防安全方面的专家参加委员会的工作。企事业单位消防安全委员会或者领导小组由单位行政领导任主任，吸收生产、动力设备、安全管理、劳动工资、工会、保卫等处（科）室负责人参加。

各级消防救援机构是同级政府消防安全委员会的办事机构，企事业单位消防安全委员会的办事机构一般是该单位的保卫或安全管理部门。

(2) 消防安全委员会的性质

由于消防安全委员会是由政府各部门有决策权的领导成员组成，在企事业单位是由各职能部门领导成员组成的，因而决策是有效的，并能组织和领导各方面力量推行其所做出的决策。消防安全委员会虽然不是正式列编的机构，但是，它是政府或企事业单位委托并授予其特殊职权的正式委员会，是政府、企事业单位的参谋、咨询、协调性质的机构。

(3) 消防安全委员会的职责

目前，各级消防安全委员会的主要职责有：

1）执行国家消防法律法规，贯彻本级政府和上级有关消防工作的指示，研究本管区消防工作方案，督促、检查贯彻执行的情况。

2）督促各单位、部门履行消防安全职责，确定消防安全负责人，落实消防安全责任制。

3）根据季节性特点和消防安全的需要，组织有关部门联合开展消防安全执法检查和消防安全专项检查。

4）督促行业、系统和社会各单位贯彻执行国家消防法律法规，整改火灾隐患。

5）组织开展消防安全专项治理和消防宣传教育活动。

5.2.3 专职消防队

专职消防队是指在城市新区、经济开发区、工业集中区及经济较为发达的中心乡镇，根据《消防法》建立的承担区域性火灾扑救任务的市办、县办等专职的消防队，是除国家综合性消防救援队伍以外的有站点和车辆器材装备，承担火灾预防、火灾扑救及其他灾害或事故抢险救援工作的消防组织，是负责本地区、本单位预防、扑救火灾工作的专业灭火队伍。专职消防队特别是政府专职消防队作为承担火灾扑救、应急救援任务的社会公益组织，履行着公共安全服务职能，是现阶段我国消防力量体系的重要组成部分。

目前，我国专职消防队分城镇人民政府专职消防队和单位专职消防队，它是国家综合性消防救援队伍的有力助手。

根据《消防法》规定，各级人民政府应当加强消防组织建设，根据经济社会发展的需要，建立多种形式的消防组织，加强消防技术人才培养，增强火灾预防、扑救和应急救援的能力。

县级以上地方人民政府应当按照国家规定建立国家综合性消防救援队伍、专职消防队，并按照国家标准配备消防装备，承担火灾扑救工作。乡镇人民政府应当根据当地经济发展和消防工作的需要，建立专职消防队、志愿消防队，承担火灾扑救工作。国家综合性消防救援队伍、专职消防队按照法律法规规定承担重大灾害事故和其他以抢救人员生命为主的应急救援工作。

国家综合性消防救援队伍、专职消防队应当充分发挥火灾扑救和应急救援专业力量的骨干作用；按照法律法规规定，组织实施专业技能训练，配备并维护保养装备器材，提高火灾扑救和应急救援的能力。

下列单位应当建立单位专职消防队，承担本单位的火灾扑救工作：

（1）大型核设施单位、大型发电厂、民用机场、主要港口。

（2）生产、储存易燃易爆危险品的大型企业。

（3）储备可燃的重要物资的大型仓库、基地。

（4）上述规定以外的火灾危险性较大、距离国家综合性消防救援队伍较远的其他大型企业。

（5）距离国家综合性消防救援队伍较远、被列为全国重点文物保护单位的古建筑群的管理单位。

专职消防队的建立，应当符合法律法规规定，并报当地消防救援机构验收。专职消防队的队员依法享受社会保险和福利待遇。

专职消防队与国家综合性消防救援队伍的区别，主要在于人员构成不同：专职消防队队员，一般实行招聘制，通过向社会公开招聘人员组成专职消防队；国家综合性消防救援队伍的队员，则是按照国家公务员编制，组成的一支准军事化的队伍。

政府专职消防队与企事业单位专职消防队的区别：一是组建主

体不同，前者由地方人民政府负责组建，后者由大中型企业、事业单位等组建；二是服务对象不同，政府专职消防队承担的任务面向当地社会和人民群众，企事业单位专职消防队一般服务于本企业或者本单位。

专职消防队主要承担以下职责：

（1）承担责任区消防安全宣传教育培训，普及消防安全知识。

（2）定期进行防火检查，督促有关单位和个人落实防火责任制，及时消除火灾隐患。

（3）建立防火检查档案，按照国家规定设置防火标志。

（4）掌握责任区域的道路、消防水源，消防安全重点单位、重点部位等情况，建立相应的消防业务资料档案。

（5）制定本辖区、本单位消防安全重点单位、重点部位的事故处置和灭火作战预案，定期组织演练。

（6）扑救火灾，保护火灾现场，协助有关部门调查火灾原因、处理火灾事故。

（7）接受应急管理部门指挥调动，协助国家综合性消防救援队伍扑救外辖区、外单位火灾，参加各种抢险救援工作。

5.2.4 志愿消防队

志愿消防队主要是企业、事业单位或者其他基层组织建立的群众性的志愿组织。其最大的特点是自发性和志愿性，其主要任务是配合国家综合性消防救援队伍或者专职消防队开展火灾扑救工作。

《消防法》规定，机关、团体、企业、事业等单位以及村民委员会、居民委员会根据需要，建立志愿消防队等多种形式的消防组织，开展群众性自防自救工作。

我国的志愿消防队建设起步较晚，1984 年第六届全国人民代表大会常务委员会第五次会议批准并由国务院公布《中华人民共和国消防条例》规定，企业、事业单位根据需要设立群众义务消防队或者义务消防员，负责防火和灭火工作，所需经费由本单位开支。根据1998年颁布的《消防法》规定，镇人民政府可以根据当地经济发展和消防工作的需要，建立专职消防队、义务消防队，承担火灾扑救工作；机关、团体、企业、事业单位以及乡、村可以根据需要，建立由职工或者村民组成的义务消防队。根据2008年修订实施的《消防法》的规定，首次将“义务消防队”改为“志愿消防队”，体现了群众消防的志愿性。

志愿消防队由单位消防安全委员会或者消防安全负责人领导，并由政府应急管理部门或消防救援机构进行具体业务指导。

志愿消防队主要承担以下职责：

（1）参加消防业务培训，提高消防工作能力。

（2）具体负责辖区消防设施、器材的维护保养，确保完整有效。

（3）定期开展灭火、救援技能训练，以及灭火战术训练。

（4）制定社区灭火作战预案，定期开展灭火、逃生演练。

（5）举办居民灭火技能、逃生知识培训班，提高居民自救能力。

（6）承担社区消防值班任务，随时接受群众救助请求。

（7）辖区发生火灾，及时组织疏散周围群众，拨打“119”火警电话报警，迅速扑救初期火灾，协助国家综合性消防救援队伍或专职消防队扑灭一般火灾。

第6讲

火灾隐患排查与消防安全检查

《消防法》总则规定：消防工作贯彻预防为主、防消结合的方针。因此，在消防工作中应以“防”为主，加强火灾隐患的排查，防患于未然，同时防消结合。

本讲以火灾危险性分类为基础，讲述火灾隐患及其排查治理的相关知识，同时阐释了政府相关行政管理部门以及单位消防安全检查的内容与责任。

6.1 火灾危险性分类

本讲根据物质的火灾危险特性，定性或定量地对生产和储存物品的火灾危险性进行分类。

（1）生产的火灾危险性分类

根据生产中使用或产生的物质性质及其数量等因素，其火灾危险性可分为甲、乙、丙、丁、戊类，各类应符合表6-1的规定。

表6-1　生产的火灾危险性分类

生产的火灾危险性类别	使用或产生下列物质生产的火灾危险性特征
甲	1. 闪点小于28 ℃的液体 2. 爆炸下限小于10%的气体 3. 常温下能自行分解或在空气中氧化能导致迅速自燃或爆炸的物质 4. 常温下受到水或空气中水蒸气的作用，能产生可燃气体并引起燃烧或爆炸的物质 5. 遇酸、受热、撞击、摩擦、催化以及遇有机物或硫黄等易燃的无机物，极易引起燃烧或爆炸的强氧化剂

续表

生产的火灾危险性类别	使用或产生下列物质生产的火灾危险性特征
甲	6. 受撞击、摩擦或与氧化剂、有机物接触时能引起燃烧或爆炸的物质 7. 在密闭设备内操作温度不小于物质本身自燃点的生产
乙	1. 闪点不小于28 ℃，但小于60 ℃的液体 2. 爆炸下限不小于10%的气体 3. 不属于甲类的氧化剂 4. 不属于甲类的易燃固体 5. 助燃气体 6. 能与空气形成爆炸性混合物的浮游状态的粉尘、纤维，闪点不小于60 ℃的液体雾滴
丙	1. 闪点不小于60 ℃的液体 2. 可燃固体
丁	1. 对不燃烧物质进行加工，并在高温或熔化状态下经常产生强辐射热、火花或火焰的生产 2. 利用气体、液体、固体作为燃料或将气体、液体进行燃烧作为其他用途的各种生产 3. 常温下使用或加工难燃烧物质的生产
戊	常温下使用或加工不燃烧物质的生产

（2）储存物品的火灾危险性分类

根据储存物品的性质和储存物品中的可燃物数量等因素，其火灾危险性可分为甲、乙、丙、丁、戊类，各类应符合表6-2的规定。

表6-2 储存物品的火灾危险性分类

储存物品的火灾危险性类别	储存物品的火灾危险性特征
甲	1. 闪点小于28 ℃的液体 2. 爆炸下限小于10%的气体，受到水或空气中水蒸气的作用能产生爆炸下限小于10%气体的固体物质 3. 常温下能自行分解或在空气中氧化能导致迅速自燃或爆炸的物质

续表

储存物品的火灾危险性类别	储存物品的火灾危险性特征
甲	4. 常温下受到水或空气中水蒸气的作用，能产生可燃气体并引起燃烧或爆炸的物质 5. 遇酸、受热、撞击、摩擦以及遇有机物或硫黄等易燃的无机物，极易引起燃烧或爆炸的强氧化剂 6. 受撞击、摩擦或与氧化剂、有机物接触时能引起燃烧或爆炸的物质
乙	1. 闪点不小于 28 ℃，但小于 60 ℃的液体 2. 爆炸下限不小于 10%的气体 3. 不属于甲类的氧化剂 4. 不属于甲类的易燃固体 5. 助燃气体 6. 常温下与空气接触能缓慢氧化，积热不散能引起自燃的物品
丙	1. 闪点不小于 60 ℃的液体 2. 可燃固体
丁	难燃烧物品
戊	不燃烧物品

6.2 火灾隐患的含义和分级

（1）火灾隐患的含义

火灾隐患有广义和狭义之分：广义讲，是指在生产和生活活动中可能直接造成火灾危害的各种不安全因素；狭义讲，是指违反消防安全法律法规、规章制度或者不符合消防安全技术标准，增加了发生火灾的危险性，或者发生火灾时会增加对人的生命、财产的危害，或者在发生火灾时严重影响灭火救援行动的一切行为和情况。

火灾隐患通常包含以下三层含义：

1）增加了发生火灾的危险性。如违反规定生产、储存、运输、销售、使用和销毁易燃易爆危险品；违反规定用火、用电、用气，明火作业等。

2）一旦发生火灾，会增加对人身、财产的危害。如建筑防火分隔，建筑结构防火、防烟排烟等设施随意改变，失去应有的作用；建筑物内部装修、装饰违反规定，使用易燃材料等；建筑物的安全出口、疏散通道堵塞，不能畅通无阻；消防设施、器材设置不规范或功能失效等。

3）一旦发生火灾，会严重影响灭火救援行动。如缺少消防水源，消防通道堵塞，消火栓、水泵接合器、消防电梯等不能使用或者不能正常运行等。

（2）火灾隐患的分级

根据不安全因素引发火灾的可能性大小和可能造成的危害程度的不同，火灾隐患可分为一般火灾隐患和重大火灾隐患。

1）一般火灾隐患。一般火灾隐患是指存在的不安全因素有引发火灾的可能，且发生火灾时会造成一定的危害后果，但危害后果不严重。

2）重大火灾隐患。重大火灾隐患是指违反消防安全法律法规，可能导致火灾发生或火灾危害增大，并由此可能造成特大火灾事故后果和严重社会影响的各类潜在不安全因素。

6.3 火灾隐患的确定

根据《消防监督检查规定》，下列情形应当直接确定为火灾隐患：

（1）影响人员安全疏散或者灭火救援行动，不能立即改正。

（2）消防设施未保持完好有效，影响防火灭火功能。

（3）擅自改变防火分区，容易导致火势蔓延、扩大。

（4）在人员密集场所违反消防安全规定，使用、储存易燃易爆危险品，不能立即改正。

（5）不符合城市消防安全布局要求，影响公共安全。

（6）其他可能增加火灾实质危险性或者危害性的情形。

6.4 火灾隐患的整改方式

火灾隐患的整改，按其危险、危害程度和整改的难易程度，可以分为立即改正和限期整改两种方式。

（1）立即改正

立即改正是指如果不立即改正随时都有发生火灾的危险，或整改起来比较简单，不需要花费较多的时间、人力、物力、财力，对生产经营活动不产生较大影响的隐患等，存在隐患的单位、部位应当当场进行整改的方式。消防安全检查人员在安全检查发现此类火灾隐患时，应当责令立即改正，并在消防安全检查记录上记载。

需要立即改正的火灾隐患有：

1）违章进入生产、储存易燃易爆危险物品场所。

2）违章使用明火作业或者在具有火灾、爆炸危险的场所违反禁令吸烟、使用明火等。

3）将安全出口上锁、遮挡，或者占用、堆放物品影响疏散通道畅通。

4）消火栓、灭火器材被遮挡影响使用或者被挪作他用。

5）常闭式防火门处于开启状态，防火卷帘下堆放物品影响正常使用。

6）消防设施管理、值班人员和防火巡查人员脱岗。

7）违章关闭消防设施、切断消防电源。

8）其他应当当场改正的行为。

（2）限期整改

限期整改是指对过程比较复杂、涉及面广、影响生产比较大，又要花费较多的时间、人力、物力、财力才能整改的隐患，而采取的一种限制在一定期限内进行整改的方式。限期整改一般情况下都应由火灾隐患存在单位负责，应成立专门组织，各类人员参加研究，根据消防救援机构的重大火灾隐患整改通知书或停产停业整改通知书的要求，结合本单位的实际情况制定出一套切实可行并限定在一定时间或期限内整改完毕的方案，并将方案报请上级主管部门和当地消防救援机构批准。

在火灾隐患未消除之前，单位应当落实防范措施，保障消防安全。不能确保消防安全，随时可能引发火灾或者一旦发生火灾将严重危及人身安全的，应当将危险部位停产停业整改。

火灾隐患整改完毕，负责整改的部门或者人员应当将整改情况记录报送消防安全责任人或者消防安全管理人签字确认后存档备查。

对于涉及城市规划布局而不能自身解决的重大火灾隐患，以及机关、团体、企业、事业等单位确无能力解决的重大火灾隐患，单位应当提出解决方案并及时向其上级主管部门或者当地人民政府报告。

6.5 消防安全检查

消防安全检查是指具有隶属关系的上级领导机关对下级单位或部门消防工作情况进行的专项检查，是为了督促查看所辖单位内部的消防工作情况和查寻检验消防工作中存在的问题而进行的一项安全管理活动，是实施消防安全管理的一项重要措施，也是控制重大火灾，减少火灾损失，维护社会秩序安定的一个重要手段。消防安全检查根据组织实施的单位，主要分为政府消防安全检查、消防救援机构的消防监督检查和单位消防安全检查三种类型。

6.5.1 政府消防安全检查

政府消防安全检查是指地方各级人民政府针对下一级人民政府

和本级人民政府有关部门履行消防安全职责情况，定期进行的专项检查。

（1）政府消防安全检查的组织形式

1）政府领导挂帅，组织有关部门参加的对所属消防安全工作的考评检查。

2）以政府名义组织，由消防救援机构牵头，政府有关部门参加的联合消防安全检查。

3）以消防安全委员会的名义组织政府有关部门参加的消防安全检查。

（2）政府消防安全检查的内容

1）消防监督管理情况。

2）涉及消防安全的行政许可、审批情况。

3）督促主管的单位整改火灾隐患。

4）城乡消防规划、公共消防设施建设和管理情况。

5）多种形式消防队伍建设情况。

6）消防安全宣传教育情况。

7）消防安全经费保障情况。

8）其他依照法律法规应当落实的消防安全工作情况。

（3）政府消防安全检查的要求

1）地方各级人民政府对有关部门履行消防安全职责的情况进行检查后，应当及时予以通报。对不依法履行消防安全职责的部门，应当责令限期改正。

2）县级以上地方人民政府的国资、教育、民政、铁路、交通运输、农业农村、卫生健康、广播电视、体育、文化旅游、文物、人防等部门和单位，应当建立健全监督制度，根据本行业、本系统的特点，有针对性地开展消防安全检查，及时督促整改火灾隐患。

3）对于消防救援机构检查发现的火灾隐患，政府各有关部门应当采取措施，督促有关单位整改。

4）公众聚集场所在投入使用、营业前，建设单位或者使用单位应当向场所所在地的县级以上地方人民政府消防救援机构申请消防安全检查。消防救援机构应当自受理申请之日起10个工作日内，根据消防安全技术标准和管理规定，对该场所进行消防安全检查。未经消防安全检查或者经检查不符合消防安全要求的，不得投入使用、营业。

5）对各级人民政府有关部门的工作人员不履行消防工作职责，对涉及消防安全的事项未按照法律法规规定实施审批、监督检查的，或者对重大火灾隐患督促整改不力的尚不构成犯罪的依法予以处分。

6.5.2 消防救援机构的消防监督检查

（1）消防救援机构消防监督检查的分类

根据《消防法》的规定，消防救援机构所实施的消防监督检查，按照检查的对象和性质，通常有以下六种：

1）对公众聚集场所在使用或者营业前的消防安全检查。

2）对单位履行法定消防安全职责情况的监督抽查。

3）对举报投诉的消防安全违法行为的核查。

4）对大型群众性活动进行的监督检查。

5）对大型人员密集场所和特殊建设工程、建设工地的监督检查。

6）根据需要进行的其他消防监督检查。

（2）消防监督检查的内容

消防监督检查的内容，根据检查对象和形式确定。

1）对单位履行法定消防安全职责情况监督抽查的内容。消防救援机构应当结合单位履行消防安全职责情况的记录，每季度制订消防监督检查计划，对单位遵守消防安全法律法规的情况，单位建筑物及其有关消防安全设施符合消防技术标准和管理规定的情况进行抽样检查。对单位履行法定消防安全职责情况的监督检查，应当针对单位的实际情况，检查下列内容：

①建筑物或者建设工程是否依法通过消防验收或者经消防验收备案，公众聚集场所是否通过使用、营业前的消防安全检查。

②建筑物或者场所的使用情况是否符合消防验收或者备案时确定的使用性质。

③单位消防安全制度以及灭火和应急疏散预案是否已经制定。

④消防设施是否定期进行全面检测，消防设施、器材和消防安全标志是否定期组织检验、维修，是否完好有效。

⑤电气线路、燃气管路是否定期维护保养、检测。

⑥疏散通道、安全出口、消防车通道是否保持畅通，防火、防烟分区是否改变，防火间距是否被占用。

⑦是否定期组织消防安全检查，是否组织消防演练和职工消防安全教育培训，自动消防系统操作人员是否持证上岗。

⑧易燃易爆危险品的生产、储存、销售场所是否与居住场所设置在同一建筑物内，其他物品的生产、储存、销售场所与居住场所设置在同一建筑物内的是否符合国家工程建设消防安全技术标准。

⑨人员密集场所的室内装修、装饰材料是否符合消防安全技术标准。

⑩其他依法需要检查的内容。

2）对消防安全重点单位检查的内容。对消防安全重点单位履行法定消防安全职责情况的监督检查，除消防监督抽查的内容外，还应当检查下列内容：

①消防安全管理人确定情况。

②每日防火巡查实施情况。

③定期组织消防安全培训和消防演练的情况。

3）大型人员密集场所和特殊建设工程的施工工地监督检查的内容。对大型人员密集场所和特殊建设工程的施工工地进行消防监督抽查，应当重点检查施工单位履行下列消防安全职责的情况：

①消防安全制度、灭火和应急疏散预案是否已经制定。

②电焊、气焊等使用明火作业的消防安全防护措施是否落实。

③是否设置了与施工进度相适应的临时消防水源，安装消火栓并配备水带和水枪；消防器材是否配备齐全并完好有效。

④是否设有施工人员的疏散通道和施工现场消防车通道，疏散通道、安全出口和施工现场消防车通道是否畅通。

⑤是否组织消防演练，员工是否进行消防安全培训教育，大型人员密集场所灭火和应急疏散预案中承担灭火和组织疏散预案的人员是否确定。

⑥职工集体宿舍是否与施工作业区分开设置，是否存在违章用火、用电、用油、用气等情况。

4）大型群众性活动举办前，活动现场消防安全检查的内容：

①室内活动使用的建筑物（场所）是否依法通过消防验收或者进行消防竣工验收备案，公众聚集场所是否通过使用、营业前的消防安全检查。

②临时搭建的建筑物是否符合消防安全要求。

③是否制定灭火和应急疏散预案并组织演练。

④是否明确消防安全责任分工并确定消防安全管理人员。

⑤活动现场消防设施、器材是否配备齐全并完好有效。

⑥活动现场的疏散通道、安全出口和消防车通道是否畅通。

⑦活动现场的疏散指示标志和应急照明是否符合消防安全技术标准并完好有效。

5）错时消防监督抽查的内容。错时消防监督抽查是指消防救援机构针对特殊监督对象，把监督执法力量部署到火灾高发时段和高发部位，在正常工作时间以外时段开展的消防监督抽查。实施错时消防监督抽查，消防救援机构可以会同公安、教育、文化等部门联合开展，也可以邀请新闻媒体参加，但检查结果应当通过适当方式予以通报或向社会公布。消防救援机构对夜间营业的公众聚集场所进行消防监督抽查时，应当重点检查单位履行下列消防安全职责的情况：

①自动消防系统操作人员是否在岗在位，是否持证上岗。

②消防设施是否正常运行，疏散指示标志和应急照明是否完好有效。

③场所疏散通道和安全出口是否畅通。

④防火巡查是否按照规定开展。

6.5.3 单位消防安全检查

单位消防安全检查是指单位结合自身内部情况，适时组织的督促、查看、了解本单位内部消防安全工作情况以及存在的问题和火灾隐患的一种消防安全管理活动。

(1) 单位消防安全检查的目的和形式

1) 单位消防安全检查的目的。单位通过消防安全检查，对本单位消防安全制度、操作规程的落实和遵守情况进行检查，以督促规章制度、措施的贯彻落实，这是单位自我管理、自我约束的一种重要手段，是及时发现和消除火灾隐患、预防火灾发生的重要措施。

2) 单位消防安全检查的形式。消防安全检查是单位的一项长期的、经常性的工作，在组织形式上应采取经常性检查和定期性检查相结合、重点检查和普遍检查相结合的方式方法。具体检查形式主要有以下几种：

①一般日常性检查。指按照岗位消防安全责任制的要求，以班组长、安全员、义务消防员为主对所处的岗位和环境的消防安全情况进行的检查，通常以班前、班后和交接班时为检查的重点时段。

一般日常性检查能及时发现不安全因素，及时消除火灾隐患，是消防安全检查的重要形式之一。

②防火巡查。安全员对场所的日常防火巡查，是指应用最简单

直接的方法，在管辖区内巡视、检查发现违章行为，劝阻、制止违反规章制度的人和事，妥善处理火灾隐患并及时处置紧急事件的活动。防火巡查是单位保障消防安全的严格管理措施之一，是消防安全重点单位常用的一种消防安全检查形式。

单位防火巡查的要求包括：一般由当日消防安全值班人员负责；巡查部位一般是单位的重点部位，如配电室、厨房、员工宿舍、锅炉房、计算机机房、消防中控室等；公共聚集场所在营业期间应每两小时巡查一次，其他单位可根据实际情况自行确定；巡查人员应当及时纠正违章行为，妥善处置火灾隐患，无法当场处置的，应当立即报告；发现初期火灾应当及时扑救并立即报警；巡查时应当填写巡查记录，巡查人员及其主管人员应当在巡查记录上签名。

单位防火巡查的具体内容主要包括以下几个方面。

——火源的巡查。常见的火源有明火焰、高温物体、电火花、撞击与摩擦、光线照射与聚焦、绝热压缩（机械能变为热能）、化学反应放热等。针对不同的火源需要制定不同的消防安全对策。

——安全疏散设施的巡查。疏散楼梯和楼梯间、疏散走道、安全出口的巡查要点：是否有可燃物、易燃物堆放堵塞；是否有障碍物堆放、堵塞通道，影响疏散；安全出口是否被锁闭等。

疏散指示标志与应急照明的巡查要点：疏散指示标志外观是否完好无损，是否被悬挂物遮挡；疏散指示标志指示方向是否正确无误；疏散指示标志指示灯照明是否正常，充电电池电量是否充足；应急照明灯具和线路是否完好无损；应急照明灯具是否处于正常工作状态等。

——消防车通道的巡查。消防车通道的巡查要点：消防车通道是否堆放物品、被锁闭、停放车辆等，影响畅通；是否有挖坑、刨沟等行为，影响消防车辆通行；消防车通道上是否有搭建临时建筑行为等。

——防火分隔设施的巡查。常见的防火分隔设施有防火墙、防火门、防火窗、防火卷帘、防火水幕带、防火阀等，其中防火门的巡查要点：防火门的门框、门扇、闭门器等部件是否完好无损，并具备良好的隔火隔烟作用；带闭门器的防火门是否能够自动关闭；电动防火门当电磁铁释放后是否能够按顺序顺畅关闭；防火门前是否堆放物品影响开启等。防火卷帘的巡查要点：防火卷帘下是否堆放杂物，影响降落；防火卷帘控制面板、门体是否完好无损；防火卷帘是否处于正常升起状态；防火卷帘所对应的烟感、温感探头是否完好无损等。

③定期防火检查。定期防火检查是指按规定的频次进行的，或者按照不同的季节特点，或者结合重大节日进行的检查。这种检查通常由单位领导组织，或由有关职能部门组织，除了对所有部位进行检查外，还要对重点部门进行重点检查。

④专项检查。指根据单位实际情况以及当前主要任务和消防安全薄弱环节开展的检查，如用电检查、用火检查、疏散检查、消防设施检查、危险品储存与使用检查等。专项检查应有专业技术人员参加。

⑤夜间检查。夜间检查是预防夜间发生火灾的有效措施，检查主要依靠夜间值班人员、警卫和专、兼职消防安全管理人员。夜间检查的重点是火源、电源以及其他异常情况等，及时堵塞漏洞，消除火灾隐患。

⑥其他形式的检查。根据需要进行的其他形式的消防安全检查，如重大活动前的检查、季节性检查等。

（2）单位消防安全检查的频次、要求及内容

1）单位消防安全检查的频次及要求。机关、团体、事业单位应当至少每季度进行一次消防安全检查，其他单位应当至少每月进行一次消防安全检查。

消防安全检查应当填写检查记录，检查人员和被检查部门负责人应当在检查记录上签名。

2）单位消防安全检查的内容：

①火灾隐患的整改情况以及防范措施的落实情况。

②安全疏散通道、疏散指示标志、应急照明和安全出口情况。

③消防车通道、消防水源情况。

④灭火器材配置及有效性情况。

⑤用火、用电有无违章情况。

⑥重点工种人员以及其他职工消防安全知识的掌握情况。

⑦消防安全重点部位的管理情况。

⑧易燃易爆危险物品和场所防火防爆措施的落实情况以及其他重要物资的消防安全情况。

⑨消防（控制室）值班情况和设施运行、记录情况。

⑩消防安全标志的设置情况和完好、有效情况及其他需要检查的内容。

（3）单位消防安全检查的方法

消防安全检查的方法是指单位为达到实施消防安全检查的目的所采取的技术措施和手段。消防安全检查方法直接影响检查的质量，单位消防安全管理人员在进行自身消防安全检查时应根据检查对象的情况，灵活运用以下各种方法，了解检查对象的消防安全管理情况。

1）查阅消防安全档案：

①消防安全重点单位的消防安全档案应包括消防安全基本情况和消防安全管理情况。

②制定的消防安全制度和操作规程是否符合相关法律法规和技术标准。

③灭火和应急救援预案是否可靠。

④查阅消防救援机构填发的各种法律文书，尤其要注意责令改正或重大火灾隐患限期整改的相关内容是否得到落实。

2）询问职工：

①询问各部门、各岗位的消防安全管理人员，了解其实施和组

织落实消防安全管理工作的概况以及对消防安全工作的熟悉程度。

②询问消防安全重点部位的人员，了解单位对其教育培训的情况。

③询问消防控制室的值班、操作人员，了解其是否具备岗位资格。

④公众聚集场所应随机询问数名职工，了解其是否掌握组织引导在场群众疏散的知识和技能以及报火警和扑救初期火灾的知识和技能。

3）查看消防通道、防火间距、灭火器材、消防设施等情况。消防通道、消防设施、灭火器材、防火间距等是建筑物或场所消防安全的重要保障，国家的相关法律法规与技术标准对此都作了相应的规定。查看消防通道、消防设施、灭火器材、防火间距等，主要是通过眼看、耳听、手摸等方法，判断消防通道是否畅通，防火间距是否被占用，灭火器材是否配置得当并完好有效，消防设施各组件是否完整齐全无损、各组件阀门及开关等是否置于规定启闭状态、各种仪表显示位置是否处于正常允许范围等。

4）测试消防设施设备。使用专用检测设备测试消防设施设备的工况，要求检查人员应具备相应的专业技术基础知识，熟悉各类消防设施设备的组成和工作原理，掌握检查测试方法以及操作中应注意的事项。利用专用检测设备对火灾报警器报警、消防电梯强制性停靠、室内外消火栓压力、消火栓远程启泵、末端装置试水、防火卷帘启闭等项目进行测试。

第 7 讲

消防安全宣传教育

消防安全宣传教育是把消防安全知识传授给公众，让公众认识火灾的危害，懂得预防火灾的基本措施、扑灭火灾的基本方法和火场逃生的基本技能，提高其防火警惕性和同火灾作斗争的自觉性，是以培养公众消防安全素养的一项重要工作，也是消防安全管理工作中重要的基础内容。本讲的重点是消防安全宣传教育的内容与要求及其有关工作形式。

7.1 消防安全宣传教育基本概念

消防安全宣传是指利用一切可以影响人们消防安全意识形态的媒介，以提高人们消防安全意识并进一步掌握各类消防安全常识为目的的社会行为。消防安全教育培训是一种有组织的消防安全知识传递、消防安全技能传递、消防安全标准传递、消防安全信息传递、消防安全理念传递、消防安全管理训诫的行为。消防安全宣传和教育培训两者既有联系，又有区别。消防安全宣传和安全教育培训的原则和目标相同，都是通过一定的形式和手段帮助人们提高消防安全意识，掌握基本的消防安全常识和防灭火技能。两者的区别在于，消防安全宣传的对象是各种年龄层次的人民群众，在效果方面注重长期性，在内容上侧重于人们消防安全意识的提高和对基本消防安全常识的传播；消防安全教育培训的对象主要是特定的群体，在效果方面注重实效性，在内容上侧重于对其消防安全技能的培养。

7.2 消防安全宣传教育的要求

党中央、国务院高度重视消防安全宣传与教育培训工作。近年来，先后通过组织实施立法、联合颁布规定、出台指导意见等方式，督促各级政府、职能部门，特别是社会单位积极开展消防安全宣传与教育培训工作。《消防法》明确了政府、各职能部门和机关、团体、企业、事业等单位的消防安全宣传与教育培训工作职责。《国务院关于加强和改进消防工作的意见》（国发〔2011〕46号）就新形势下扎实做好消防安全宣传与教育培训工作提出了意见和要求。《社会消防安全教育培训规定》（公安部令第109号），明确了各相关职能部门应当履行的职责，细化了各类单位教育培训的内容及要求，提出了落实教育培训的奖惩措施。

7.2.1 《消防法》相关规定

各级人民政府应当组织开展经常性的消防宣传教育，提高公民的消防安全意识。机关、团体、企业、事业等单位，应当加强对本单位人员的消防宣传教育。应急管理部门及消防救援机构应当加强消防法律法规的宣传，并督促、指导、协助有关单位做好消防宣传教育工作。教育、人力资源行政主管部门和学校、有关职业培训机构应当将消防知识纳入教育、教学、培训的内容。新闻、广播、电视等有关单位，应当有针对性地面向社会进行消防宣传教育。工会、共产主义青年团、妇女联合会等团体应当结合各自工作对象的特点，组织开展消防宣传教育。村民委员会、居民委员会应当协助人民政府以及公安机关、应急管理等部门，加强消防宣传教育。

7.2.2 《社会消防安全教育培训规定》相关规定

（1）单位

1）单位应当根据其自身特点，建立健全消防安全教育培训制度，明确机构和人员，保障教育培训工作经费，按照下列规定对职工进行消防安全教育培训：

①定期开展形式多样的消防安全宣传教育。

②对新上岗和进入新岗位的职工进行上岗前消防安全培训。

③对在岗的职工每年至少进行一次消防安全培训。

④消防安全重点单位每半年至少组织一次、其他单位每年至少组织一次灭火和应急疏散演练。

单位对职工的消防安全教育培训应当将本单位的火灾危险性、防火灭火措施、消防设施及灭火器材的操作使用方法、人员疏散逃生知识等作为培训的重点。

2）在建工程的施工单位应当开展下列消防安全教育工作：

①建设工程施工前应当对施工人员进行消防安全教育。

②在建设工地醒目位置、施工人员集中住宿场所设置消防安全宣传栏，悬挂消防安全挂图和消防安全警示标识。

③对明火作业人员进行经常性的消防安全教育。

④组织灭火和应急疏散演练。

在建工程的建设单位应当配合施工单位做好上述消防安全教育工作。

（2）学校

1）各级各类学校应当开展下列消防安全教育工作：

①将消防安全知识纳入教学内容。

②在开学初、放寒（暑）假前、学生军训期间，对学生普遍开展专题消防安全教育。

③结合不同课程实验课的特点和要求，对学生进行有针对性的

消防安全教育。

④组织学生到当地消防站参观体验。

⑤每学年至少组织学生开展一次应急疏散演练。

⑥对寄宿学生开展经常性的安全用火用电教育和应急疏散演练。

各级各类学校应当至少确定一名熟悉消防安全知识的教师担任消防安全课教员，并选聘消防专业人员担任学校的兼职消防辅导员。

2）中小学校和学前教育机构应当针对不同年龄阶段学生认知特点，保证课时或者采取学科渗透、专题教育的方式，每学期对学生开展消防安全教育。

小学阶段应当重点开展火灾危险及危害性、消防安全标志标识、日常生活防火、火灾报警、火场自救逃生常识等方面的教育。

初中和高中阶段应当重点开展消防法律法规、防火灭火基本知识和灭火器材使用等方面的教育。

学前教育机构应当采取游戏、儿歌等寓教于乐的方式，对幼儿开展消防安全常识教育。

3）高等学校应当每学年至少举办一次消防安全专题讲座，在校园网络、广播、校内报刊等开设消防安全教育栏目，对学生进行消防法律法规、防火灭火知识、火灾自救他救知识和火灾案例教育。

4）国家支持和鼓励有条件的普通高等学校和中等职业学校根据经济社会发展需要，设置消防类专业或者开设消防类课程，培养消防专业人才，并依法面向社会开展消防安全培训。

人民警察训练学校应当根据教育培训对象的特点，科学安排培训内容，开设消防基础理论和消防管理课程，并列入学生必修课程。

师范院校应当将消防安全知识列入学生必修内容。

（3）社区、村、公用建筑

1）社区居民委员会、村民委员会应当开展下列消防安全教育工作：

①组织制定防火安全公约。

②在社区、村庄的公共活动场所设置消防宣传栏，利用文化活动站、学习室等场所，对居民、村民开展经常性的消防安全宣传教育。

③组织志愿消防队、治安联防队和灾害信息员、保安人员等开展消防安全宣传教育。

④利用社区、乡村广播、视频设备定时播放消防安全常识，在火灾多发季节、农业收获季节、重大节日和乡村民俗活动期间，有针对性地开展消防安全宣传教育。

社区居民委员会、村民委员会应当确定至少一名专（兼）职消防安全员，具体负责消防安全宣传教育工作。

2）物业服务企业应当在物业服务工作范围内，根据实际情况积极开展经常性的消防安全宣传教育，每年至少组织一次本单位职工和居民参加的灭火和应急疏散演练。

由两个以上单位管理或者使用的同一建筑物，负责公共消防安全管理的单位应当对建筑物内的单位和职工进行消防安全宣传教育，每年至少组织一次灭火和应急疏散演练。

（4）公共场所

1）歌舞厅、影剧院、宾馆、饭店、商场、集贸市场、体育场馆、会堂、医院、客运车站、客运码头、民用机场、公共图书馆和公共展览馆等公共场所应当按照下列要求对公众开展消防安全宣传教育：

①在安全出口、疏散通道和消防设施等处的醒目位置设置消防安全标志、标识等。

②根据需要编印场所消防安全宣传资料供公众取阅。

③利用单位广播、视频设备播放消防安全知识。

养老院、福利院、救助站等单位，应当对服务对象开展经常性的用火用电和火场自救逃生安全教育。

2）旅游景区、城市公园绿地的经营管理单位、大型群众性活动主办单位应当在景区、公园绿地、活动场所醒目位置设置疏散路线、消防设施示意图和消防安全警示标识，利用广播、视频设备、宣传栏等开展消防安全宣传教育。

导游人员、旅游景区工作人员应当向游客介绍景区消防安全常识和管理要求。

（5）媒体

新闻、广播、电视等单位应当积极开设消防安全教育栏目、制作节目，对公众开展公益性消防安全宣传教育。

7.2.3 《国务院关于加强和改进消防工作的意见》相关规定

加强消防宣传教育培训。多形式、多渠道地开展以“全民消防、生命至上”为主题的消防宣传教育，不断深化消防宣传进学校、进社区、进企业、进农村、进家庭工作，大力普及消防安全知识。注意加强对老人、妇女和儿童的消防安全教育。要重视发挥继续教育作用，将消防法律法规和消防知识纳入党政领导干部及公务员培训、职业培训、科普和普法教育、义务教育内容。报刊、广播、电视、网络等新闻媒体要积极开展消防安全宣传，安排专门时段、版块刊播消防公益广告。中小学要在相关课程中落实好消防教育，每年开展不少于一次的全员应急疏散演练。居（村）委会和物业服务企业每年至少组织居民开展一次灭火应急疏散演练。充分依托应急管理专业院校加强人才培养。国家鼓励高等学校开设与消防工程、消防管理相关的专业和课程，支持社会力量开展消防培训，积极培养社会消防专业人才。要加强对单位消防安全责任人、消防安全管理人、消防控制室操作人员和消防设计、施工、监理人员及保安、电（气）焊工、消防技术服务机构从业人员的消防安全培训。

7.3 消防安全宣传教育的主要内容和形式

针对不同的对象，消防安全宣传教育的内容和形式也应有所不同。

(1) 家庭、社区消防安全宣传教育的主要内容和形式

1) 家庭成员要学习掌握安全用火、用电、用气、用油和火灾报警、初期火灾扑救、逃生自救知识；经常查找、消除家庭火灾隐患；自觉遵守消防安全管理规定，不圈占、埋压、损坏、挪用消防设施、器材，不占用消防车通道、防火间距，保持疏散通道畅通；制定应急疏散预案并进行演练。

2) 社区居民委员会、住宅小区业主委员会应建立消防安全宣传教育制度，制定居民防火公约，重要防火时期、"119 消防日"活动期间组织居民参加消防科普教育活动和消防安全自查、互查及灭火、逃生演练；发动社区老年协会、物业管理公司职工、消防志愿者、义务消防队员参与消防安全宣传教育工作，与社区老弱病残、鳏寡孤独家庭结成帮扶对子，上门进行消防安全宣传教育，帮助查找、消除火灾隐患，遇险情时互助疏散逃生；为每栋住宅指定专、兼职消防宣传员，绘制、张贴住宅楼疏散逃生示意图，开展楼内消防巡查，确保疏散通道畅通、防火门常闭、消防设施器材和标志、标识完好。

3) 社区居民委员会、住宅小区业主委员会应在社区、住宅小区因地制宜地设置消防宣传牌（栏）、橱窗等，适时更新内容；小区楼宇电视、户外显示屏、广播等应经常播放消防安全常识。

4) 街道办事处、乡镇政府等应引导城镇居民家庭和有条件的农村家庭配备必要的报警、灭火、照明、逃生自救等消防器材，其他农村家庭应储备灭火用水、沙土，配备简易灭火器材，并掌握正确的使用方法。

5）街道办事处、乡镇政府等应将家庭消防安全宣传教育工作纳入“平安社区”“文明社区”“五好文明家庭”等创建、评定内容。

（2）农村消防安全宣传教育的主要内容和形式

1）乡镇政府、村民委员会应制定完善消防安全宣传教育工作制度和村民防火公约，明确职责任务；指导村民建立健全自治联防制度，轮流进行消防安全提示和巡查，及时发现、消除火灾隐患。

2）在人员相对集中的场所建立固定消防安全宣传教育阵地，教育村民安全用火、用电、用油、用气，引导村民开展火灾隐患自查、自改行动；教育村民掌握火灾报警、初期火灾扑救和逃生自救的方法。

3）农忙时节、火灾多发季节以及节庆、民俗活动期间，乡镇、村应集中开展有针对性的消防安全宣传活动。

4）乡镇政府应在农村集市、场镇等场所设置消防宣传栏（牌）、橱窗等，并及时更新内容；举办群众喜闻乐见的消防文艺演出；督促乡镇企业开展消防安全宣传工作。

5）乡镇、村应设专、兼职消防宣传员，鼓励农村基干民兵、村镇干部和村民加入志愿消防队，与弱势群体结成帮扶对子，上门宣传消防安全知识、查找火灾隐患，遇险时协助逃生自救互救。

（3）人员密集场所消防安全宣传教育的主要内容和形式

1）人员密集场所应在安全出口、疏散通道和消防设施等位置设置消防安全提示；结合本场所情况，向顾客提示场所火灾危险性、疏散出口和路线、灭火和逃生设备、器材位置及使用方法。

2）文化娱乐场所、商场市场、宾馆饭店以及大型活动现场应通过电子显示屏、广播或主持人提示等形式向顾客告知安全出口位置和消防安全注意事项。

3）公共交通工具的候车（机、船）场所、站台等应在醒目位置设置消防安全提示，宣传消防安全常识；电子显示屏、车（机、船）载视频和广播系统应经常播放消防安全知识。

（4）单位消防安全宣传教育的主要内容和形式

1）单位应建立本单位消防安全宣传教育制度，健全机构、落实人员、明确责任，定期组织开展消防安全宣传活动。

2）单位应制定灭火和应急疏散预案，张贴逃生疏散路线图。消防安全重点单位至少每半年、其他单位至少每年组织一次灭火、逃生疏散演练。

3）单位应设置消防宣传阵地，配备消防安全宣传教育资料，经常开展消防安全宣传教育活动；单位广播、闭路电视、电子屏幕、局域网等应经常宣传消防安全知识。

（5）学校消防安全宣传教育的主要内容和形式

1）学校应落实相关学科课程中消防安全教育内容，针对不同年龄段学生分类开展消防安全宣传；每学年组织师生开展疏散逃生演练、消防知识竞赛、消防趣味运动会等活动；有条件的学校应组织学生在校期间至少参观一次消防科普教育场馆。

2）学校应利用“全国中小学生安全教育日”“防灾减灾日”“科技活动周”“119 消防日”等集中开展消防安全宣传活动。

3）小学、初级中学每学年应布置一次由学生与家长共同完成的消防安全家庭作业；普通高中、中等职业学校、高等学校应鼓励学生参加消防安全志愿服务活动，将学生参与消防安全活动纳入校外社会实践、志愿活动考核体系，每名学生在校期间参加消防安全志愿活动应不少于 4 h。

4）校园电视、广播、网站、报刊、电子显示屏、板报等，应经常播、刊、发消防安全内容，每月不少于一次；有条件的学校应建立消防安全宣传教育场所，配置必要的消防设备、宣传资料。

5）学校教室、行政办公楼、宿舍、图书馆、实验室、餐厅、礼堂等，应在醒目位置设置疏散逃生标志等消防安全提示。

第 8 讲

消防安全责任与监督

消防安全事关重大，我国的法律法规除了规定相关行政部门的职责之外，对单位和个人的消防安全责任也有明确要求，特别是生产型企业的主体责任。

本讲除了重点对单位消防安全责任进行讲述之外，还对火灾事故的调查进行了讲解，同时也对社会关注度比较高的消防产品的监督管理机制进行了阐述。

8.1 消防安全责任

8.1.1 单位的消防安全责任

(1) 单位负责人的消防安全责任

机关、团体、企业、事业等单位负责人应当履行下列消防安全责任：

1）贯彻执行消防法律法规，保障本单位的消防安全符合规定，掌握本单位的消防安全情况。

2）将消防工作与本单位的生产、科研、经营、管理等活动统筹安排，批准实施年度消防工作计划。

3）为本单位的消防安全提供必要的经费和组织保障。

4）确定逐级消防安全责任，批准实施消防安全制度和保障消防安全的操作规程。

5）组织消防安全检查，督促落实火灾隐患整改，及时处理涉及消防安全的重大问题。

6）根据消防法律法规的规定建立专职消防队、志愿消防队。

7）组织制定符合本单位实际的灭火和应急疏散预案，并实施演练。

（2）单位消防安全管理人的责任

消防安全管理人对本单位的消防安全责任人负责，实施和组织落实下列消防安全管理工作：

1）拟订年度消防工作计划，组织实施日常消防安全管理工作。

2）组织制定消防安全制度和保障消防安全的操作规程并检查督促其落实。

3）拟订消防工作的资金投入和组织保障方案。

4）组织实施消防安全检查和火灾隐患整改工作。

5）组织实施对本单位消防设施、灭火器材和消防安全标志的维护保养，确保其完好有效，确保疏散通道和安全出口畅通。

6）组织管理专职消防队和志愿消防队。

7）在职工中组织开展消防安全知识、技能的宣传教育和培训，组织灭火和应急疏散预案的实施和演练。

8）落实本单位消防安全责任人委托的其他消防安全管理工作。

消防安全管理人应当定期向消防安全责任人报告本单位的消防安全情况，及时报告涉及消防安全的重大问题。未确定消防安全管理人的单位，消防安全管理工作由单位消防安全责任人负责实施。

（3）相关责任

1）实行承包、租赁或者委托经营、管理时，产权单位应当提供符合消防安全要求的建筑物，当事人在订立的合同中依照有关规定明确各方的消防安全责任，消防车通道、涉及公共消防安全的疏散设施和其他建筑消防设施应当由产权单位或者委托管理的单位统一管理。

2）承包、承租或者受委托经营、管理的单位应当遵守有关规定，在其使用、管理范围内履行消防安全责任。

3）对于有两个以上产权单位和使用单位的建筑物，各产权单位、使用单位对消防车通道、涉及公共消防安全的疏散设施和其他建筑消防设施应当明确管理责任，可以委托统一管理。

（4）物业管理单位责任

居民住宅区的物业管理单位应当在管理范围内履行下列消防安全责任：

1）制定消防安全制度，落实消防安全责任，开展消防安全宣传教育。

2）开展消防安全检查，消除火灾隐患。

3）保障疏散通道、安全出口、消防车通道畅通。

4）保障公共消防设施、器材以及消防安全标志完好有效。

其他物业管理单位应当对受委托管理范围内的公共消防安全管理工作负责。

（5）施工单位责任

1）举办集会、焰火晚会、灯会等具有火灾危险的大型活动的主办单位、承办单位以及提供场地的单位，应当在订立的合同中明确各方的消防安全责任。

2）建设工程施工现场的消防安全由施工单位负责。实行施工总承包的，由总承包单位负责。分包单位向总承包单位负责，服从总承包单位对施工现场的消防安全管理。

3）对建筑物进行局部改建、扩建和装修的工程，建设单位应当与施工单位在订立的合同中明确各方对施工现场的消防安全责任。

8.1.2 人员密集场所消防安全责任

人员密集场所的消防安全责任人应由该场所的法定代表人或者主要责任人担任。消防安全责任人可以根据需要确定本场所的消防安全管理人，承包、租赁场所的承租人是其承包、租赁范围的消防安全责任人。消防安全管理人、消防控制室值班员和消防设施操作维护人员应经过消防职业培训，持证上岗。保安人员应掌握防火和灭火的基本技能。电气焊工、电工、易燃易爆危险物品操作人员应熟悉本工种操作过程的火灾危险性，掌握消防安全基本知识和防火、灭火基本技能。志愿和专职消防队队员应掌握消防安全知识和灭火的基本技能，定期开展消防训练，火灾时应履行扑救火灾和引导人员疏散的义务。

（1）人员密集场所产权单位、使用单位或委托管理单位的责任

1）落实消防安全责任，明确本场所的消防安全责任人和逐级消防负责人。

2）制定消防安全管理制度和保证消防安全的操作规程。

3）开展消防法律法规和防火安全知识的宣传教育，对从业人员进行消防安全教育和培训。

4）定期开展防火巡查、检查，及时消除火灾隐患。

5）保障疏散通道、安全出口、消防车通道畅通。

6）确定各类消防设施的操作维护人员，保障消防设施、器材以及消防安全标志完好有效，处于正常运行状态。

7）组织扑救初期火灾，疏散人员，维持火场秩序，保护火灾事故现场，协助火灾调查。

8）确定消防安全重点部位和相应的消防安全管理措施。

9）制定灭火和应急疏散预案，定期组织消防演练。

10）建立消防安全档案。

（2）消防安全责任人责任

1）贯彻执行消防法律法规，保障人员密集场所消防安全符合规定，掌握本场所的消防安全情况，全面负责本场所的消防安全工作。

2）统筹安排本场所的生产、经营、科研等活动中的消防安全管理工作，批准实施年度消防工作计划。

3）为本场所的消防安全管理提供必要的经费和组织保障。

4）确定本场所的逐级消防安全责任，批准实施消防安全管理制度和保障消防安全的操作规程。

5）组织本场所的消防安全检查，督促整改火灾隐患，及时处理涉及消防安全的重大问题。

6）根据消防法律法规的规定建立专职消防队、志愿消防队，并为本场所配备相应的消防器材和装备。

7）针对本场所的实际情况组织制定灭火和应急疏散预案，并实施演练。

（3）消防安全管理人责任

1）拟订年度消防安全工作计划，组织实施日常消防安全管理工作。

2）组织制订消防安全管理制度和保障消防安全的操作规程，并检查督促落实。

3）拟订消防安全工作的资金预算和组织保障方案。

4）组织实施消防安全检查和火灾隐患整改。

5）组织实施对本场所消防设施、灭火器材和消防安全标志的维护保养，确保其完好有效和处于正常运行状态，确保疏散通道和安全出口畅通。

6）组织管理专职消防队、志愿消防队，开展日常业务训练。

7）组织从业人员开展消防安全知识、技能的教育和培训，组织灭火和应急疏散预案的实施和演练。

8）定期向消防安全责任人报告消防安全情况，及时报告涉及消防安全的重大问题。

9）落实消防安全责任人委托的其他消防安全管理工作。

（4）部门消防安全责任人责任

1）组织实施本部门的消防安全管理工作计划。

2）根据本部门的实际情况开展消防安全教育与培训，制定消防安全管理制度，落实消防安全措施。

3）按照规定实施消防安全巡查和定期检查，管理消防安全重点部位，维护管辖范围的消防设施。

4）及时发现和消除火灾隐患，不能消除的，应采取相应措施并及时向消防安全管理人员报告。

5）发现火灾，及时报警，并组织人员疏散和扑救初期火灾。

（5）消防控制室值班员责任

1）熟悉和掌握消防控制室设备的功能及操作规程，按照规定测试自动消防设施的功能，保障消防控制室设备的正常运行。

2）对火警信号应立即确认，火灾确认后应立即报警并向消防安全责任人报告，随即启动灭火和应急救援疏散预案。

3）对故障报警信号应及时确认，消防设施故障应及时排除，不能排除的应立即向部门主管人员或消防安全管理人报告。

4）不间断值守岗位，做好消防控制室的火警、故障和值班记录。

（6）消防设施操作维护人员责任

1）熟悉和掌握消防设施的功能和操作规程。

2）按照管理制度和操作规程等对消防设施进行检查、维护和保养，保证消防设施和消防电源处于正常运行状态，确保有关阀门处于正确位置。

3）发现消防设施故障应及时排除，不能排除的应及时向上级主管人员报告。

4）做好消防设施运行、操作和故障记录。

（7）保安人员责任

1）按照本单位的管理规定进行防火巡查，并做好记录，发现问题应及时报告。

2）发现火灾应及时报火警并报告主管人员，实施灭火和应急疏散预案，协助灭火救援。

3）劝阻和制止违反消防法律法规和消防安全管理制度的行为。

(8) 电气焊工、电工、易燃易爆危险物品操作人员责任

1）执行有关消防安全制度和操作规程，履行审批手续。

2）落实相应作业现场的消防安全措施，保障消防安全。

3）发现火灾后应立即报火警，尽可能地实施扑救。

8.2 火灾事故调查

火灾事故调查是指消防救援机构以火灾事故现场为主体，运用归纳法，按照起火部位、起火点、起火原因的顺序，逆向寻找和追查着火源，确定火灾的形成原因，查清火灾事故造成的经济损失和人员伤亡情况，然后再查明火灾事故责任，以依法处理火灾事故责任人，并为研究火灾发生规律，预防和扑救火灾提供科学依据的工作。

8.2.1 火灾事故调查的任务

火灾事故调查的任务是调查火灾原因，统计火灾损失，依法对火灾事故作出处理，总结火灾教训。

调查、认定火灾原因是火灾事故调查的首要任务。一起火灾的发生，是多种因素共同作用的结果。在调查火灾原因中，不仅要查清是如何起火的，还要查清为何起火；不仅要查清起火原因中物的因素，还要查清人的因素，包括思想、技术、组织、制度等方面的因素；不仅要查清起火中各个方面的因素，还要查清上述因素是如何相互影响、相互作用的。只有这样，才能找出在消防安全管理、技术措施、消防设施设备和火灾扑救中存在的问题，不断总结经验，改善消防措施，做好消防工作。

8.2.2 火灾事故调查的程序

(1) 简易调查程序

1) 同时具有下列情形的火灾，可以适用简易调查程序：

①没有人员伤亡的。

②直接财产损失轻微的。

③当事人对火灾事故事实没有异议的。

④没有纵火嫌疑的。

2) 适用简易调查程序时，可以由一名火灾事故调查员调查，并按照下列程序实施：

①表明执法身份、说明调查依据。

②调查走访当事人、证人，了解火灾发生过程、火灾烧损的主要物品及建筑物受损等与火灾有关的情况。

③查看火灾现场并进行照相或者录像。

④告知当事人调查的火灾事故事实，听取当事人的意见，当事人提出的事实、理由或者证据成立的，应当采纳。

⑤当场制作火灾事故简易调查认定书、由火灾事故调查人员、当事人签名或者捺指印后交付当事人。

火灾事故调查人员应当在2日内将火灾事故简易调查认定书报所属消防救援机构备案。

(2) 一般调查程序

除上述适用简易调查程序外，对火灾事故进行调查时，火灾事故调查人员不得少于两人，必要时，可以聘请专家或者专业人员协助调查。

1) 询问。火灾事故调查人员应当根据调查需要，对发现、扑救火灾人员，熟悉起火场所、部位和生产工艺人员，火灾肇事嫌疑人和被侵害人等知情人员进行询问。对火灾肇事嫌疑人可以依法传唤。必要时，可以要求被询问人到火灾现场进行指认。

询问应当制作笔录，由火灾事故调查人员和被询问人签名或者捺指印。被询问人拒绝签名或捺指印的，应当在笔录中注明。

2）火灾事故现场勘验。勘验火灾事故现场应当遵循火灾事故现场勘验规则，采取现场照相或者录像、录音，制作现场勘验笔录和绘制现场图等方法记录现场情况。

对有人员死亡的火灾事故现场进行勘验的，火灾事故调查人员应当对尸体表面进行观察并记录，对尸体在火灾事故现场的位置进行调查。

现场勘验笔录应当由火灾事故调查人员、证人或者当事人签名。证人、当事人拒绝签名或者无法签名的，应当在现场勘验笔录上注明。现场图应当由制图人、审核人签名。

3）现场提取痕迹、物品，应当按照下列程序实施：

①量取痕迹、物品的位置、尺寸，并进行照相或者录像。

②填写火灾痕迹、物品提取清单，由提取人、证人或者当事人签名。证人、当事人拒绝签名或者无法签名的，应当在清单上注明。

③封装痕迹、物品，黏贴标签，标明火灾事故名称和封装痕迹、物品的名称、编号及其提取时间，由封装人、证人或者当事人签名。证人、当事人拒绝签名或者无法签名的，应当在标签上注明。

④提取的痕迹、物品，应当妥善保管。

4）制作现场实验报告。根据调查需要，经负责火灾事故调查的消防救援机构负责人批准，可以进行现场实验。现场实验应当照相或者录像，制作现场实验报告，并由实验人员签名。现场实验报告应当载明下列事项：

①实验的目的。

②实验的时间、环境和地点。

③实验使用的仪器或者物品。

④实验的过程。

⑤实验的结果。

⑥其他与现场实验有关的事项。

（3）检验、鉴定

1）现场提取的痕迹、物品需要进行技术鉴定的，一般委托依法设立的鉴定机构进行，也可委托依法设立的价格鉴证机构对火灾事故的直接财产损失进行鉴定。

2）有人员死亡的火灾事故，应当由公安机关刑事科学技术部门进行尸体检验，出具尸体检验鉴定文书，确定死亡原因。

3）对火灾受伤人员的人身伤害的医学鉴定由法医进行。卫生行政主管部门许可的医疗机构具有执业资格的医生出具的诊断证明，可以作为认定人身伤害程度的依据。但是，具有下列情形之一的，应当进行医学伤害鉴定：

①受伤程度较重，可能构成重伤的。

②事故受伤人员要求作鉴定的。

③当事人对伤害程度有争议的。

④其他应当进行鉴定的情形。

（4）火灾事故认定

消防救援机构应当根据现场勘验、调查询问和有关检验、鉴定意见等调查情况，及时作出起火原因和灾害成因的认定。

对起火原因已经查清的，应当认定起火时间、起火部位、起火点和起火原因。对起火原因无法查清的，应当认定起火时间、起火部位或者起火点以及有证据能够排除的起火原因。

起火原因的认定应当包括下列内容：

1）火灾报警、初期火灾扑救和人员疏散情况。

2）火灾蔓延、损失情况。

3）与火灾蔓延、损失扩大存在直接因果关系的违反消防法律法规、消防技术标准的事实。

当事人可以申请查阅、复制、摘录火灾事故认定书，现场勘验笔录和检验、鉴定意见，但涉及国家秘密、商业秘密、个人隐私或者移交公安机关等其他部门处理的，有关部门可以依法不予提供。

（5）复核

当事人对火灾事故认定有异议的，可以自火灾事故认定书送达之日起15日内，向上一级消防救援机构提出书面复核申请。复核申请应当载明复核请求、理由和主要证据。

复核申请以一次为限。

复核机构应当自收到复核申请之日起7日内作出是否受理的决定并书面通知申请人。有下列情形之一的，复核机构可以不予受理：

1）非火灾当事人提出复核申请的。

2）超过复核申请期限的。

3）已经复核并作出复核结论的。

4）任何一方当事人向人民法院提起诉讼，法院已经受理的。

5）适用简易调查程序作出火灾事故认定的。

复核机构应当对复核申请和原火灾事故认定进行书面审查，必要时，可以向有关人员进行调查。火灾事故现场尚存且未变动的，可以进行复核勘验。

复核审查期间，任何一方当事人就火灾向人民法院提起诉讼并经法院受理的，应当终止复核。

复核机构应当自受理复核申请之日起30内，作出复核结论，并在7日内送达申请人和原认定机构。

8.3 消防产品质量监督管理

消防产品是指专门用于预防、扑救火灾和火灾现场防护、逃生的产品。消防产品的质量直接关系公共安全和人身、财产安全，相对于其他产品来说，消防产品既要保证质量，保证其一旦遇到火灾时能够发挥应有的作用，同时其本身也要安全，不能因产品本身的原因引发事故或造成财产损失、人员伤亡。消防产品虽然是商品，但又不是一般的商品，必须纳入消防监督范围内。因此，应依法监督生产企业按标准生产，确保产品质量，保证消防产品安全有效。

8.3.1 消防产品监督管理的依据

在《消防法》《中华人民共和国产品质量法》（2018年修正，以下简称《产品质量法》)、《中华人民共和国认证认可条例》（2003年9月3日国务院令第390号公布，2016年修正)、《强制性产品认证管理规定》（2009年7月3日国家质量监督检验检疫总局令第117号公布）以及地方性法规中，对消防产品的监督管理工作都有明确规定。

(1)《消防法》有关规定

第二十四条：消防产品必须符合国家标准；没有国家标准的，必须符合行业标准。禁止生产、销售或者使用不合格的消防产品以及国家明令淘汰的消防产品。依法实行强制性产品认证的消防产品，由具有法定资质的认证机构按照国家标准、行业标准的强制性要求认证合格后，方可生产、销售、使用。实行强制性产品认证的消防产品目录，由国务院产品质量监督部门会同国务院应急管理部门制定并公布。新研制的尚未制定国家标准、行业标准的消防产品，应当按照国务院产品质量监督部门会同国务院应急管理部门规定的办法，经技术鉴定符合消防安全要求的，方可生产、销售、使用。依照本条规定经强制性产品认证合格或者技术鉴定合格的消防产品，国务院应急管理部门应当予以公布。

第六十五条：违反本法规定，生产、销售不合格的消防产品或者国家明令淘汰的消防产品的，由产品质量监督部门或者工商行政管理部门依照《中华人民共和国产品质量法》的规定从重处罚。人员密集场所使用不合格的消防产品或者国家明令淘汰的消防产品的，责令限期改正；逾期不改正的，处五千元以上五万元以下罚款，并对其直接负责的主管人员和其他直接责任人员处五百元以上二千元以下罚款；情节严重的，责令停产停业。消防救援机构对于本条第二款规定的情形，除依法对使用者予以处罚外，应当将发现不合格的消防产品和国家明令淘汰的消防产品的情况通报产品质量监督部门、工商行政管理部门。产品质量监督部门、工商行政管理部门应当对生产者、销售者依法及时查处。

第六十九条：消防产品质量认证、消防设施检测等消防技术服务机构出具虚假文件的，责令改正，处五万元以上十万元以下罚款，并对直接负责的主管人员和其他直接责任人员处一万元以上五万元以下罚款；有违法所得的，并处没收违法所得；给他人造成损失的，依法承担赔偿责任；情节严重的，由原许可机关依法责令停止执业或者吊销相应资质、资格。前款规定的机构出具失实文件，给他人造成损失的，依法承担赔偿责任；造成重大损失的，由原许可机关依法责令停止执业或者吊销相应资质、资格。

(2)《产品质量法》有关规定

第十二条：产品质量应当检验合格，不得以不合格产品冒充合格产品。

第十三条：可能危及人体健康和人身、财产安全的工业产品，必须符合保障人体健康和人身、财产安全的国家标准、行业标准；未制定国家标准、行业标准的，必须符合保障人体健康和人身、财产安全的要求。

禁止生产、销售不符合保障人体健康和人身、财产安全的标准和要求的工业产品。具体管理办法由国务院规定。

第三十二条：生产者生产产品，不得掺杂、掺假，不得以假充真、以次充好，不得以不合格产品冒充合格产品。

第三十九条：销售者销售产品，不得掺杂、掺假，不得以假充真、以次充好，不得以不合格产品冒充合格产品。

第四十九条：生产、销售不符合保障人体健康和人身、财产安全的国家标准、行业标准的产品的，责令停止生产、销售，没收违法生产、销售的产品，并处违法生产、销售产品（包括已售出和未售出的产品，下同）货值金额等值以上三倍以下的罚款；有违法所得的，并处没收违法所得；情节严重的，吊销营业执照；构成犯罪的，依法追究刑事责任。

第五十条：在产品中掺杂、掺假，以假充真，以次充好，或者以不合格产品冒充合格产品的，责令停止生产、销售，没收违法生产、销售的产品，并处违法生产、销售产品货值金额百分之五十以上三倍以下的罚款；有违法所得的，并处没收违法所得；情节严重的，吊销营业执照；构成犯罪的，依法追究刑事责任。

8.3.2 消防产品监督管理的要求

消防产品监督管理的根本要求，是确保消防产品的质量。因为消防产品质量直接关系消防安全，因此，加强消防产品的质量监督管理，把确保消防产品质量放到突出的位置上，是做好消防工作的客观要求，也是各级消防救援机构的一项重要工作。

所谓消防产品质量，就是指产品适合一定的用途，具备其应有功能，满足消防使用要求所具备的特性和特征的总和。衡量消防产品质量优劣，通常应综合考虑以下几个方面的内容：

（1）性能

性能是指消防产品所具有的特性和功能。对消防产品的性能要求，往往是通过各种性能指标来表示。例如，消防泵，其主要性能指标为扬程、流量、吸上高度、引水时间和功率等；消防应急灯具，其主要性能指标为应急转换时间、持续工作时间、亮度等。

（2）使用寿命

使用寿命是指消防产品在规定的使用条件下，完成规定功能工作的总时间。对于不可维修的消防产品，其使用寿命就是它的使用时间。

（3）可靠性

可靠性是指消防产品在规定时间和条件下，完成规定功能的能力。可靠性一般包括耐久性、易维修性和设计可靠性，这些都与产品在使用过程中的稳定性和无故障性联系在一起。

（4）安全性

安全性是指消防产品在使用及储存过程中，保障使人身和周围环境免遭危害的程度。如灭火器筒体等部件若强度不够，在使用和储运中极易发生爆裂伤人事故。

（5）经济合理性

经济合理性是指消防产品寿命周期总费用的多少。产品寿命周期总费用包括制造成本和使用成本，制造成本低，产品的价格才能低廉，使用成本低，用户使用产品的费用就低。

第 9 讲

建筑消防安全基本设置

建筑是消防安全的主战场，也是做好相关工作的基础，尤其体现在设计阶段。采用必要的技术措施和方法来预防建筑火灾和减少建筑火灾危害、保护人身和财产安全，是建筑设计消防安全的基本目标。在建筑设计中，既要根据建筑物的使用功能、空间与平面特征和使用人员的特点，采取提高本质安全的工艺防火措施和控制火源的措施，防止发生火灾，也要合理确定建筑物的平面布局、耐火等级和构件的耐火极限，进行必要的防火分隔，并依照国家标准设置合理的安全疏散设施与有效的灭火、报警与防排烟等设施，以控制和扑灭火灾，实现保护人身安全，减少火灾危害的目的。

本讲内容重点是民用建筑，讲述建筑消防安全的基本设置及其有关要求，包括消防车道、救援场地和入口、消防电梯、防火墙和疏散设施等。

9.1 建筑分类及其耐火等级

9.1.1 建筑分类

一般来说，在消防安全领域，民用建筑可以按照其建筑高度、功能、火灾危险性和扑救难易程度等进行分类。以该分类为基础，建筑消防安全的相关国家标准规范分别在耐火等级、防火间距、防火分区、安全疏散、灭火设施等方面对民用建筑的防火设计提出了不同的要求，以实现保障建筑消防安全与保证工程建设和提高投资效益的统一。

对民用建筑进行分类是一个较为复杂的问题，现行国家标准《民用建筑设计统一标准》（GB 50352—2019）将民用建筑分为居住建筑和公共建筑两大类，其中居住建筑包括住宅建筑、宿舍建筑等。在消防安全（防火）方面，除住宅建筑外，其他类型居住建筑的火灾危险性与公共建筑接近，其防火要求需按公共建筑的有关规定执行。因此，本书将民用建筑分为住宅建筑和公共建筑两大类，并进一步按照建筑高度分为高层民用建筑和单层、多层民用建筑，详见表 9-1。

表 9-1　　民用建筑的分类

名称	高层民用建筑		单层、多层民用建筑
	一类	二类	
住宅建筑	建筑高度大于 54 m 的住宅建筑（包括设置商业服务网点的住宅建筑）	建筑高度大于 27 m，但不大于 54 m 的住宅建筑（包括设置商业服务网点的住宅建筑）	建筑高度不大于 27 m 的住宅建筑（包括设置商业服务网点的住宅建筑）
公共建筑	1. 建筑高度大于 50 m 的公共建筑 2. 建筑高度 24 m 以上部分任一楼层建筑面积大于 1 000 m^2 的商店、展览、电信、邮政、财贸金融建筑和其他多种功能组合的建筑 3. 医疗建筑、重要公共建筑、独立建造的老年人照料设施 4. 省级及以上的广播电视和防灾指挥调度建筑、网局级和省级电力调度建筑 5. 藏书超过 100 万册的图书馆、书库	除一类高层公共建筑外的其他高层公共建筑	1. 建筑高度大于 24 m 的单层公共建筑 2. 建筑高度不大于 24 m 的其他公共建筑

注：1. 表中未列入的建筑，其类别可根据本表类比确定。

2. 宿舍、公寓等非住宅类居住建筑的防火要求，应符合有关公共建筑的规定。

3. 裙房的防火要求应符合有关高层民用建筑的规定。

对于住宅建筑，以 27 m 作为区分多层和高层住宅建筑的标准；对于高层住宅建筑，以 54 m 为标准划分为一类和二类；对于公共建筑，以 24 m 作为区分多层和高层公共建筑的标准。在高层建筑中将性质重要、火灾危险性大、疏散和扑救难度大的建筑定为一类。例如，将医疗建筑划为一类，主要考虑了建筑中有不少人员行动不便、疏散困难，建筑内发生火灾易致人员伤亡。

表 9-1 中公共建筑“一类”第 2 项中的“其他多种功能组合”，是指公共建筑中具有两种或两种以上的公共使用功能，不包括住宅与公共建筑组合建造的情况。比如，住宅建筑的下部设置商业服务网点时，该建筑仍为住宅建筑。除商业服务网点外，住宅建筑与其他使用功能的建筑合建，如在住宅建筑下部设置有商业或其他功能的裙房时，应符合下列规定：

（1）住宅部分与非住宅部分之间，应采用耐火极限不低于 2. 00 h 且无门、窗、洞口的防火隔墙和 1. 50 h 的不燃性楼板完全分隔；当为高层建筑时，应采用无门、窗、洞口的防火墙和耐火极限不低于 2. 00 h 的不燃性楼板完全分隔。

（2）住宅部分与非住宅部分的安全出口和疏散楼梯应分别独立设置；为住宅部分服务的地上车库应设置独立的疏散楼梯或安全出口，地下车库的疏散楼梯应按规定进行分隔。

（3）住宅部分和非住宅部分的安全疏散、防火分区和室内消防设施配置，可根据各自的建筑高度分别按照有关住宅建筑和公共建筑的规定执行；该建筑的其他防火设计应根据建筑的总高度和建筑规模按有关公共建筑的规定执行。

9. 1. 2 建筑耐火等级

（1）建筑构件燃烧性能和耐火等级

民用建筑的耐火等级可分为一级、二级、三级、四级。不同耐火等级建筑相应构件的燃烧性能和耐火极限不应低于表 9-2 的规定。

表 9-2　不同耐火等级建筑相应构件的燃烧性能和耐火极限　单位：h

构件名称		燃烧性能和耐火等级			
		一级	二级	三级	四级
墙	防火墙	不燃性 3.00	不燃性 3.00	不燃性 3.00	不燃性 3.00
	承重墙	不燃性 3.00	不燃性 2.50	不燃性 2.00	难燃性 0.50
	非承重外墙	不燃性 1.00	不燃性 1.00	不燃性 0.50	可燃性
	楼梯间和前室的墙 电梯井的墙 住宅建筑单元之间的墙和分户墙	不燃性 2.00	不燃性 2.00	不燃性 1.50	难燃性 0.50
	疏散走道两侧的隔墙	不燃性 1.00	不燃性 1.00	不燃性 0.50	难燃性 0.25
	房间隔墙	不燃性 0.75	不燃性 0.50	难燃性 0.50	难燃性 0.25
柱		不燃性 3.00	不燃性 2.50	不燃性 2.00	难燃性 0.50
梁		不燃性 2.00	不燃性 1.50	不燃性 1.00	难燃性 0.50
楼板		不燃性 1.50	不燃性 1.00	不燃性 0.50	可燃性
屋顶承重构件		不燃性 1.50	不燃性 1.00	可燃性 0.50	可燃性
疏散楼梯		不燃性 1.50	不燃性 1.00	不燃性 0.50	可燃性
吊顶（包括吊顶格栅）		不燃性 0.25	难燃性 0.25	难燃性 0.15	可燃性

注：1. 以木柱承重且墙体采用不燃材料的建筑，其耐火等级应按四级确定。

2. 住宅建筑构件的耐火极限和燃烧性能可按《住宅建筑规范》（GB 50368—2005）的规定执行。

(2) 一般性安全要求

民用建筑的耐火等级应根据其建筑高度、使用功能、重要性和火灾扑救难度等确定，并应符合下列规定：

1) 地下或半地下建筑（室）和一类高层建筑的耐火等级不应低于一级。

2) 单、多层重要公共建筑和二类高层建筑的耐火等级不应低于二级。

3) 除木结构建筑外，老年人照料设施的耐火等级不应低于三级。

4) 建筑高度大于 100 m 的民用建筑，其楼板的耐火极限不应低于 2.00 h。

一级、二级耐火等级建筑的上人平屋顶，其屋面板的耐火极限应分别不低于 1.50 h 和 1.00 h。

(3) 材料相关要求

1) 一级、二级耐火等级建筑的屋面板应采用不燃材料。屋面防水层宜采用不燃、难燃材料，当采用可燃防水材料且铺设在可燃、难燃保温材料上时，防水材料或可燃、难燃保温材料应采用不燃材料作防护层。

2) 二级耐火等级建筑内采用难燃性墙体的房间隔墙，其耐火极限应不低于 0.75 h；当房间的建筑面积不大于 100 m^2 时，房间隔墙可采用耐火极限不低于 0.50 h 的难燃性墙体或耐火极限不低于 0.30 h 的不燃性墙体。二级耐火等级多层住宅建筑内采用预应力钢筋混凝土的楼板，其耐火极限应不低于 0.75 h。

3) 建筑中的非承重外墙、房间隔墙和屋面板，当确需要采用金属夹芯板材时，其芯材应为不燃材料，且耐火极限应符合有关规定。

4) 二级耐火等级建筑内采用不燃材料的吊顶，其耐火极限不限。三级耐火等级的医疗建筑、中小学校的教学建筑、老年人照料设施及托儿所、幼儿园的儿童用房和儿童游乐厅等儿童活动场所的吊顶，应采用不燃材料；当采用难燃材料时，其耐火极限应不低于0.25 h。二级、三级耐火等级建筑内门厅、走道的吊顶应采用不燃材料。

5）建筑内预制钢筋混凝土构件的节点外露部位，应采取防火保护措施，且节点的耐火极限不应低于相应构件的耐火极限。

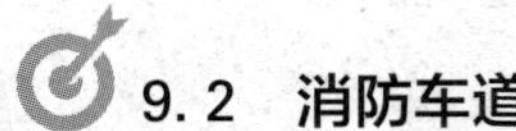

9.2 消防车道

9.2.1 消防车道设置

消防车道是指供消防车灭火时通行的道路。消防车道的设置可利用城市交通道路、厂区道路和住宅小区道路等，但应符合其相应宽度和承重强度等要求。

（1）对于总长度和沿街的长度过长的沿街建筑，特别是U形或L形的建筑，如果不对其长度进行限制，会给灭火救援和内部人员的疏散带来不便，贻误灭火时机。为满足灭火救援和人员疏散要求，要对这些建筑的总长度作必要的限制，但是可以不限制U形、L形建筑物的两翼长度。由于我国市政消火栓的保护半径在150 m左右，按规定一般设在城市道路两旁，故将消防车道的间距定为160 m。

在住宅小区的建设和管理中，存在小区内道路宽度、承载能力或净空不能满足消防车通行需要的情况，给灭火救援带来不便。为此，小区的道路设计要考虑消防车的通行需要。

计算建筑长度时，其内折线或内凹曲线，可按凸出点间的直线距离确定；外折线或凸出曲线，应按实际长度确定。

（2）沿建筑物设置环形消防车道或沿建筑物的两个长边设置消防车道，有利于在不同风向条件下快速调整灭火救援场地和实施灭火。对于大型建筑，更有利于众多消防车辆到场后展开救援行动和调度。

对于一些超大体量或超长建筑物，一般均有较大的间距和开阔地带。这些建筑只要在平面布局上能保证灭火救援需要，在设置穿过建筑物的消防车道的确困难时，也可设置环行消防车道。但根据灭火救援实际，建筑物的进深最好控制在50 m以内。少数建筑，受山地或河道等地理条件限制时，允许沿建筑的一个长边设置消防车道，但需结合消防车登高操作场地设置。

（3）工厂或仓库区内不同功能的建筑通常采用道路连接，但有些道路并不能满足消防车的通行和停靠要求，故要求设置专门的消防车道以便灭火救援。这些消防车道可以结合厂区或库区内的其他道路设置，或利用厂区、库区内的机动车通行道路。高层厂房，占地面积大于3 000 m^2的甲、乙、丙类厂房和占地面积大于1 500 m^2的乙、丙类仓库，应设置环形消防车道，确有困难时，应沿建筑物的两个长边设置消防车道。

高层建筑、较大型的工厂和仓库发生火灾往往延续时间较长，在实际灭火中用水量大、消防车辆投入多，如果没有环形车道或平坦空地等，会造成消防车辆堵塞，使其难以靠近灭火救援现场。因此，平面布局和消防车道设计要考虑保证消防车通行、灭火展开和调度的需要。

（4）保证消防车快速通行和疏散人员的安全，防止建筑物在通道两侧的外墙上设置影响消防车通行的设施或开设出口，因为这会导致人员在火灾时大量进入该通道，影响消防车通行。穿过建筑物或进入建筑物内院的消防车道两侧，影响人员安全疏散或消防车通行的设施主要有：与车道连接的车辆进出口、栅栏、开向车道的窗扇、疏散门、货物装卸口等。

9.2.2 消防车道设置要求

（1）基本要求

为保证消防车道能够满足消防车通行和扑救建筑火灾的需要，

应根据目前国内在役各种消防车辆的外形尺寸，按照单车道并考虑消防车快速通行的需要，确定消防车道的最小净宽度、净空高度，并对转弯半径提出要求。对于需要通行特种消防车辆的建筑物、道路、桥梁，还应根据实际情况增加消防车道的净宽度与净空高度。由于当前在城市或某些区域内的消防车道，大多数需要利用城市道路或居住小区内的公共道路，而消防车的转弯半径一般均较大，通常为 9~12 m。因此，无论是专用消防车道还是兼作消防车道的其他道路或公路，均需要满足消防车的通行要求。该转弯半径可以结合当地消防车的配置情况和区域内的建筑物建设与规划情况综合考虑确定。

1）消防车道的宽度应不小于 4 m，道路上空遇有管架、栈桥等障碍物时，其净高应不小于 4 m。

2）环形消防车道至少应有两处与其他车道连通。尽头式消防车道应设回车道或面积不小于（12×12）m^2 的回车场。供大型消防车使用的回车场面积应不小于（15×15）m^2。消防车道上的管道和暗沟应能承受大型消防车的压力。

3）消防车道穿过建筑物的门洞时，其净高和净宽不应小于 4 m；门垛之间的净宽应不小于 4 m。

由于不同类型消防车的功能不同，其高度各有差异，但通常不超过 4 m，故对于建筑门洞、桥梁高度等限制高度应不低于 4 m。

消防车道需要满足消防扑救工作的开展，因此，消防车道的布置应考虑消防扑救工作的进行，离建筑是需要一定距离的。

（2）其他要求

消防车道的路面、救援操作场地、消防车道和救援操作场地下面的管道和暗沟等，应能承受重型消防车的压力。消防车道可利用城乡、厂区道路等，但该道路应满足消防车通行、转弯和停靠的要求。

目前，我国普通消防车的转弯半径为 9 m，登高车的转弯半径为 12 m，一些特种车辆的转弯半径为 16~20 m。上述规定回车场地面积应不小于（12×12）m^2，是根据一般消防车的最小转弯半径而确定的，对于重型消防车的回车场则还要根据实际情况增大。如有些重型消防车和特种消防车，由于车身长度和最小转弯半径已有 12 m 左右，就需设置更大面积的回车场才能满足使用要求；少数消防车的车身全长为 15.7 m，而（15×15）m^2 的回车场可能也满足不了使用要求。因此，设计时还需根据当地的具体建设情况确定回车场面积的大小，但最小应不小于（12×12）m^2，供重型消防车使用时应不小于（18×18）m^2。

在设置消防车道和灭火救援操作场地时，如果考虑不周，也会发生路面或场地的设计承受荷载过小，道路下面管道埋深过浅，沟渠选用轻型盖板等情况，从而不能承受重型消防车的通行荷载。特别是有些情况需要利用裙房屋顶或高架桥等作为灭火救援场地或消防车通行车道时，更要认真核算相应的设计承载力。

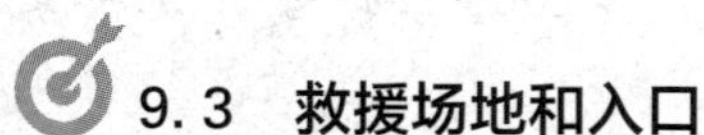

9.3 救援场地和入口

9.3.1 基本规定

为满足扑救建筑火灾和救助高层建筑中遇困人员的基本要求，根据《建筑设计防火规范》（GB 50016—2014，2018 年版），高层建筑应至少沿一个长边或周边长度的 1/4 且不小于一个长边长度的底边连续布置消防车登高操作场地，该范围内的裙房进深应不大于 4 m。建筑高度不大于 50 m 的建筑，连续布置消防车登高操作场地确有困难时，可间隔布置，但间隔距离应不大于 30 m，且消防车登高操作场地的总长度仍应符合规定。

对于高层建筑，特别是布置有裙房的高层建筑，要认真考虑合理布置，确保登高消防车能够靠近高层主体建筑，便于登高消防车开展灭火救援。由于建筑场地受多方面因素限制，设计要在规定的基本要求的基础上，尽量利用建筑周围地面，使建筑周边具有更多的救援场地，特别是在建筑物的长边方向。

9.3.2 消防车登高操作场地

消防救援实践中，有的建筑没有设计供消防车停靠、消防员登高操作和灭火救援的场地，从而贻误战机。在总结和吸取了相关实战的经验、教训基础上，根据实战需要规定了消防车登高操作场地的基本要求。消防车登高操作场地应符合下列规定：

（1）场地与厂房、仓库、民用建筑之间不应种植、设置妨碍消防车操作的树木、架空管线等障碍物和车库出入口。

（2）场地的长度和宽度应分别不小于 15 m 和 10 m。对于建筑高度大于 50 m 的建筑，场地的长度和宽度应分别不小于 20 m 和 10 m。

（3）场地及其下面的建筑结构、管道和暗沟等，应能承受重型消防车的压力。

（4）场地应与消防车道连通，场地靠建筑外墙一侧的边缘距离建筑外墙应不小于 5 m，且应不大于 10 m，场地的坡度应不大于 3%。

9.3.3 消防救援入口

为使消防员能尽快安全到达着火层，在建筑与消防车登高操作场地相对应的范围内设置直通室外的楼梯或直通楼梯间的入口十分必要，特别是高层建筑和地下建筑。

灭火救援时，消防员一般要通过建筑物直通室外的楼梯间或出入口，从楼梯间进入着火层对该层及其上、下部楼层进行内攻灭火和搜索救人。对于埋深较深或地下面积大的地下建筑，还有必要结合消防电梯的设置，在设计中考虑设置供消防员出入火场的专用出入口。

厂房、仓库、公共建筑的外墙应在每层的适当位置设置可供消防员进入的窗口。过去，绝大部分建筑均开设有外窗。而现在，不仅仓库、洁净厂房无外窗或外窗开设少，而且一些大型公共建筑，如商场、商业综合体、设置玻璃幕墙或金属幕墙的建筑等，在外墙上均很少设置可直接开向室外并可供人员进入的外窗。而在实际火灾事故中，大部分建筑的火灾在消防队到达时均已发展到比较大的规模，从楼梯间进入有时难以直接接近火源，但灭火时只有将灭火剂直接作用于火源或燃烧的可燃物，才能有效灭火。因此，在建筑的外墙设置可供消防员使用的入口，对于方便消防员灭火救援十分必要。救援窗口的设置既要结合楼层走道在外墙上的开口，又要结合避难层、避难间以及救援场地，在外墙上选择合适的位置进行设置。

9.4 消防电梯

9.4.1 设置要求

消防电梯是在建筑物发生火灾时供消防员进行灭火与救援使用且具有一定功能的电梯。对于高层建筑，消防电梯能节省消防员的体力，使消防员能快速接近着火区域，提高战斗力和灭火效率。根据在正常情况下对消防员的测试结果，消防员从楼梯攀登的有利登高高度一般不大于23 m，否则，人体的体力消耗很大。对于地下建筑，由于排烟、通风条件很差，受当前装备的限制，消防员通过楼梯进入地下的困难较大，设置消防电梯，有利于满足灭火作战和火场救援的需要。

下列建筑应设置消防电梯：

（1）建筑高度大于33 m的住宅建筑。

（2）一类高层公共建筑和建筑高度大于 32 m 的二类高层公共建筑、5 层及以上且总建筑面积大于 3 000 m^2（包括设置在其他建筑内 5 层及以上楼层）的老年人照料设施。

（3）设置消防电梯的建筑的地下或半地下室，埋深大于 10 m 且总建筑面积大于 3 000 m^2 的其他地下或半地下建筑（室）。

建筑内的防火分区具有较高的防火性能。一般在火灾初期，较易将火灾控制在着火的一个防火分区内，消防员利用着火区内的消防电梯就可以进入着火区直接接近火源实施灭火和救援等其他行动。对于有多个防火分区的楼层，即使一个防火分区的消防电梯受阻难以安全使用时，还可利用相邻防火分区的消防电梯。因此，每个防火分区应至少设置一部消防电梯，符合消防电梯要求的客梯或货梯可兼作消防电梯。

9.4.2 运行规定

火灾时，应确保消防电梯能够可靠、正常地运行。建筑内发生火灾后，一旦自动喷水灭火系统动作或消防队进入建筑展开灭火行动，均会有大量水在楼层上积聚、流散。因此，要确保消防电梯在灭火过程中能保持正常运行，消防电梯井内外要考虑设置排水和挡水设施，并设置可靠的电源和供电线路。

消防电梯应每层均能停靠，包括地下室各层，但在着火时，要首先停靠在首层，以便于能及时展开消防救援。对于医院建筑等类似功能的建筑，消防电梯轿厢内的净面积尚需考虑病人、残障人员等的救援以及方便对外联络的需要。

消防电梯应符合下列规定：

（1）电梯的载质量应不小于 800 kg。

（2）电梯从首层至顶层的运行时间应不大于 60 s。

（3）电梯的动力与控制电缆、电线、控制面板应采取防水措施。

（4）在首层的消防电梯入口处应设置供消防队员专用的操作

按钮。

（5）电梯轿厢的内部装修应采用不燃材料。

（6）电梯轿厢内部应设置专用消防对讲电话。

9.5 直升机停机坪

对于高层建筑，特别是建筑高度超过100 m的高层建筑，人员疏散及消防救援难度大，设置屋顶直升机停机坪，可为消防救援提供条件。当设置屋顶直升机停机坪确有困难时，可设置能保证直升机安全悬停与救援的设施。

直升机停机坪应符合下列规定：

（1）设置在屋顶平台上时，距离设备机房、电梯机房、水箱间、共用天线等凸出物应不小于5 m。

（2）建筑通向停机坪的出口不应少于2个，每个出口的宽度应不小于0.9 m。

（3）停机坪四周应设置航空障碍灯，并应设置应急照明。

（4）在停机坪的适当位置应设置消火栓。

（5）其他要求应符合国家现行航空管理有关标准的规定。

为确保直升机安全起降，设置屋顶停机坪时对屋顶应有特殊要求。有关直升机停机坪和屋顶承重等其他技术要求，见行业标准《民用直升机场飞行场地技术标准》（MH 5013—2014）和《军用永备直升机机场场道工程建设标准》（GJB 3502—1998）。

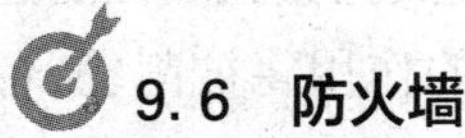

9.6 防火墙

9.6.1 防火墙及其作用

防火墙是分隔水平防火分区或防止建筑间火灾蔓延的重要分隔

构件，对于减少火灾损失发挥着重要作用。

防火墙能在火灾初期和灭火过程中，将火灾有效地限制在一定空间内，阻断火灾在防火墙一侧而不蔓延到另一侧。

实际上，防火墙从建筑基础部分就应与建筑物完全断开、独立建造。但目前在各类建筑物中设置的防火墙，大部分是建造在建筑框架上或与建筑框架相连接的。要保证防火墙在火灾时真正发挥作用，就应保证防火墙的结构安全且从上至下均应处在同一轴线位置，相应框架的耐火极限要与防火墙的耐火极限相适应。由于过去没有明确设置防火墙的框架或承重结构的耐火极限要求，使得实际工程中建筑框架的耐火极限可能低于防火墙的耐火极限，从而难以更好地实现防止火灾蔓延扩大的目标。

为阻止火势通过屋面蔓延，要求防火墙截断屋顶承重结构，并根据实际情况确定高出屋面与否。对于不同用途、高度以及屋顶耐火极限的建筑，应有所区别。当高层厂房和高层仓库屋顶承重结构和屋面板的耐火极限大于或等于 1.00 h，其他建筑屋顶承重结构和屋面板的耐火极限大于或等于 0.50 h 时，由于屋顶具有较好的耐火性能，其防火墙可不高出屋面。

9.6.2 设置要求

（1）防火墙横截面中心线水平距离天窗端面应小于 4.0 m，且天窗端面为可燃性墙体时，应采取防止火势蔓延的措施。

设置防火墙就是为了防止火灾从防火墙任意一侧蔓延至另外一侧。通常屋顶是不开口的，一旦开口则有可能成为火灾蔓延的通道，因而也需要进行有效的防护。否则，防火墙的作用将被削弱，甚至失效。

（2）建筑外墙为难燃性或可燃性墙体时，防火墙应凸出墙的外表面 0.4 m 以上，且防火墙两侧的外墙应为宽度均不小于 2.0 m 的不燃性墙体，其耐火极限不应低于外墙的耐火极限。

(3) 建筑内的防火墙不宜设置在转角处，确需设置时，内转角两侧墙上的门、窗、洞口之间最近边缘的水平距离应不小于 4.0 m；采取设置乙级防火窗等防止火灾水平蔓延的措施时，该距离不限。

(4) 防火墙上不应开设门、窗、洞口，确需开设时，应设置不可开启或火灾时能自动关闭的甲级防火门、窗。可燃气体和甲、乙、丙类液体的管道严禁穿过防火墙。防火墙内不应设置排气道。

(5) 其他管道不宜穿过防火墙，确需穿过时，应采用防火封堵材料将墙与管道之间的空隙紧密填实，穿过防火墙处的管道保温材料，应采用不燃材料；当管道为难燃及可燃材料时，应在防火墙两侧的管道上采取防火措施。

(6) 防火墙的构造应能在防火墙任意一侧的屋架、梁、楼板等受到火灾的影响而破坏时，不会导致防火墙倒塌。

9.7 疏散设施

9.7.1 疏散楼梯间

(1) 疏散楼梯间是人员竖向疏散的安全通道，也是消防员进入建筑进行灭火救援的主要路径。因此，疏散楼梯间应保证人员在楼梯间内疏散时能有较好的光线，有天然采光条件的要首先采用天然采光，以尽量提高楼梯间内照明的可靠性。当然，即使采用天然采光的楼梯间，仍需要设置疏散照明。

建筑发生火灾后，疏散楼梯间任一侧的火灾及其烟气都可能通过楼梯间外墙上的开口蔓延至楼梯间内。要求楼梯间窗口（包括楼梯间的前室或合用前室外墙上的开口）与两侧的门窗洞口之间要保持必要的距离，主要是为确保疏散楼梯间内不被烟火侵袭。无论疏散楼梯间与门、窗、洞口是处于同一立面位置还是处于转角处等不同立面位置，该距离都应是外墙上的开口与楼梯间开口之间的最近距离，含折线距离。

疏散楼梯间要尽量采用自然通风，以提高排除可能进入楼梯间内烟气的可靠性，确保楼梯间内的安全。疏散楼梯间应尽量靠外墙设置，有利于楼梯间直接天然采光和自然通风。不能利用天然采光和自然通风的疏散楼梯间，需按《建筑设计防火规范》的相关要求设置封闭楼梯间或防烟楼梯间，并采取防烟措施。

（2）为避免疏散楼梯间内发生火灾或防止火灾通过楼梯间蔓延，规定楼梯间内不应附设烧水间、可燃材料储藏室、非封闭的电梯井、可燃气体管道，甲、乙、丙类液体管道等。

（3）人员在紧急疏散时容易在楼梯出入口及楼梯间内发生拥挤现象，疏散楼梯间的设计要尽量减少布置凸出墙体的物体，以保证不会减少楼梯间的有效疏散宽度。疏散楼梯间的宽度设计还需考虑采取措施，以保证人行宽度不宜过宽，防止人群疏散时失稳跌倒而导致踩踏等意外事故。

（4）虽然防火卷帘在耐火极限上可达到防火要求，但若卷帘密闭性不好，防烟效果不理想，加之联动设施、固定槽或卷轴电机等部件如果不能正常发挥作用，防烟楼梯间或封闭楼梯间的防烟措施将形同虚设。此外，卷帘在关闭时也不利于人员逃生。因此，封闭楼梯间、防烟楼梯间及其前室不应设置防火卷帘。

（5）布置在疏散楼梯间内的天然气、液化石油气等燃气管道，因楼梯间相对封闭，容易因管道维护管理不到位或碰撞等其他原因发生泄漏而导致严重后果。因此，燃气管道及其相关控制阀门等不能布置在疏散楼梯间内。但为方便管理，各地正在推行住宅建筑中的水表、电表、气表等出户设置。为适应这一要求，国家标准规定允许可燃气体管道进入住宅建筑未封闭的疏散楼梯间，但为防止管道意外损伤发生泄漏，要求采用金属管。为防止燃气管道破坏而引发较大火灾，应在计量表前或管道进入建筑物前安装紧急切断阀，并且该阀门应具备可手动操作关断气源的装置，有条件时可设置自动切断管路的装置。另外，管道的布置与安装位置，应注意避免人员通过楼梯间时与管道发生碰撞。

9.7.2 室外疏散楼梯

室外疏散楼梯可作为防烟楼梯间或封闭楼梯间使用，但主要还是辅助用于人员的应急逃生和消防员直接从室外进入建筑物，以及时到达着火层进行灭火救援。对于某些建筑，由于楼层使用面积紧张，也可采用室外疏散楼梯进行疏散。室外疏散楼梯应符合下列规定：

（1）栏杆扶手的高度应不小于 1.1 m，楼梯的净宽度不应小于 0.9 m。

（2）倾斜角度应不大于 45°。

（3）梯段和平台均应采用不燃材料制作。平台的耐火极限应不低于 1.00 h，梯段的耐火极限应不低于 0.25 h。

（4）通向室外楼梯的门应采用乙级防火门，并应向外开启。

（5）除疏散门外，楼梯周围 2.0 m 内的墙面上不应设置门、窗、洞口。疏散门不应正对梯段。

9.7.3 建筑内疏散门

疏散门是指设置在建筑内各房间直接通向疏散走道的门或安全出口上的门。建筑内的疏散门应符合下列规定：

（1）民用建筑和厂房的疏散门，应采用向疏散方向开启的平开门，不应采用推拉门、卷帘门、吊门、转门或折叠门。除甲、乙类生产车间外，人数不超过 60 人且每樘门的平均疏散人数不超过 30 人的房间，其疏散门的开启方向不限。

（2）仓库的疏散门应采用向疏散方向开启的平开门，但丙、丁、戊类仓库首层靠墙的外侧可采用推拉门或卷帘门。

（3）开向疏散楼梯或疏散楼梯间的门，当其完全开启时，不应减少楼梯平台的有效宽度。

（4）人员密集场所内平时需要控制人员随意出入的疏散门和设置门禁系统的住宅、宿舍、公寓建筑的外门，应保证火灾时不需使用钥匙等任何工具即能从内部打开，并应在显著位置设置使用提示的标识。

9.7.4 防火隔间

防火隔间的设置应符合下列规定：

（1）防火隔间的建筑面积应不小于 6.0 m^2。

（2）防火隔间的门应采用甲级防火门。

（3）不同防火分区通向防火隔间的门不应计入安全出口，门的最小间距应不小于 4.0 m。

（4）防火隔间内部装修材料的燃烧性能应为 A 级。

（5）不应用于除人员通行外的其他用途。

9.7.5 避难走道

避难走道的设置应符合下列规定：

（1）避难走道防火隔墙的耐火极限应不低于 3.00 h，楼板的耐火极限应不低于 1.50 h。

（2）避难走道直通地面的出口应不少于 2 个，并应设置在不同方向；当避难走道仅与一个防火分区相通且该防火分区至少有 1 个直通室外的安全出口时，可设置 1 个直通地面的出口。任一防火分区通向避难走道的门至该避难走道最近直通地面的出口的距离应不大于 60.0 m。

（3）避难走道的净宽度应不小于任一防火分区通向该避难走道的设计疏散总净宽度。

（4）避难走道内部装修材料的燃烧性能应为 A 级。

（5）防火分区至避难走道入口处应设置防烟前室，前室的使用面积应不小于6.0 m^2，开向前室的门应采用甲级防火门，前室开向避难走道的门应采用乙级防火门。

（6）避难走道内应设置消火栓、消防应急照明、应急广播和消防专线电话。

9.8 防火设备

9.8.1 防火门

防火门的设置应符合下列规定：

（1）设置在建筑内经常有人通行处的防火门宜采用常开防火门。常开防火门应能在火灾时自行关闭，并应具有信号反馈的功能。

（2）除允许设置常开防火门的位置外，其他位置的防火门均应采用常闭防火门。常闭防火门应在其明显位置设置“保持防火门关闭”等提示标识。

（3）除管井检修门和住宅的户门外，防火门应具有自行关闭功能。双扇防火门应具有按顺序自行关闭的功能。

（4）除了要符合建筑内疏散门的有关规定外，防火门应能在其内外两侧手动开启。

（5）设置在建筑变形缝附近时，防火门应设置在楼层较多的一侧，并应保证防火门开启时门扇不跨越变形缝。

（6）防火门关闭后应具有防烟性能。

（7）甲、乙、丙级防火门应符合《防火门》（GB 12955—2008）的规定。

9.8.2 防火墙

防火墙的设置要求见本讲9.6的相关内容。设置在防火墙、防火隔墙上的防火窗，应采用不可开启的窗扇或具有火灾时能自行关闭的功能。

9.8.3 防火卷帘

防火卷帘主要用于需要进行防火分隔的墙体，特别是防火墙、防火隔墙上因生产、使用等需要开设较大开口而又无法设置防火门时的防火分隔。

防火分隔部位设置防火卷帘时，应符合下列规定：

（1）除中庭外，当防火分隔部位的宽度不大于 30 m 时，防火卷帘的宽度应不大于 10 m；当防火分隔部位的宽度大于 30 m 时，防火卷帘的宽度应不大于该部位宽度的 1/3，且应不大于 20 m。

（2）防火卷帘应具有火灾时靠自重自动关闭功能。

（3）除另有规定外，防火卷帘的耐火极限不应低于国家标准对所设置部位墙体的耐火极限要求。

（4）防火卷帘应具有防烟性能，与楼板、梁、墙、柱之间的空隙应采用防火封堵材料封堵。

（5）需在火灾时自动降落的防火卷帘，应具有信号反馈的功能。

（6）其他要求，应符合《防火卷帘》（GB 14102—2005）的规定。

9.9 防火分区和层数

（1）除另有规定外，不同耐火等级建筑的允许建筑高度或层数、防火分区最大允许建筑面积应符合表 9-3 的规定。

独立建造的一级、二级耐火等级老年人照料设施的建筑高度不宜大于 32 m，应不大于 54 m；独立建造的三级耐火等级老年人照料设施，不应超过 2 层。

（2）建筑内设置自动扶梯、敞开楼梯等上、下层相连通的开口时，其防火分区的建筑面积应按上、下层相连通的建筑面积叠加计

表9-3　不同耐火等级建筑的允许建筑高度或层数、防火分区最大允许建筑面积

<table>
<tr><th>名称</th><th>耐火等级</th><th>允许建筑高度或层数</th><th>防火分区的最大允许建筑面积/m²</th><th>备注</th></tr>
<tr><td>高层民用建筑</td><td>一级、二级</td><td>按照国家标准中的民用建筑分类确定</td><td>1 500</td><td rowspan="2">对于体育馆、剧场的观众厅，防火分区的最大允许建筑面积可适当增加</td></tr>
<tr><td rowspan="3">单、多层民用建筑</td><td>一级、二级</td><td>按照国家标准中的民用建筑分类确定</td><td>2 500</td></tr>
<tr><td>三级</td><td>5层</td><td>1 200</td><td>—</td></tr>
<tr><td>四级</td><td>2层</td><td>600</td><td>—</td></tr>
<tr><td>地下或半地下建筑（室内）</td><td>一级</td><td>—</td><td>500</td><td>设备用房的防火分区最大允许建筑面积应不大于1 000 m²</td></tr>
</table>

注：1. 表中规定的防火分区最大允许建筑面积，当建筑内设置自动灭火系统时，可按本表的规定增加1.0倍；局部设置时，防火分区的增加面积可按该局部面积的1.0倍计算。

2. 裙房与高层建筑主体之间设置防火墙时，裙房的防火分区可按单、多层建筑的要求确定。

算；当叠加计算后的建筑面积大于上述（1）的规定时，应划分防火分区。

建筑内设置中庭时，其防火分区的建筑面积应按上、下层相连通的建筑面积叠加计算。当叠加计算后的建筑面积大于上述（1）的规定时，应符合相关规定。

1）与周围连通空间应进行防火分隔：采用防火隔墙时，其耐火极限应不低于1.00 h；采用防火玻璃墙时，其耐火隔热性和耐火完整性应不低于1.00 h，采用耐火完整性不低于1.00 h的非隔热性防火玻璃墙时，应设置自动喷水灭火系统进行保护；采用防火卷帘时，其耐火极限应不低于3.00 h，并应符合本讲9.8的有关规定；与中庭相连通的门、窗，应采用火灾时能自行关闭的甲级防火门、窗。

2）高层建筑内的中庭回廊应设置自动喷水灭火系统和火灾自动报警系统。

3）中庭应设置排烟设施。

4）中庭内不应布置可燃物。

（3）防火分区之间应采用防火墙分隔，确有困难时，可采用防火卷帘等防火分隔设施分隔。采月防火卷帘分隔时，应符合本讲 9.8 的有关规定。

（4）一级、二级耐火等级建筑内的商店营业厅、展览厅，当设置自动灭火系统和火灾自动报警系统并采用不燃或难燃装修材料时，其每个防火分区的最大允许建筑面积应符合下列规定：

1）设置在高层建筑内时，应不大于 4 000 m^2。

2）设置在单层建筑或仅设置在多层建筑的首层内时，应不大于 10 000 m^2。

3）设置在地下或半地下时，应不大于2 000 m^2。

（5）总建筑面积大于 20 000 m^2 的地下或半地下商店，应采用无门、窗、洞口的防火墙、耐火极限不低于 2.00 h 的楼板分隔为多个建筑面积不大于20 000 m^2 的区域。相邻区域确需局部连通时，应采用下沉式广场等室外敞开空间、防火隔间、避难走道、防烟楼梯间等方式进行连通，并应符合下列规定：

1）下沉式广场等室外敞开空间应能防止相邻区域的火灾蔓延和便于安全疏散。

2）防火隔间的墙应为耐火极限不低于 3.00 h 的防火隔墙。

3）避难走道应符合本讲 9.7.5 的有关规定。

4）防烟楼梯间的门应采用甲级防火门。

（6）餐饮、商店等商业设施通过有顶棚的步行街连接，且步行街两侧的建筑需利用步行街进行安全疏散时，应符合下列规定：

1）步行街两侧建筑的耐火等级应不低于二级。

2）步行街两侧建筑相对面的最近距离均应不小于国家标准中对相应高度建筑的防火间距要求且应不小于9.0 m。步行街的端部在各层均不宜封闭，确需封闭时，应在外墙上设置可开启的门窗，且可开启门窗的面积应不小于该部位外墙面积的一半。步行街的长度不宜大于300.0 m。

3）步行街两侧建筑的商铺之间应设置耐火极限不低于2.00 h的防火隔墙，每间商铺的建筑面积不宜大于300.0 m^2。

4）步行街两侧建筑的商铺，其面向步行街一侧的围护构件的耐火极限应不低于1.00 h，并宜采用实体墙，其门、窗应采用乙级防火门、窗；当采用防火玻璃墙（包括门、窗）时，其耐火隔热性和耐火完整性应不低于1.00 h；采用耐火完整性不低于1.00 h的非隔热性防火玻璃墙（包括门、窗）时，应设置闭式自动喷水灭火系统进行保护。相邻商铺之间面向步行街一侧应设置宽度不小于1.0 m、耐火极限不低于1.00 h的实体墙。

当步行街两侧的建筑为多个楼层时，每层面向步行街一侧的商铺均应设置防止火灾竖向蔓延的措施，并应符合国家标准有关规定；设置回廊或挑檐时，其出挑宽度不应小于1.2 m；步行街两侧的商铺在上部各层需设置回廊和连接天桥时，应保证步行街上部各层的开口面积不应小于步行街地面面积的37%，且开口宜均匀布置。

5）步行街两侧建筑内的疏散楼梯应靠外墙设置并宜直通室外，确有困难时，可在首层直接通至步行街；首层商铺的疏散门可直接通至步行街，步行街内任一点到达最近室外安全地点的步行距离应不大于60 m。步行街两侧建筑二层及以上各层商铺的疏散门至该层最近疏散楼梯口或其他安全出口的直线距离应不大于37.5 m。

6）步行街的顶棚材料应采用不燃或难燃材料，其承重结构的耐火极限应不低于1.00 h。步行街内不应布置可燃物。

7）步行街的顶棚下檐距地面的高度应不小于6.0 m，顶棚应设置自然排烟设施并宜采用常开式的排烟口，且自然排烟口的有效面积应不小于步行街地面面积的25%。常闭式自然排烟设施应能在火灾时手动和自动开启。

8）步行街两侧建筑的商铺外应每隔30 m设置DN65 mm的消火栓，并应配备消防软管卷盘或消防水龙，商铺内应设置自动喷水灭火系统和火灾自动报警系统；每层回廊均应设置自动喷水灭火系统。步行街内宜设置自动跟踪定位射流灭火系统。

9）步行街两侧建筑的商铺内外均应设置疏散照明、灯光疏散指示标志和消防应急广播系统。

第 10 讲

消防安全标志

消防安全标志是由几何形状、安全色、表示特定消防安全信息的图形符号构成，用以向公众指示安全出口的位置与方向、安全疏散逃生的途径、消防设施设备的位置和火灾或爆炸危险区域，以及表示警示与禁止行为等特定的消防安全信息，在各类建筑和场所中被广泛地应用，为有效预防和减少火灾事故发挥了重要的作用。

本讲重点介绍消防安全标志及其构成，并详细介绍了消防安全标志的设置要求。

10.1 安全色及其对比色

（1）安全色

安全色是指用以传递安全信息、含义的颜色，包括红、蓝、黄、绿四种颜色。

1）红色。用以传递禁止、停止、危险或者提示消防设备、设施的信息，如禁止标志等。

2）蓝色。用以传递必须遵守规定的指令性信息，如指令标志等。

3）黄色。用以传递注意、警告的信息，如警告标志等。

4）绿色。用以传递安全的提示信息，如提示标志、车间内或工地内的安全通道等。

安全色普遍适用于公共场所、生产经营单位和交通运输、建筑、仓储等行业以及消防等领域所使用的信号和标志的表面颜色，但是不适用于灯光信号和航海、内河航运以及其他目的而使用的颜色。

（2）对比色

对比色是指使安全色更加醒目的反衬色，包括黑、白两种颜色。

安全色与对比色同时使用时，应按规定搭配使用，黑色用于安全标志的文字、图形符号和警告标志的几何图形；白色作为安全标志红、蓝、绿色的背景色，也可用于安全标志的文字和图形符号；红色和白色、黄色和黑色间隔条纹，是两种较醒目的标示；红色与白色交替，表示禁止越过，如道路及禁止跨越的临边防护栏杆等；黄色与黑色交替，表示警告危险，如防护栏杆、吊车吊钩的滑轮架等。

10.2 消防安全标志及其构成

10.2.1 消防安全标志的含义

消防安全标志（以下简称标志）由几何形状、安全色、表示特定消防安全信息的图形符号构成。标志的几何形状、安全色及对比色、图形符号色的含义见表10-1。

表10-1 标志的几何形状、安全色及对比色、图形符号色的含义

几何形状	安全色	对比色	图形符号色	含义
正方形	红色	白色	白色	标示消防设施 （如火灾报警装置和灭火设备）
正方形	绿色	白色	白色	提示安全状况（如紧急疏散逃生）
带斜杠的圆形	红色	白色	黑色	表示禁止
等边三角形	黄色	黑色	黑色	表示警告

10.2.2 常用型号、尺寸及颜色

(1) 型号和尺寸

消防安全标志常用的型号及其公称尺寸应符合表 10-2 的要求。

表 10-2　消防安全标志常用的型号及其公称尺寸　单位：mm

型号	公称尺寸		
	正方形标志的边长 a	圆形标志的外径 d	三角形标志的内边长 b
1	63	70	75
2	100	110	120
3	160	175	190
4	250	280	300
5	400	440	480
6	630	700	750
7	1 000	1 100	1 200

(2) 标志几何形状的设计尺寸和颜色

标志几何形状的设计尺寸和颜色应符合图 10-1~图 10-4 的要求。

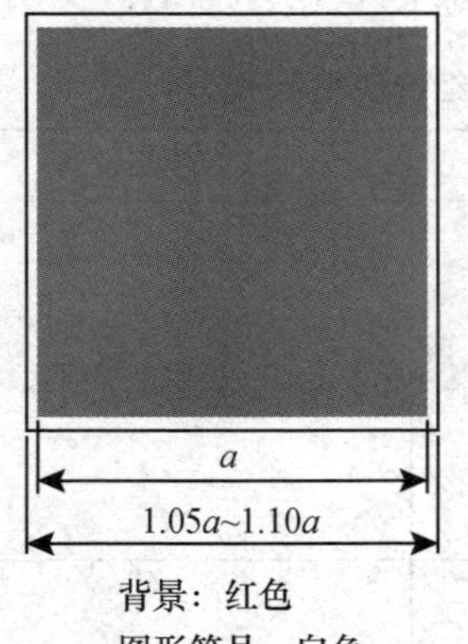

背景：红色
图形符号：白色
衬边：白色

图 10-1　火灾报警装置、灭火设备标志的设计尺寸

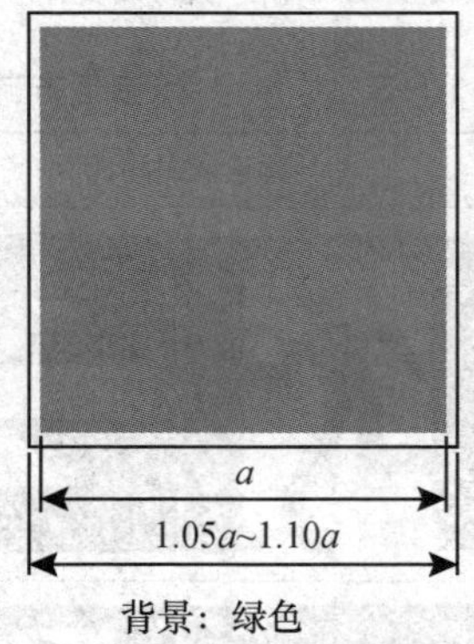

背景：绿色
图形符号：白色
衬边：白色

图 10-2　紧急疏散逃生标志的设计尺寸

背景：白色
环形边框和斜杠：红色
图形符号：黑色
衬边：白色

图 10-3　禁止标志的设计尺寸

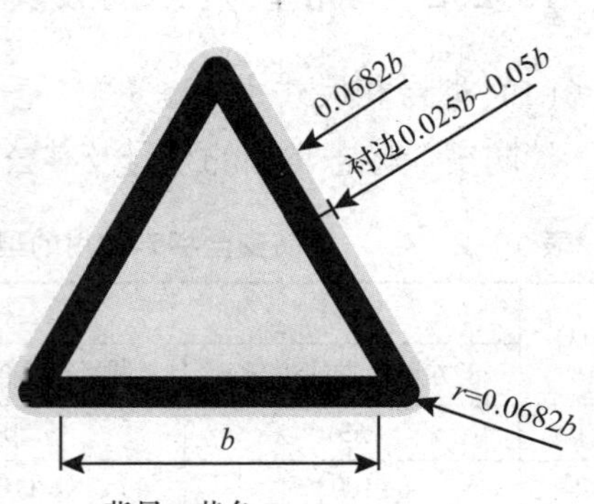

背景：黄色
三角形边框：黑色
图形符号：黑色
衬边：黄色

图 10-4　警告标志的设计尺寸

10.2.3　与方向辅助标志组合使用

表 10-3 和表 10-4 给出了标志与方向辅助标志组合使用示例。

表 10-3　　　标志与方向辅助标志组合使用示例

组合使用示例	使用说明
	保留内部衬边
	保留内部衬边

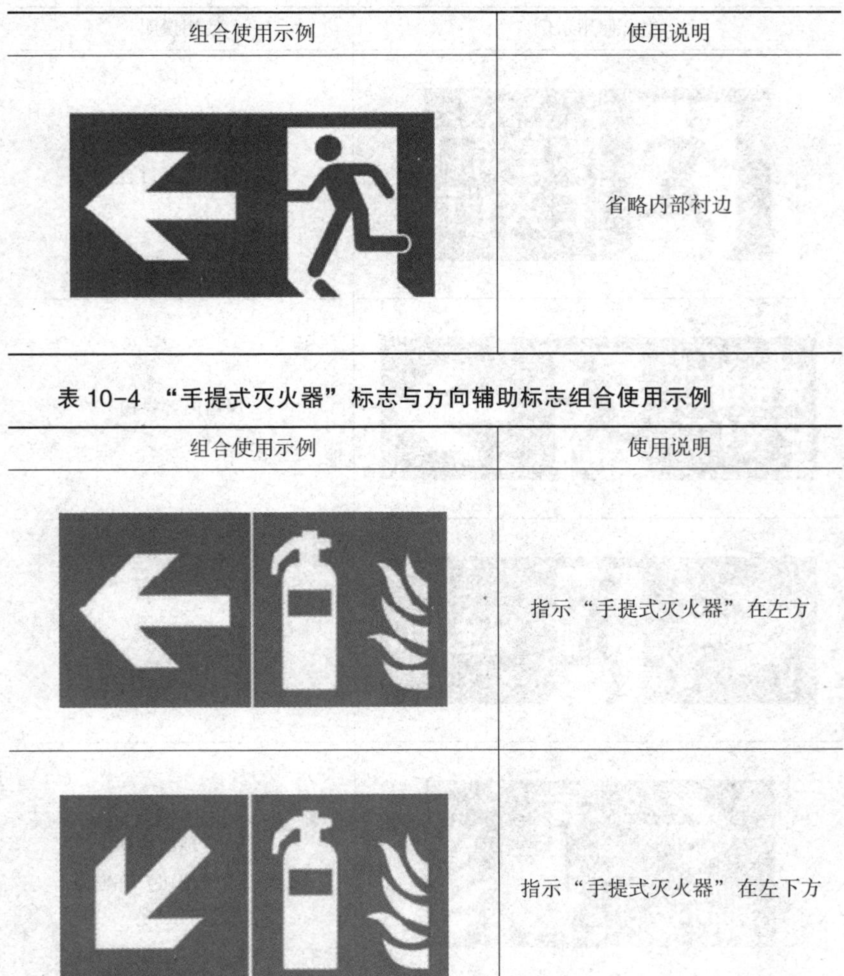

续表

组合使用示例	使用说明
	省略内部衬边

表 10-4 “手提式灭火器”标志与方向辅助标志组合使用示例

组合使用示例	使用说明
	指示“手提式灭火器”在左方
	指示“手提式灭火器”在左下方

10.2.4 综合使用

标志名称可作为文字辅助标志。标志、方向辅助标志与文字辅助标志按标准组合使用，详见表10-5。

表 10-5　标志、方向辅助标志与文字辅助标志组合使用示例

组合使用示例	使用说明
 安全出口 EXIT	保留内部衬边
 安全出口 EXIT	保留内部衬边
 安全出口	省略内部衬边
 消防按钮	指示“消防按钮”（火灾报警按钮）在左方
 地上消火栓	指示“地上消火栓”在右方

10.3 消防安全标志的功能分类

(1) 火灾报警装置标志（详见表10-6）

表10-6 火灾报警装置标志

标志	名称	说明
	消防按钮 FIRE CALL POINT	标示火灾报警按钮和消防设备启动按钮的位置
	发声警报器 FIRE ALARM	标示发声警报器的位置
	火警电话 FIRE ALARM TELEPHONE	标示火警电话的位置和号码
	消防电话 FIRE TELEPHONE	标示火灾报警系统中消防电话及插孔的位置

（2）紧急疏散逃生标志（详见表10-7）

表10-7　　紧急疏散逃生标志

标志	名称	说明
	安全出口 EXIT	提示通往安全场所的疏散出口 根据到达出口的方向，可选用向左或向右的标志
	滑动开门 SLIDE	提示滑动门的位置及方向

（3）灭火设备标志（详见表10-8）

表10-8　　灭火设备标志

标志	名称	说明
	灭火设备 FIRE-FIGHTING EQUIPMENT	标示灭火设备集中摆放的位置

续表

标志	名称	说明
	手提式灭火器 PORTABLE FIRE EXTINGUISHER	标示手提式灭火器的位置
	推车式灭火器 WHEELED FIRE EXTINGUISHER	标示推车式灭火器的位置
	消防炮 FIRE MONITOR	标示消防炮的位置

（4）禁止和警告标志（详见表10-9）

表10-9　　禁止和警告标志

标志	名称	说明
	禁止吸烟 NO SMOKING	表示禁止吸烟
	禁止烟火 NO BURNING	表示禁止吸烟或各种形式的明火

续表

标志	名称	说明
	禁止放易燃物 NO FLAMMABLE MATERIALS	表示禁止存放易燃物
	禁止燃放鞭炮 NO FIERWORKS	表示禁止燃放鞭炮或焰火

（5）方向辅助标志（详见表 10−10）

表 10−10　方向辅助标志

标志	名称	说明
	疏散方向 DIRECTION OF ESCAPE	指示安全出口的方向 箭头的方向还可为上、下、左上、右上、右、右下等

（6）文字辅助标志

消防安全标志中的文字辅助标志及其使用详见表 10−5。

10.4 消防安全标志设置要求

10.4.1 设置场所

（1）旅游景点、露天娱乐场、市区街道、广场、停车场和集贸市场等。

（2）《建筑设计防火规范》中规定的建筑物。

（3）车站、机场、港口、桥梁、隧道、加油站、交通工具和地下工程等。

（4）林区、矿区、油田和海上钻井平台等。

（5）其他应设置消防安全标志的场所。

10.4.2 设置原则

（1）商场（店）、影剧院、娱乐厅、体育馆、医院、饭店、旅馆、高层公寓和候车（船、机）室大厅等人员密集的公共场所的紧急出口、疏散通道处、层间异位的楼梯间（如避难层的楼梯间）、大型公共建筑常用的光电感应自动门或360°角旋转门旁设置的一般平开疏散门，必须相应地设置“紧急出口”标志。在远离紧急出口的地方，应将“紧急出口”标志与“疏散通道方向”标志联合设置，箭头必须指向通往紧急出口的方向。

（2）紧急出口或疏散通道中的单向门必须在门上设置“推开”标志，在其反面应设置“拉开”标志。

（3）紧急出口或疏散通道中的门上应设置“禁止锁闭”标志。

（4）疏散通道或消防车道的醒目处应设置“禁止阻塞”标志。

（5）滑动门上应设置“滑动开门”标志，标志中的箭头方向必须与门的开启方向一致。

（6）需要击碎玻璃板才能拿到钥匙或开门工具的地方，或者疏散中需要打开板面才能制造一个出口的地方必须设置“击碎板面”标志。

(7) 各类建筑中的隐蔽式消防设备存放地点应相应地设置“灭火设备”“灭火器”和“消防水带”等标志。室外消防梯和自行保管的消防梯存放点应设置“消防梯”标志。远离消防设备存放地点的地方应将灭火设备标志与方向辅助标志联合设置。

(8) 手动火灾报警按钮和固定灭火系统的手动启动器等装置附近必须设置“消防手动启动器”标志。在远离该装置的地方，应与方向辅助标志联合设置。

(9) 设有火灾报警器或火灾事故广播喇叭的地方应相应地设置“发声警报器”标志。

(10) 设有火灾报警电话的地方应设置“火警电话”标志。对于设有公用电话的地方（如电话亭），也可设置“火警电话”标志。

(11) 设有地下消火栓、消防水泵接合器和不易被看到的地上消火栓等消防器具的地方，应设置“地下消火栓”“地上消火栓”和“消防水泵接合器”等标志。

(12) 在下列区域应相应地设置“禁止烟火”“禁止吸烟”“禁止放易燃物”“禁止带火种”“禁止燃放鞭炮”“当心火灾——易燃物”“当心火灾——氧化物”和“当心爆炸——爆炸性物质”等标志：

1）具有甲、乙、丙类火灾危险性的生产厂区、厂房等的入口处或防火区内。

2）具有甲、乙、丙类火灾危险性的仓库的入口处或防火区内。

3）具有甲、乙、丙类液体储罐、堆场等的防火区内。

4）可燃、助燃气体储罐或罐区与建筑物、堆场的防火区内。

5）民用建筑中燃油、燃气锅炉房，油浸变压器室，存放、使用化学易燃易爆物品的商店、作坊、储藏间内及其附近。

6）甲、乙、丙类液体及其他化学危险物品的运输工具上。

7）森林和矿山等防火区内。

（13）存放遇水爆炸的物质或用水灭火会对周围环境产生危险的地方应设置“禁止用水灭火”标志。

（14）在旅馆、饭店、商场（店）、影剧院、医院、图书馆、档案馆（室）、候车（船、机）室大厅、车、船、飞机和其他公共场所，有关部门规定禁止吸烟，应设置“禁止吸烟”等标志。

（15）其他有必要设置消防安全标志的地方。

10.4.3 设置要求

（1）消防安全标志应设在与消防安全有关的醒目的位置。标志的正面或其邻近不得有妨碍公众视读的障碍物。

（2）除必须外，标志一般不应设置在门、窗、架等可移动的物体上，也不应设置在经常被其他物体遮挡的地方。

（3）设置消防安全标志时，应避免出现标志内容相互矛盾、重复的现象。尽量用最少的标志把必需的信息表达清楚。

（4）方向辅助标志应设置在公众选择方向的通道处，并按通向目标的最短路线设置。

（5）设置的消防安全标志，应使大多数观察者的观察角接近90°。

（6）消防安全标志的尺寸由最大观察距离确定。测出所需的最大观察距离以后，根据国家标准确定所需标志的大小。

（7）标志的偏移距离应尽量缩小。对于最大观察距离的观察者，偏移角一般不宜大于5°，最大应不大于15°。如果受条件限制，无法满足该要求，应适当加大标志的尺寸以满足醒目度的要求。

（8）在所有有关照明环境中，标志的颜色应保持不变。

（9）消防安全标志牌的制作材料：

1）疏散标志牌应用不燃材料制作，否则应在其外面加设玻璃或其他不燃透明材料制成的保护罩。

2）其他用途的标志牌的制作材料的燃烧性能应符合使用场所的防火要求。对室内所用的非疏散标志牌，其制作材料的氧指数不得低于32。

（10）室内及其出入口的消防安全标志设置要求：

1）疏散通道中，“紧急出口”标志宜设置在通道两侧部及拐弯处的墙面上，标志牌的上边缘距地面应不大于1.0 m。

2）疏散通道出口处，“紧急出口”标志应设置在门框边缘或门的上部。标志牌的上边缘距天花板高应不小于0.5 m，下边缘距地面的高度应不小于2.0 m。

3）在室内及其出入口处，消防安全标志应设置在明亮的地方。

4）附着在室内墙面等地方的其他标志牌，其中心点距地面高度应为1.3~1.5 m。

（11）室外设置的消防安全标志应满足以下要求：

1）室外附着在建筑物上的标志牌，其中心点距地面的高度应不小于1.3 m。

2）室外用标志杆固定的标志牌的下边缘距地面高度应大于1.2 m。

（12）对于地下工程，“紧急出口”标志宜设置在通道的两侧部及拐弯处的墙面上，标志的中心点距地面高度应为1.0~1.2 m，也可设置在地面上。相邻设置的标志的间距应不大于10 m。

（13）给标志提供应急照明的电源，其连续供电时间应满足所处环境的相应标准或规范要求，但应不小于20 min。

10.4.4 设置方法

（1）方式

1）附着式。消防安全标志牌可以采用钉挂、黏贴、镶嵌等方式直接附着在建筑物等设施上。

2）悬挂式。用吊杆、拉链等将标志牌悬挂在相应位置上，适用于宾馆、饭店、候车（船、机）室大厅及出入口等处。

3）柱式。把标志牌固定在标志杆上，竖立于其指示物附近。

（2）间隙

1）两个或更多的正方形消防安全标志一起设置时，各标志之间至少应留有标志公称尺寸0.2倍的间隙。

2）两个相反方向的正方形标志并列设置时，为避免混淆，在两个标志之间至少应留有一个标志的间隙。

3）当疏散标志与灭火设备标志并列设置并且两者方向相同时，应将灭火设备标志放在上面，疏散标志放在下面。两个标志之间的间隙应不小于标志公称尺寸的0.2倍。

4）两个以上标志牌可以设置在一根标志杆上，但最多不能超过4个。

①应按照警告标志（三角形）、禁止标志（圆环加斜线）、提示标志（正方形）的顺序先上后下，先左后右地排列。

②根据设置地点，标志的设置应符合标准的要求。

③正方形和其他形状的标志牌共同设置时，正方形标志牌与标志杆之间的间隙应不小于标志公称尺寸的0.2倍。其他形状的标志牌与标志杆之间的间隙应不小于5 cm。

④两个或多个三角形（圆形）标志牌或三角形、圆形、正方形标志牌共同设置在同一标志杆时，各标志牌之间的间隙不应小于5 cm。

⑤两个正方形的标志牌设置在一个标志杆上时，两者之间的间隙不应小于标志公称尺寸的0.2倍。

（3）固定方法

1）附着设置的消防安全标志牌如用钉子固定，一般情况下圆形和三角形标志牌至少固定三点，正方形和长方形标志牌至少固定四点。固定点宜选在边缘衬底色部位。用胶黏贴的标志牌应将其背面涂满胶或将其边缘、中心点涂上胶固定。

2）悬挂设置的消防安全标志牌至少用两根悬挂杆（线），悬挂后不得倾斜。较轻的标志牌应配备较牢固的支架再悬挂。

3）柱式设置的消防安全标志牌应用螺栓、管箍等牢固地固定在标志杆上。

4）以其他方式设置的消防安全标志牌都应牢固，以保证其发挥应有的作用。

10.4.5 检查与维修

设置的消防安全标志牌及其照明灯具等应至少半年检查一次，出现下列情况之一时应及时修整、更换或重新设置：

（1）破坏或丢失。

（2）标志的色度坐标及亮度因数超出其适用范围。

（3）逆向反射标志的逆向反射系数小于最小反射系数的50%。

（4）无法满足有关标准规定的照明和亮度的要求。

第 11 讲

消防应急照明和疏散指示

设置疏散照明可以使人们在发生火灾正常照明电源被切断后，仍然有一定可见度而以较快的速度逃生，是保障和有效引导人员疏散的设施。国家标准规定了建筑内应设置疏散照明的部位，这些部位主要是那些人员安全疏散必须经过的重要节点部位和建筑内人员相对集中、人员疏散时易出现拥堵情况的场所。

本讲主要介绍在建筑设计中，消防应急照明和疏散指示系统及其设置要求。

11.1 消防应急照明和疏散指示系统

11.1.1 消防应急照明和疏散指示系统及其分类

(1) 系统概念及其组成

消防应急照明和疏散指示系统是指为人员疏散和发生火灾时仍需工作的场所提供照明和疏散指示的系统，是一种辅助人员安全疏散的建筑消防系统，由消防应急照明灯具、消防应急标志灯具及相关装置构成，其主要功能是在火灾等紧急情况下，为人员的安全疏散和灭火救援行动提供必要的照明条件及正确的疏散指示信息。

(2) 系统分类

按消防应急照明和疏散指示系统的型式，可将其分为四大类，即自带电源集中控制型（系统内可包括子母型消防应急灯具）、自带电源非集中控制型（系统内可包括子母型消防应急灯具）、集中电源集中控制型、集中电源非集中控制型，如图 11-1 所示。

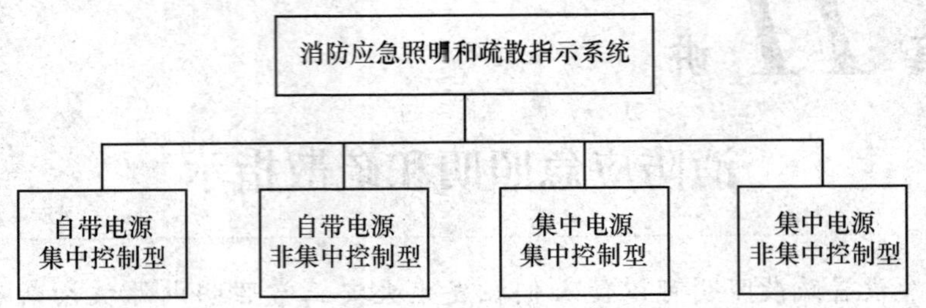

图 11-1　消防应急照明和疏散指示系统的组成

注：子母型消防应急灯具没有单独列为系统型式，而是分别包括在自带电源型和集中控制型系统中。

1）自带电源集中控制型消防应急照明和疏散指示系统（系统内可包括子母型消防应急灯具）的组成如图 11-2 所示。

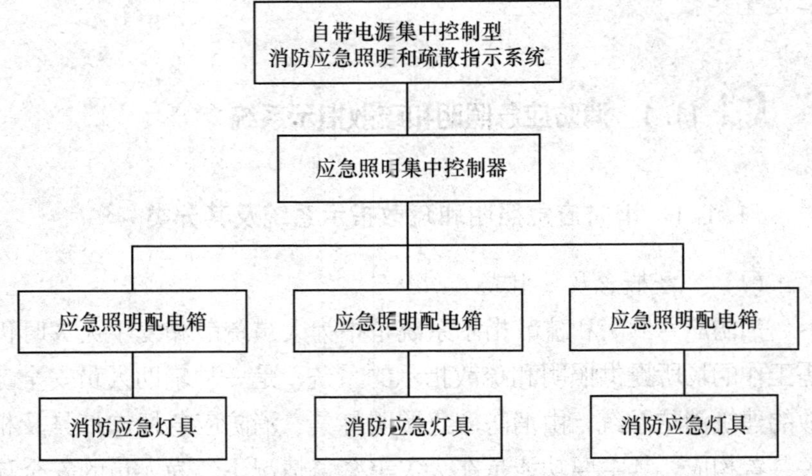

图 11-2　自带电源集中控制型消防应急照明和疏散指示系统的组成

2）自带电源非集中控制型消防应急照明和疏散指示系统（系统内可包括子母型消防应急灯具）的组成如图 11-3 所示。

3）集中电源集中控制型消防应急照明和疏散指示系统的组成如图 11-4 所示。

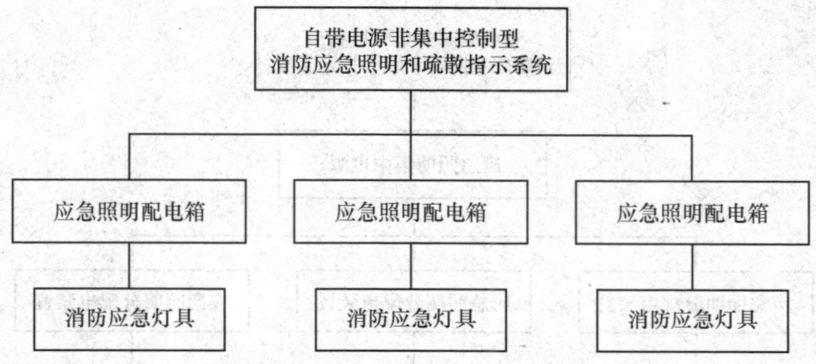

图 11-3　自带电源非集中控制型消防应急照明和疏散指示系统的组成

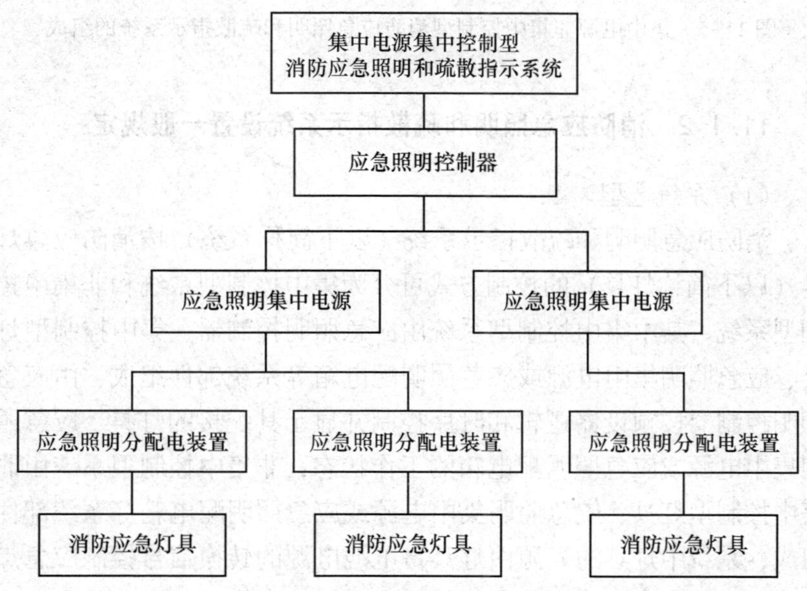

图 11-4　集中电源集中控制型消防应急照明和疏散指示系统的组成

注：该系统中，应急照明集中电源和应急照明控制器可以做成一体机。

4）集中电源非集中控制型消防应急照明和疏散指示系统的组成如图 11-5 所示。

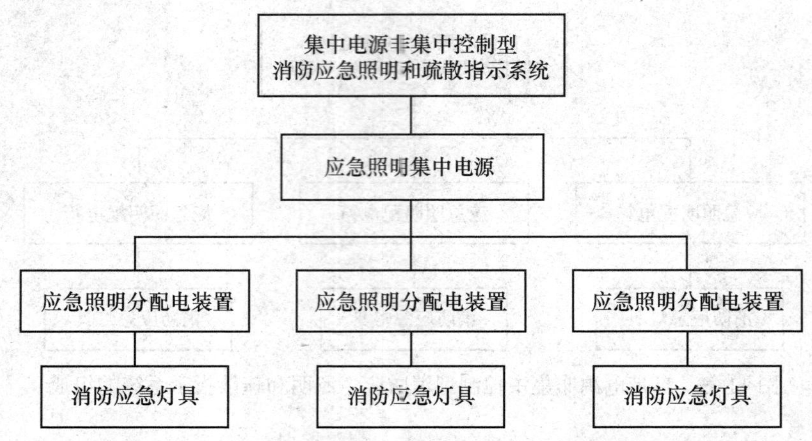

图 11-5　集中电源非集中控制型消防应急照明和疏散指示系统的组成

11.1.2　消防应急照明和疏散指示系统设置一般规定

（1）系统选型

消防应急照明和疏散指示系统（以下简称系统）按消防应急灯具（以下简称灯具）的控制方式可分为集中控制型系统和非集中控制型系统。其中集中控制型系统由应急照明控制器、集中控制型灯具、应急照明集中电源或应急照明配电箱等系统部件组成，由应急照明控制器按预设器逻辑和时序控制并显示其配接的灯具、应急照明集中电源或应急照明配电箱的工作状态；非集中控制型系统由非集中控制型灯具、应急照明集中电源或应急照明配电箱等系统部件组成，系统中灯具的光源由灯具蓄电池电源的转换信号控制应急点亮或由红外、声音等信号感应点亮。

（2）系统选择原则和内容

系统类型的选择应根据建（构）筑物的规模、使用性质及日常管理及维护难易程度等因素确定，并应符合下列规定：

1）设置消防控制室的场所应选择集中控制型系统。

2）设置火灾自动报警系统，但未设置消防控制室的场所宜选择集中控制型系统。

3）其他场所可选择非集中控制型系统。

系统设计应遵循系统架构简洁、控制简单的基本设计原则，包括灯具布置、系统配电、系统在非火灾状态下的控制设计、系统在火灾状态下的控制设计；集中控制型系统还应包括应急照明控制器和系统通信线路的设计。

（3）系统设置方法和要求

系统设计前，应根据建（构）筑物的结构形式和使用功能，以防火分区、楼层、隧道区间、地铁站台和站厅等为基本单元确定各水平疏散区域的疏散指示方案。疏散指示方案应包括确定各区域疏散路径、指示疏散方向的消防应急标志灯具的指示方向和指示疏散出口、安全出口消防应急标志灯具的工作状态，并应符合下列规定：

1）具有一种疏散指示方案的区域，应按照最短路径疏散的原则确定该区域的疏散指示方案。

2）具有两种及以上疏散指示方案的区域应符合下列规定：

①需要借用相邻防火分区疏散的防火分区，应根据火灾时相邻防火分区可借用和不可借用的两种情况，分别按最短路径疏散原则和避险原则确定相应的疏散指示方案。

②需要采用不同疏散预案的交通隧道、地铁隧道、地铁站台和站厅等场所，应分别按照最短路径疏散原则和避险疏散原则确定相应疏散指示方案。其中，按最短路径疏散原则确定的疏散指示方案应为该场所默认的疏散指示方案。

系统中的应急照明控制器、应急照明集中电源、应急照明配电箱和灯具应选择符合现行国家标准规定和有关市场准入制度的产品。

住宅建筑中，当灯具采用自带蓄电池供电方式时，消防应急照明可以兼用日常照明。

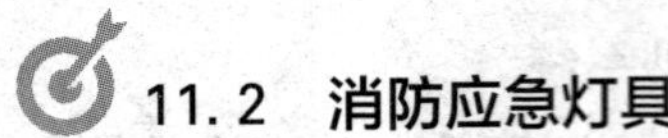

11.2 消防应急灯具

11.2.1 消防应急灯具及其分类

消防应急灯具是指为人员疏散、消防作业提供照明和指示信息的各类灯具，包括消防应急照明灯具和消防应急标志灯具以及两者用途结合的复合灯具。具体来说，消防应急灯具可以按如图 11-6 所示进行分类。

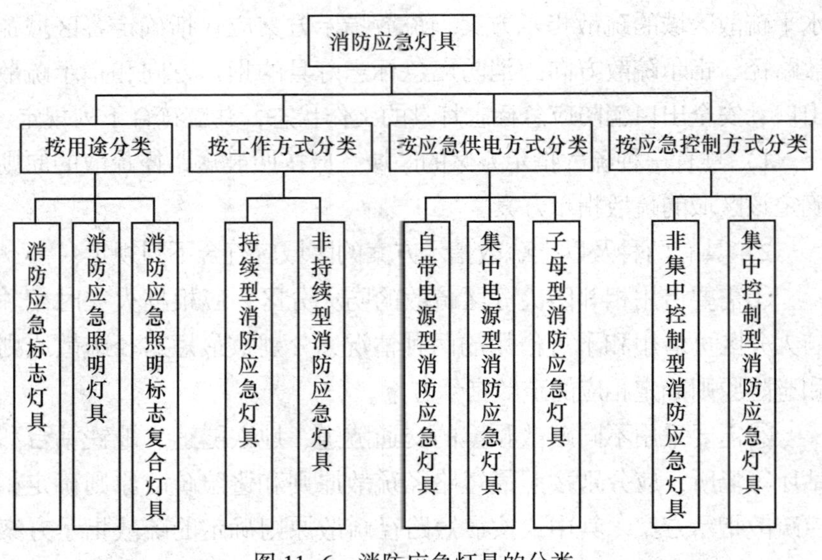

图 11-6　消防应急灯具的分类

另外，也可以按照灯具的电源电压等级，将消防应急灯具分为 A 型消防应急灯具和 B 型消防应急灯具。其中，A 型消防应急灯具是指主电源或蓄电池电源额定工作电压不大于直流电 36 V 的消防应急灯具；B 型消防应急灯具是指主电源或蓄电池电源额定工作电压大于直流电 36 V 的消防应急灯具。

11.2.2 消防应急灯具安装要求

(1) 一般规定

1) 火灾发生时，为避免因固定部件燃烧而意外脱落，灯具应固定安装在不燃烧墙体或不燃烧装修材料上；同时，为了不影响灯具的功能，灯具安装后的位置应是固定的，不能安装在移动部件上。

2) 灯具安装后，不能影响疏散通道的宽度，也不能成为人员通行的障碍物，灯具凸出墙面、地面的高度均应符合相关规定；灯具安装时，应确保照明灯照射范围内、疏散路径上的人员与标志灯的视角范围内无固定、移动的遮挡物，同时为了便于灯具的日常维护，应确保灯具的指示灯位于便于观察的方位。

3) 灯具在顶棚、疏散走道或通道的上方安装时，应根据建筑的具体情况选择适宜的安装方式。避免嵌顶方式安装时，位于不同位置的人员可能因视角不同，不能完全看到标志灯的指示信息；或者，标志灯过于贴近顶棚，火灾初期产生烟雾对标志灯的标志信息造成遮挡、影响人员的准确识别。灯具采用吊顶方式安装时，为了避免灯具因安装不牢固而意外脱落，应采用金属吊杆或吊链，吊杆或吊链上端应固定在建筑构件上。

4) 灯具在疏散走道、通道侧面墙或柱上安装时，可采用壁挂或嵌入方式安装。安装高度距地面不大于 1 m 时，为了避免灯具刮伤过往的行人，应确保灯具表面凸出墙面或柱面的部分没有尖锐角、毛刺等凸出物；为了避免灯具影响人员的正常通行或在疏散走道、通道上搬运物品时损坏灯具，灯具凸出墙面或柱面最大水平距离不应超过 20 mm。

5) 采用自带电源型灯具的非集中控制型系统中，灯具可以采用插头方式连接；但是，为了避免在日常使用过程中非维护人员随意拔出插头，影响灯具的正常运行，插头与插座之间应采取专用工具方可拆卸的连接方式连接。

（2）照明灯安装

1）为了保证照明灯的光线能够有效覆盖疏散路径及相关区域的地面，照明灯宜采用顶部安装方式；受安装条件的限制，灯具也可以安装在疏散走道、通道两侧墙面或柱面上。

2）由于距地面1~2 m的高度是人员的视线高度范围，为了避免照明灯的光线直接照射到人眼产生眩光，影响人员对疏散路径的识别，照明灯不能安装在距地面1~2 m的高度范围内。

3）照明灯在墙面或柱面上安装时，可采用高位或低位两种安装方式：采用高位安装方式时，照明灯距地面的高度应大于2 m；采用低位安装方式时，照明灯距地面的高度应小于1 m，且应确保照明灯的光线直接照射到地面上。

（3）标志灯安装

1）标志灯的标志面板与疏散方向垂直，有利于在疏散走道、通道上的人员正视标志灯的标志面，准确识别标志灯的疏散指示信息。

2）为了确保出口标志灯的安装高度处于人员正常视角范围内，同时便于人员准确识别安全出口或疏散门的位置，对出口标志灯的安装应有相应要求；室内高度大于3.5 m的展览厅、候车（船）室、民航候机厅等场所，标志灯底边距地面的高度不宜大于6 m，同时考虑到该类场所日常物品搬运的需求，标志灯底边距地面的高度不宜低于3 m。

3）方向标志灯的安装要求如下：

①各疏散区域的方向标志灯安装时，应按该区域的疏散指示方案核对每个方向标志灯的箭头指示方向，对于需要按照不同疏散指示方案改变疏散指示方向的疏散走道、通道，应核对是否设置了具有双向箭头的方向指示灯，且灯具的双向箭头能否按不同的疏散指示方案分别指向相应的疏散方向。

②为了避免火灾初期产生的烟气遮挡标志灯，标志灯宜安装在疏散走道、通道两侧距地面高度小于1 m的墙面或柱面上；当疏散

走道、通道两侧无维护结构时，标志灯应安装在疏散走道、通道的上方，为了确保标志灯的安装高度处于人员正常视角范围内，同时考虑到火灾产生烟气沉降等因素，室内高度不大于 3.5 m 的场所，标志灯底边距地面的高度宜为 2.2~2.5 m；室内高度大于 3.5 m 的场所，特大型、大型、中型标志灯底边距地面高度不宜小于 3 m，且不宜大于 6 m。

③为了便于人员对疏散路径的识别，疏散走道、通道转角处设置的方向标志灯与转角处边墙的距离应不大于 1 m。

④当安全出口或疏散门位于疏散走道的侧边时，为了便于人员识别安全出口或疏散门的位置，在疏散走道上方应增设方向标志灯，标志灯的标志面应与疏散方向垂直、箭头应指向安全出口或疏散门；安全出口或疏散门位于疏散走道中间位置时，疏散通道上方增设的方向标志灯应采用双面方向标志灯。

⑤标志灯在疏散走道、通道的地面上安装时，为了保证人员对疏散路径的正确识别，标志灯应安装在疏散走道、通道的中心位置；为了防止地面产生的积水侵蚀标志灯及其内部电子器件，导致标志灯表面破损或影响标志灯的正常工作，标志灯应采用耐腐蚀构件或做防腐处理，且标志灯配电、通信线路的连接应采用密封胶密封。

⑥为了便于疏散楼梯间内的人员准确识别所处的楼层位置，指示楼层位置信息的楼层标志灯应安装在每层楼梯间朝向梯面的正面墙上，且标志灯底边距地面的高度宜为 2.2~2.5 m。

11.3 疏散指示标志灯的图形与文字

（1）标志灯的图形应符合《消防安全标志　第 1 部分：标志》（GB 13495.1—2015）的要求，详见本书第 10 讲内容。单色标志灯表面的安全出口指示标志（包括人形、门框，如图 11-7、图 11-8 所示）、疏散方向指示标志（如图 11-9 所示）、楼层显示标志应为绿色发光部分，背景部分不应发光（背景宜选择暗绿色或黑色）；白色与绿色组合标志表面的标志灯，背景颜色应为白色，且应发光。

图 11-7　安全出口指示标志（一）

图 11-8　安全出口指示标志（二）

（2）疏散指示标志灯使用的疏散方向指示标志中的箭头方向可根据实际需要更改为上、下、左上、右上、右、右下等指向；疏散方向指示标志中的箭头方向应与安全出口指示标志方向一致。双向指示标志如图 11-10 所示。

图 11-9　疏散方向指示标志

图 11-10　双向指示标志

（3）应选用如图 11-7、图 11-8、图 11-9、图 11-10 或图 11-12 所示图形作为疏散指示标志灯的主要标志信息，标志宽度和高度应不小于 100 mm，图形中线条的最小宽度应不小于 10 mm，箭头尺寸应符合如图 11-11 所示的要求；中型和大型消防应急标志灯的标志图形高度不应小于灯具面板高度的 80%。可增加辅助文字，但辅助文字高度应不大于标志图形高度的 1/2，且不小于标志图形高度的 1/3。楼层指示标志应由阿拉伯数字和 F 组成（F 表示楼层），笔画宽度应不小于 10 mm，地下层应在相应层号前加“-”（如图 11-12 所示）。

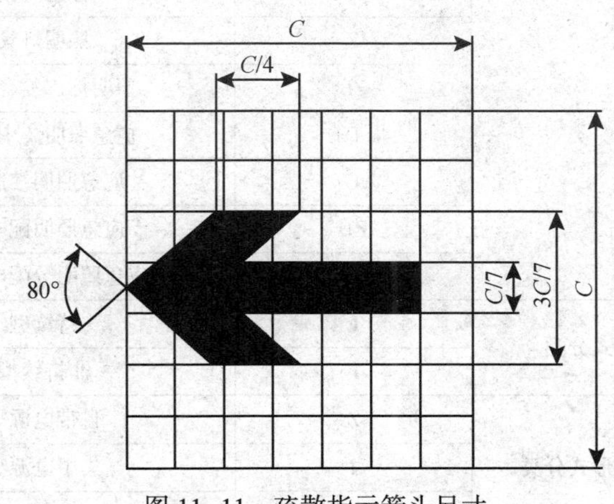

图 11-11　疏散指示箭头尺寸

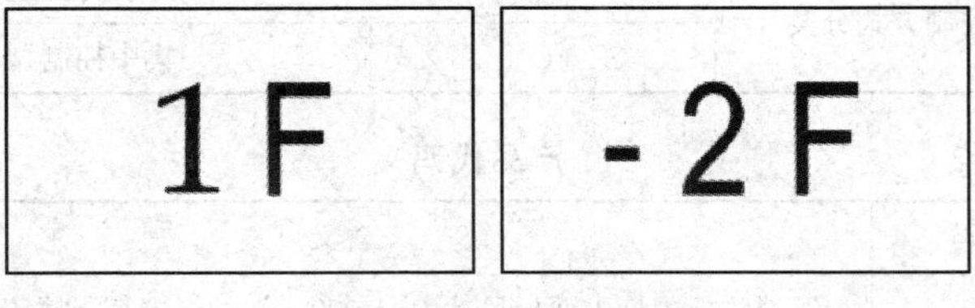

1F	-2F

图 11-12　楼层指示标志

11.4　消防应急照明和疏散指示系统产品识别

（1）产品型号代码

消防应急照明和疏散指示系统产品型号由企业代码、类别代码、产品代码三部分组成。其中企业代码应不大于两位，类别代码和产品代码位数由制造商规定，类别代码应符合表 11-1 的规定，产品代码应符合表 11-2 的规定。

表 11-1 类别代码

系统类型	类别代码	含义
按用途分类	B	标志灯具
	Z	照明灯具
	ZB	照明标志复合灯具
	D	应急照明集中电源
	C	应急照明控制器
	PD	应急照明配电箱
	FP	应急照明分配电装置
按工作方式分类	L	持续型
	F	非持续型
按应急供电形式分类	Z	自带电源型
	J	集中电源型
	M	子母型
按应急控制方式分类	D	非集中控制型
	C	集中控制型

表 11-2 产品代码

产品代码	含义
Ⅳ	消防标志灯中面板尺寸 D>1 000 mm 的标志灯，属于特大型
Ⅲ	面板尺寸 1 000 mm≥D>500 mm 的标志灯，属于大型
Ⅱ	面板尺寸 500 mm≥D>350 mm 的标志灯，属于中型
Ⅰ	面板尺寸 L≤350 mm 的标志灯，属于小型
1	标志灯中单面
2	标志灯中双面
L	标志灯的疏散方向向左
R	标志灯的疏散方向向右
LR	标志灯的疏散方向为双向

续表

产品代码	含义
O	标志灯无疏散方向
Y	光源类型为荧光灯
B	光源类型为白炽灯
P	光源类型为场致发光屏
E	光源类型为发光二极管
W	灯具的额定功率
KVA	应急照明集中电源输出功率

（2）型号编制方法

消防应急照明和疏散指示系统型号编制方法如图 11-13 所示。

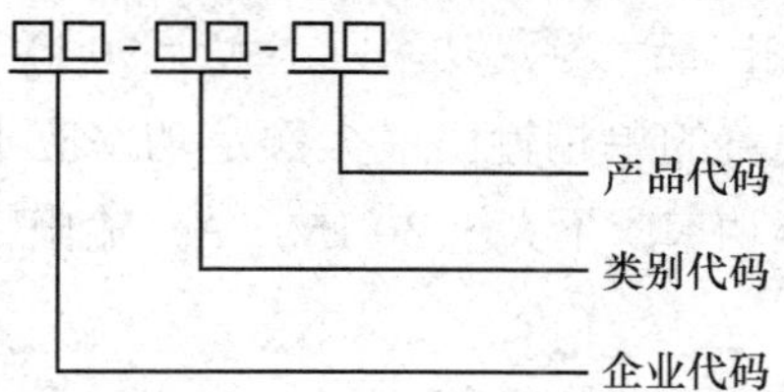

图 11-13　消防应急标志灯具的型号编制方法

示例：中华应急灯厂生产的自带电源非集中控制持续型标志灯，灯具采用发光二极管为光源，单面小型灯，标志疏散方向向左，额定功率为 3 W，则该产品的型号可编制为 ZH-BLZD-1LEI3W。

11.5　消防应急照明和疏散指示系统技术要求

11.5.1　通用要求

（1）主电源应采用 220 V（应急照明集中电源可采用 380 V）、50 Hz 交流电源，主电源降压装置不应采用阻容降压方式；安装在地面的灯具主电源应采用安全电压。

(2) 外壳采用非绝缘材料的系统，应设有接地保护，接地端子应符合《灯具　第1部分：一般要求与试验》(GB 7000.1—2015) 的要求，并应有明确标识。

(3) 消防应急标志灯具的标志应满足本讲11.3的有关要求；疏散指示标志灯应使用图11-7、图11-8或图11-9为主要标志信息；楼层指示标志灯应使用阿拉伯数字和字母“F”为主要标志信息。

(4) 带有逆变输出且输出电压超过36 V的消防应急灯具在应急工作状态期间，断开光源5 s后，应能在20 s内停止电池放电。

(5) 使用荧光灯为光源的灯具不应将启辉器接入应急回路，不应使用有内置启辉器的光源。

(6) 应急照明集中电源的单相输出最大额定功率应不大于30 kV·A，三相输出最大额定功率应不大于90 kV·A；逆变转换型应急照明分配电装置的单相输出最大额定功率应不大于10 kV·A，三相输出最大额定功率应不大于30 kV·A；输出特性应满足企业产品说明书的规定。

(7) 系统应有下列自检功能：

1) 系统持续主电工作48 h后每隔(30±2)天应能自动由主电工作状态转入应急工作状态并持续30~180 s，然后自动恢复到主电工作状态。

2) 系统持续主电工作每隔一年应能自动由主电工作状态转入应急工作状态并持续至放电终止，然后自动恢复到主电工作状态，持续应急工作时间应不少于30 min。

3) 系统应有手动完成上述的自检功能，手动自检不应影响自动自检计时，如系统断电且应急工作至放电终止后，应在接通电源后重新开始计时。

4) 系统(地面安装或其他场所封闭安装的灯具除外)在不能完成自检功能时，应在10 s内发出故障声、光信号，并保持至故障排除；故障声信号的声压级(正前方1 m处)应为65~85 dB，故障声信号每分钟至少提示一次，每次持续时间应为1~3 s。

5）集中电源型灯具在光源发生故障时应发出故障声、光信号；应急工作时间不能持续30 min时，应急照明集中电源应发出故障声、光信号，并保持至故障排除；应急照明分配电装置不能完成转入应急工作状态时，应发出故障声、光信号，并保持至故障排除。

6）集中控制型系统在不能完成自检功能时，应急照明控制器应发出故障声、光信号，并指示系统中不能完成自检功能的自带电源型灯具、集中电源和应急照明分配电装置的部位。

（8）系统的各个组成部分的型号编制方法应符合本讲11.4的要求。

11.5.2 系统设置要求

（1）除建筑高度小于27 m的住宅建筑外，民用建筑、厂房和丙类仓库的下列部位应设置疏散照明：

1）封闭楼梯间、防烟楼梯间及其前室、消防电梯间的前室或合用前室、避难走道、避难层（间）。

2）观众厅、展览厅、多功能厅和建筑面积大于200 m^2 的营业厅、餐厅、演播室等人员密集的场所。

3）建筑面积大于100 m^2 的地下或半地下公共活动场所。

4）公共建筑内的疏散走道。

5）人员密集的厂房内的生产场所及疏散走道。

（2）建筑内疏散照明的地面最低水平照度应符合下列规定：

1）对于疏散走道，应不低于1.0 lx。

2）对于人员密集场所、避难层（间），应不低于3.0 lx；对于老年人照料设施、病房楼或手术室的避难间，应不低于10.0 lx。

3）对于楼梯间、前室或合用前室、避难走道，应不低于5.0 lx；对于人员密集场所、老年人照料设施、病房楼或手术室内的楼梯间、前室或合用前室、避难走道，应不低于10.0 lx。

(3) 消防控制室、消防水泵房、自备发电机房、配电室、防排烟机房以及发生火灾时仍需正常工作的消防设备房应设置备用照明，其作业面的最低照度不应低于正常照明的照度。

(4) 疏散照明灯具应设置在出口的顶部、墙面的上部或顶棚上；备用照明灯具应设置在墙面的上部或顶棚上。

(5) 公共建筑、建筑高度大于 54 m 的住宅建筑、高层厂房(库房) 和甲、乙、丙类单、多层厂房，应设置灯光疏散指示标志，并应符合下列规定：

1) 应设置在安全出口和人员密集的场所的疏散门的正上方。

2) 应设置在疏散走道及其转角处距地面高度 1.0 m 以下的墙面或地面上。灯光疏散指示标志的间距应不大于 20 m；对于袋形走道，应不大于 10 m；在走道转角区，应不大于 1.0 m。

(6) 下列建筑或场所应在疏散走道和主要疏散路径的地面上增设能保持视觉连续的灯光疏散指示标志或蓄光疏散指示标志：

1) 总建筑面积大于 8 000 m^2 的展览建筑。

2) 总建筑面积大于 5 000 m^2 的地上商店。

3) 总建筑面积大于 500 m^2 的地下或半地下商店。

4) 歌舞娱乐放映游艺场所。

5) 座位数超过 1 500 个的电影院、剧场，座位数超过 3 000 个的体育馆、会堂或礼堂。

6) 车站、码头建筑和民用机场航站楼中建筑面积大于 3 000 m^2 的候车、侯船厅和航站楼的公共区。

(7) 建筑内设置的消防疏散指示标志和消防应急照明灯具，除应符合建筑设计规范的规定外，还应符合其他相关现行国家标准的规定。

11.5.3 系统安装

(1) 系统的安装应按设计文件要求编写施工方案，施工现场应具有必要的施工技术标准、健全的施工质量管理体系和工程质量检验制度，建设单位应组织监理单位进行检查，并应按规定填写有关记录。系统施工前应具备下列条件。

1）应具备经批准的消防设计文件，包括：系统图；各防火分区、楼层、隧道区间、地铁站厅或站台的疏散指示方案；设备布置平面图、接线图和安装图；系统控制逻辑设计文件。

2）系统设备的现行国家标准、系统设备的使用说明书等技术资料应齐全。

3）设计单位向建设、施工、监理单位进行技术交底，明确相应技术要求。

4）材料、系统部件及配件齐全，规格、型号符合设计要求，能够保证正常施工。

5）经检查，与系统施工相关的预埋件、预留孔洞等应符合设计要求。

6）施工现场及施工中使用的水、电、气应能够满足连续施工的要求。

（2）系统的施工应按照批准的工程设计文件和施工技术标准进行。系统施工过程的质量控制应符合下列规定：

1）监理单位应按国家标准规定的检查项目、检查内容和检查方法，组织施工单位对材料、系统部件及配件进行进场检查，并按规定填写记录，检查不合格者不得使用。

2）系统施工过程中，施工单位应做好施工、设计变更等相关记录。

3）各工序应按照施工技术标准进行质量控制，每道工序完成后应进行检查。相关各专业工种之间交接时，应经监理工程师检验认可；不合格应进行整改，检查合格后方可进入下一道工序。

4）监理工程师应按照施工区域的划分、系统的安装工序及国家标准的规定和有关检查项目、检查内容和检查方法，组织施工单位人员对系统的安装质量进行全数检查，并按规定填写记录。隐蔽工程的质量检查宜保留现场照片或视频记录。

5）系统施工结束后，施工单位应完成竣工图及竣工报告。

6）系统部件的选型、设置数量和设置部位应符合国家标准和设计文件的规定。

（3）在有爆炸危险性场所，系统的布线和部件的安装，应符合《电气装置安装工程　爆炸和火灾危险环境电气装置施工及验收规范》（GB 50257—2014）的有关规定。

第12讲

防烟排烟与自动报警系统

大量的火灾事实表明，在建筑火灾中，烟气是导致人员伤亡的最主要的原因，是建筑火灾的“第一杀手”，火灾中70%~80%的人员伤亡是因为受到烟气的危害。烟气不仅会导致人员伤亡，而且会影响灭火救援行动的开展，同时还会造成火灾扩大蔓延。因此，采取建筑防烟排烟措施，可以有效控制和减少烟气对火灾中人员造成的伤亡，有利于灭火救援，有利于防止和减少火灾扩大蔓延。

本讲重点介绍了建筑火灾烟气的危害，以及防烟排烟系统及其设置知识，还简单介绍了火灾自动报警系统的组成、原理及其设置要求。

12.1 火灾烟气及其危害

12.1.1 火灾烟气的流动

烟气是燃烧所产生的产物，按照燃烧程度不同分为完全燃烧产物和不完全燃烧产物；按照化学组成不同分为无机产物、有机产物、高分子聚合产物。这些产物有些是有毒的，有些是无毒的，但绝大部分都能直接或间接导致人员伤亡。

（1）建筑材料燃烧发烟量

常见建筑材料燃烧发烟量见表12-1，由表中可以看出，木材的发烟量会随着温度升高而减少，这是由于木材受热生成的炭粒子在高温作用下又重新燃烧的缘故。

表 12-1　　常见建筑材料燃烧发烟量　　单位：m^3/g

材料名称	发烟量		
	300 ℃	400 ℃	500 ℃
松木	4.0	1.8	0.4
杉木	3.6	2.1	0.4
普通胶合板	4.0	1.0	0.4
难燃胶合板	3.4	2.0	0.6
硬质纤维板	1.4	2.1	0.6
锯木屑板	2.8	2.0	0.4
玻璃纤维增强塑板	—	6.2	4.1
聚氯乙烯	—	4.0	10.4
聚苯乙烯	—	12.6	10.0
聚氨酯	—	1.4	4.0

高分子聚合物燃烧时能产生大量的烟气，这也正是高分子聚合物火灾烟气危害远远超过一般可燃材料的重要原因。

（2）建筑材料燃烧发烟速度

常见建筑材料燃烧发烟速度见表 12-2，由表中可以看出，木材在加热到 350 ℃时发烟速度一般会随温度升高而降低，而高分子聚合物则恰恰相反，发烟速度会随着温度升高而增加。同时，高分子聚合物要比木材的发烟速度大得多，这是因为高分子聚合物的发烟系数大，且燃烧速度快。

表 12-2　　常见建筑材料燃烧发烟速度　　单位：$m^3/(g \cdot s)$

材料名称	发烟速度					
	300 ℃	350 ℃	400 ℃	450 ℃	500 ℃	550 ℃
杉木	0.61	0.72	0.71	0.53	0.13	0.13
普通胶合板	0.93	1.08	1.10	1.07	0.31	0.24
难燃胶合板	0.56	0.61	1.58	0.59	0.22	0.20
硬质纤维板	0.76	1.22	1.19	0.19	0.28	0.27

续表

材料名称	发烟速度					
	300 ℃	350 ℃	400 ℃	450 ℃	500 ℃	550 ℃
锯木屑板	0.63	0.76	0.85	0.19	0.15	0.12
玻璃纤维增强塑板	—	—	0.50	1.00	3.00	0.50
聚氯乙烯	—	—	0.10	4.50	7.50	9.70
聚苯乙烯	—	—	1.00	4.95	—	2.97
聚氨酯	—	—	5.00	11.50	15.00	16.50

在现代建筑中，由于大量使用高分子聚合物，如各种塑料家具用品、保温材料、电缆绝缘材料等，一旦发生火灾，高分子聚合物不仅燃烧速度迅速，还会产生大量有毒的浓烟，其危害也远远超过一般可燃材料。

（3）烟气的流动速度

当发生火灾时，烟气水平方向流动速度为 0.8 m/s 左右，垂直方向扩散速度为 3~4 m/s，即当烟气流动无阻挡时，如果建筑布局适合烟气流动的话，只需 1 min 左右就可以扩散到几十层高的大楼。火灾烟气流动速度见表 12-3。

表 12-3　火灾烟气流动速度　单位：m/s

流动类型	事件或位置	流动速度
水平流动	火灾初期阴燃阶段	0.1
	火灾初期起火阶段	0.3
	火灾中期及旺盛阶段	0.5~0.8
垂直流动	在楼梯间内	3~4
	在高层楼梯间内或竖井内	最大可达 6~8

（4）烟气的压力与密度

在火灾初期、发展、熄灭不同阶段中，火灾烟气压力各不相同。火灾初期阶段烟气压力很低，随着着火房间烟气量增加、温度上升，压力相应地升高。当发生火灾爆燃时，烟气压力在瞬间达到峰值，可震破门窗玻璃，当烟气和火焰一旦冲出门窗孔洞之后，室内烟气的压力就会很快降低下来，接近室外大气压力。

据测定，一般着火房间内烟气的平均相对压力为10~15 Pa，在短时可能达到的峰值为35~40 Pa。可以说，烟气的流动动力来自烟气的压力。

烟气的组成与空气不同，严格地说，在相同温度和压力下，不同火灾条件下生成的烟气相对密度是不同的。由于燃烧所产生的烟气中有各种混合气体存在，多数烟气混合气体的相对密度要比空气轻，加上浮力作用，烟气通常会先向上蔓延，这时若采取低位方式逃生（在烟气层以下）就可以避免烟气的直接危害。

12.1.2 火灾烟气的危害

（1）烟气的缺氧作用

在着火区域的空气中充满了烟气，就会降低空气中的氧气浓度，影响人的正常呼吸，甚至丧失逃生能力，由此造成人体的缺氧窒息。

（2）烟气的毒害作用

火灾烟气中充满了有毒气体，如一氧化碳、二氧化碳、氰化氢等，可直接造成人员伤害，甚至致人死亡。

（3）烟气的减光作用

烟气的减光作用是指火灾烟气中的烟粒子对可见光的遮挡作用，用减光系数（C_0，单位为 m^{-1}）表示。减光系数与能见距离 D（能见距离，又被称为能见度、视程，是指人视力所能达到的范围）之积为常数 C。例如：疏散指示反光标志 C_0 =（2~4）m^{-1}；疏散指示灯光标志 C_0 =（5~10）m^{-1}。

火灾时，人员密度会影响疏散速度，而能见度同样会影响疏散速度。着火时，烟气的光学浓度可达 25~30 m^{-1}，而当烟气浓度达到 0.5 m^{-1}时，人员疏散就会变得困难。

在能见度极低的情况下，除了对人体生理上的影响，对人的心理上还会造成恐惧和惊慌情绪，精神上将受到极大的冲击。当减光系数在 0.1 m^{-1}时［研究表明：正常人的减光系数承受范围为（0.1～0.2）m^{-1}］，就会出现人员不能自行疏散逃生，甚至失去理智而采取不顾一切的异常行动。人们在充满烟气的环境中往往辨不清方向而影响疏散速度，甚至严重影响消防灭火和救援行动。

（4）烟气的温度作用

据测试，在着火房间内，烟气温度可达 500～600 ℃，在地下建筑火灾中烟气温度可高达 800～1 000 ℃ 及以上。研究表明，当人体吸入大量热烟气时，会使血压急剧下降，毛细血管遭到破坏，大量排汗，并因脱水而死亡。烟气温度对人体影响程度见表 12-4。

表 12-4　　烟气温度对人体影响程度

烟气温度/℃	对人体影响程度
65	可短时间忍受
120	15 min 产生不可恢复损伤
170	1 min 产生不可恢复损伤

12.2　防烟排烟系统

12.2.1　防烟分区

建筑防烟分区是指对需要进行防烟排烟要求的建筑，可采用屋顶挡烟隔板，或从顶棚下凸出不小于 500 mm 梁作为分隔（指设在屋顶内，能对烟和热气的横向流动造成障碍的垂直分隔体）。

根据相关标准规范的规定：

（1）每个防烟分区的面积，对于高层民用建筑和其他建筑（含地下建筑和人防工程），其建筑面积不宜大于 500 m^2；防烟分区不应跨越防火分区。

（2）对于重要和综合性高层建筑、超高层建筑，如设置专门避难间或避难层，则都应单独划分防烟分区，并设独立防烟排烟设施。

（3）对于净高大于 6 m 和建筑面积较大的房间，如会议室、观众厅等，由于火灾在短时间内不会达到危及人生命安全的危险的烟层高度和烟气浓度，可不划分防烟分区。

（4）不设排烟设施房间（包括地下室）和走道，可不划分防烟分区。

（5）走道和房间（包括地下室）按照规定均设置排烟设施时，可根据具体情况分设或合设排烟设施，并据此划分防烟分区。

（6）当一座建筑的若干层需设排烟设施（其余各层按规定不设排烟设施），且采用垂直排烟道（竖井）排烟时，如增加投资不多，可以考虑扩大设置范围，也宜划分防烟分区。

12.2.2 防烟排烟设施

及时排除火灾烟气，对保证人员安全疏散，控制烟气蔓延，便于扑救火灾具有重要作用。对于一座建筑，当其中某部位着火时，应采取有效的排烟措施排除可燃物燃烧产生的烟气和热量，使该局部空间形成相对负压区；对非着火部位及疏散通道等应采取防烟措施，以阻止烟气侵入，以利人员的疏散和灭火救援。因此，在建筑内设置防烟排烟设施十分必要。建筑内主要包括以下几类防烟排烟设施。

（1）挡烟垂壁

建筑挡烟垂壁是指用不燃材料制成，从顶棚下不小于 500 mm 的固定或活动的挡烟设施，包括防烟卷帘、活动式挡烟板和固定式挡烟板等。

1）防烟卷帘要求。防烟卷帘要求气密性好，在压差 20 Pa 时，每平方米的漏气量小于 0.2 m^3/min。防烟卷帘（垂帘）宽度一般不超过5 m，与感烟探测器联动，可与自动喷水装置组合，以提高耐热性能，设在走道阻火时，其落下高度应距地面1. 8 m以上，如图12-1所示。

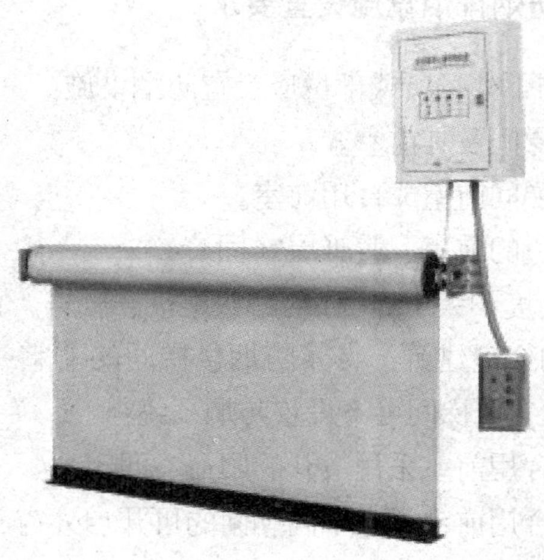

图12-1 防烟卷帘

2）活动式挡烟板要求。对于顶棚高度较低，或由于吊顶装饰效果，可设置活动式挡烟板，一般活动式挡烟板应设在吊顶上或吊顶内，可与火灾报警探测器联动，也可设手动操作，但降下后，挡烟板下端与地面高度应在1. 8 m以上。

3）固定式挡烟板要求。固定式挡烟板要求从顶棚下凸出不小于0. 5 m，固定在墙上和不燃烧的屋顶上。

4）挡烟梁要求。利用建筑物凸出顶棚面的梁，可兼作挡烟梁用，一般要求挡烟梁应凸出顶棚面大于0. 5 m，这样对阻挡烟气蔓延才会有一定的效果，并可形成防烟分区。

（2）防烟阀

防烟阀是指借助感烟（温）器能自动关闭以阻断烟气通过的阀门，建筑机械排烟是由排烟机、防烟阀、排烟管道、排烟口组成。在火灾时，火灾报警联动排烟机开始排烟，排烟机应保证在280 ℃

时能连续工作 30 min。当烟气温度超过 280 ℃时，防烟阀应能自动关闭。

12.2.3 防烟排烟设施设置要求

（1）建筑的下列场所或部位应设置防烟设施：

1）防烟楼梯间及其前室。

2）消防电梯间前室或合用前室。

3）避难走道的前室、避难层（间）。

（2）建筑高度不大于 50 m 的公共建筑、厂房、仓库和建筑高度不大于 100 m 的住宅建筑，当其防烟楼梯间的前室或合用前室符合下列条件之一时，楼梯间可不设置防烟系统：

1）前室或合用前室采用敞开的阳台、凹廊。

2）前室或合用前室具有不同朝向的可开启外窗，且可开启外窗的面积满足自然排烟口的面积要求。

（3）厂房或仓库的下列场所或部位应设置排烟设施：

1）人员或可燃物较多的丙类生产场所，丙类厂房内建筑面积大于 300 m^2 且经常有人停留或可燃物较多的地上房间。

2）建筑面积大于 5 000 m^2 的丁类生产车间。

3）占地面积大于 1 000 m^2 的丙类仓库。

4）高度大于 32 m 的高层厂房（仓库）内长度大于 20 m 的疏散走道，其他厂房（仓库）内长度大于 40 m 的疏散走道。

（4）民用建筑的下列场所或部位应设置排烟设施：

1）设置在一、二、三层且房间建筑面积大于 100 m^2 的歌舞娱乐放映游艺场所，设置在四层及以上楼层、地下或半地下的歌舞娱乐放映游艺场所。

2）中庭。

3）公共建筑内建筑面积大于 100 m^2 且经常有人停留的地上房间。

4）公共建筑内建筑面积大于 300 m² 且可燃物较多的地上房间。

5）建筑内长度大于 20 m 的疏散走道。

（5）地下或半地下建筑（室）、地上建筑内的无窗房间，当总建筑面积大于 200 m² 或一个房间建筑面积大于 50 m²，且经常有人停留或可燃物较多时，应设置排烟设施。

12.3 防烟排烟方式

（1）建筑自然排烟

自然排烟是利用火灾时产生的热烟气流的浮力和外部风力作用，通过建筑物的对外开口把烟气直接送至室外的排烟方式，如图 12-2 所示。这种排烟方式实质上是热烟气与室外冷空气的对流运动，其动力是因火灾时产生的热量使室内温度升高所造成的热压以及室外空气流动所产生的风压。在自然排烟设计中，必须有冷空气的进口和热烟气的排烟口，排烟口可以是建筑物的外墙，也可以是专门设置在侧墙上部或屋顶上的排烟口。

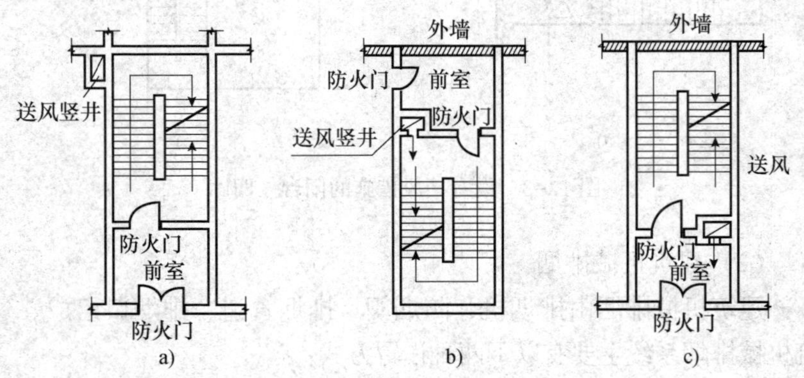

图 12-2 自然排烟条件的防烟楼梯间及其前室示意图

自然排烟的优点是构造简单、经济、实用，不需要专门的排烟设备及动力设施，运行维修费用低，排烟口可以兼作平时通风换气使用。尤其对于顶棚高大的房间（中庭），若在顶棚开设排烟口，自然排烟效果好。

自然排烟的缺点是排烟效果受室外气温、风向、风速的影响，特别是排烟口设置在上风向时，不仅排烟效果大大降低，还可能出现烟气倒灌现象，并使烟气扩散蔓延到未着火区域。这种排烟方式适合房间、走道、前室和楼梯间等。

还有一种竖井排烟也属自然排烟方式，即在高层建筑的适中位置，设置专门的排烟竖井，并在各层设置有自动或手动控制的排烟口，依靠火灾时室内产生的热压和室外气流的风压，形成“烟囱效应”进行自然排烟。这种排烟方式的优点是不用耗费能源、设备简单，缺点是竖井占地面积大。这种防排烟方式在国外一些高层建筑的楼梯间及前室经常被采用，如图 12-3 所示。

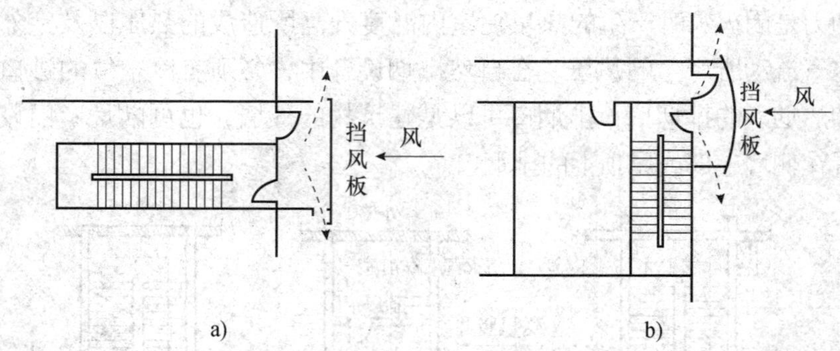

图 12-3　设有挡风措施的阳台、凹廊

（2）建筑机械排烟

建筑机械排烟由排烟机、防烟阀、排烟管道、排烟口组成。建筑机械排烟系统主要有以下两种设置方式：

1）可以采取自然补风方式。在建筑空间的上部安装吸烟口，同时利用排风机机械排烟，有效排除建筑内烟气，这种方式比较适合大型建筑空间的烟气控制。

2）可以采取下部加压方式。在建筑空间的上部设置敞开排烟口，并在下部供气，提高内压将烟气排除，这种方式多用于性质重要、对防烟排烟设计严格的高层建筑或大型建筑空间的烟气控制。

（3）建筑机械加压防烟（加压送风）

建筑机械加压防烟是指通过机械加压送风，使被保护区保持正压而阻止烟气侵入。

机械加压送风机可采用轴流风机或中、低压离心风机，风机位置应根据供电条件，风量分配均衡，新风入口不受火、烟威胁等因素确定。

机械加压送风机可设在走道、防烟楼梯间及其前室（电梯前室、楼梯前室、防烟前室）等，但控制区域受到一定限制，不适合过大面积使用。机械加压防烟方式被广泛用于建筑疏散楼梯间及前室。

（4）建筑密闭防烟

建筑密闭防烟是指利用房间的封闭性，使着火房间因缺乏氧气而达到灭火的目的。这种防烟方式一般适用于面积较小，且其墙体、楼板耐火性能好、密封性好的房间，火灾时人员可以快速疏散完毕，并能立即用防火门将着火房间封闭起来的场所，如住宅、旅馆、集体宿舍等。

（5）材料不燃化防烟

即在建筑设计中，尽可能地采用不燃化的室内装修材料、家具、各种管道及其保温绝热材料，特别是在综合性大型建筑、特殊功能建筑、无窗建筑、地下建筑以及使用明火场所（如厨房等）。

不燃化材料具有不燃烧、不炭化、不发烟等特性，因此是从根本上解决防烟问题的方法。在不燃化设计的建筑内，即使发生火灾，因其材料不燃，所以产生烟气量大大减少，烟气浓度大大降低。

在上述的几种防烟排烟方式中，一是应优先采用自然排烟方式；二是对于性质重要、功能复杂的高层建筑、超高层建筑及无条件自然排烟的其他建筑应采用机械排烟方式；三是对于房间较小应采用机械加压防烟方式。应该指出的是，建筑防烟与排烟是两种不同的方式，在同一个建筑（房间内）不能同时采用两种不同的防烟排烟方式。

12.4 火灾自动报警系统

火灾自动报警系统能起到早期发现和通报火警信息，及时通知人员进行疏散、灭火的作用，应用广泛。建筑中火灾自动报警系统是当代电子信息技术与传统的建筑火灾探测报警技术有机结合的产物。现代建筑的消防安全要求，必须以智能化建筑物的消防安全设计为基础，通过配置的各类消防设备与设施，实现火灾的早期预报与消防设备的有效动作，做到火灾报警及时可靠、消防设备联动迅速有效，最终实现现代建筑环境的消防安全。

火灾自动报警联动设施，可以说是消防设施系统的核心。火灾报警功能只是其一，还有各种联动控制功能，如：自动喷淋灭火联动控制、防火卷帘联动控制、消防泵房联动控制、非消防电源强切联动控制、消防广播电话联动控制、消防电梯联动控制、消防应急照明联动控制、集中空调防火阀联动控制、机械防烟排烟防烟阀联动控制等。

火灾自动报警系统是依据主动防火对策，以被监测的各类建筑物、油库等为警戒对象，通过自动化手段实现早期火灾探测、火灾自动报警和消防设备联动控制。火灾自动报警系统由火灾探测器、火灾报警控制器、火灾报警装置、手动报警按钮、消防专用电话、消防电源与其他联动控制装置组成，如图12-4所示。

12.4.1 火灾自动报警系统的组成

(1) 火灾探测器

火灾探测器是指能对可见的或不可见的烟雾粒子、温度、光等

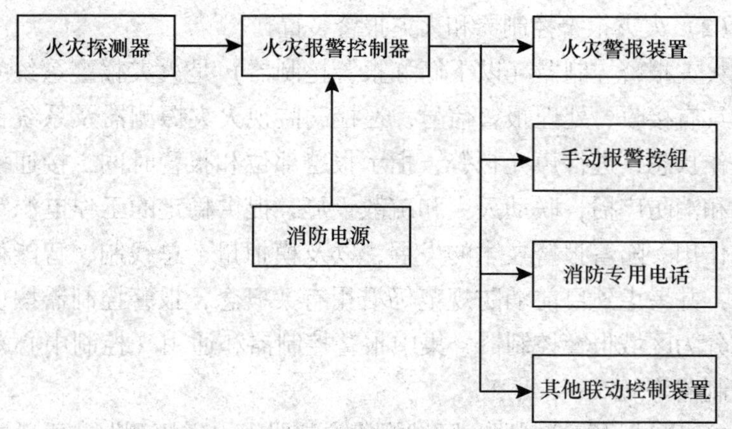

图 12-4 火灾自动报警系统结构示意图

响应的火灾探测装置，分为感温、感烟、感光和复合式探测器，以及可燃气体探测器和其他火灾探测器，如图 12-5 所示。在火灾报警系统中，火灾探测器长年累月地监测被警戒的现场或对象，当监测场所或对象发生火灾时，火灾探测器检测到火灾产生的烟雾、高温、火焰及火灾特有的气体等信号并转换成电信号，经过分析比较，给出火灾报警信号，通过火灾控制器上的声光报警显示装置显示出来，通知消防监测人员发生了火灾。

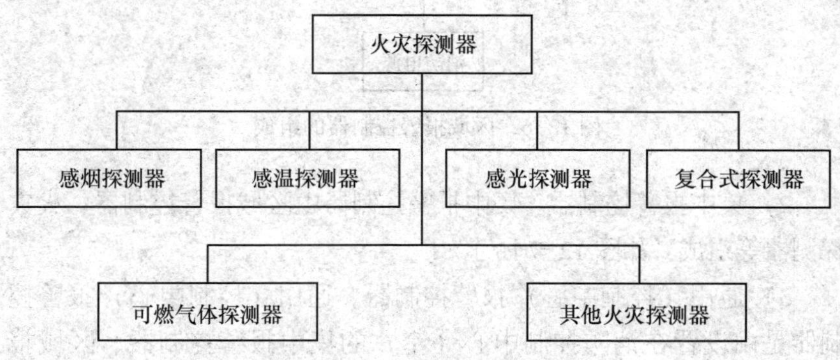

图 12-5 火灾探测器的类型

（2）火灾报警控制器和火灾报警装置

火灾报警控制器（以下简称报警控制器）是火灾报警系统的核心，具有接收、处理报警信号，巡检、监视火灾探测器及系统自身的工作状态，进行声光报警，指示报警部位和报警时间，接通消防电话和消防广播，联动灭火和疏散设施，提供稳定的工作电源等功能和作用。随着报警技术的发展，以及模拟量、总线制、智能化的应用，并考虑到目前消防规范仍沿用有关概念，报警控制器按使用区域分为区域报警控制器、集中报警控制器和通用（控制中心）报警控制器等。

1）区域报警控制器。区域报警控制器由火灾探测器、手动报警按钮、消防电源、火灾报警装置等组成，如图 12-6 所示。

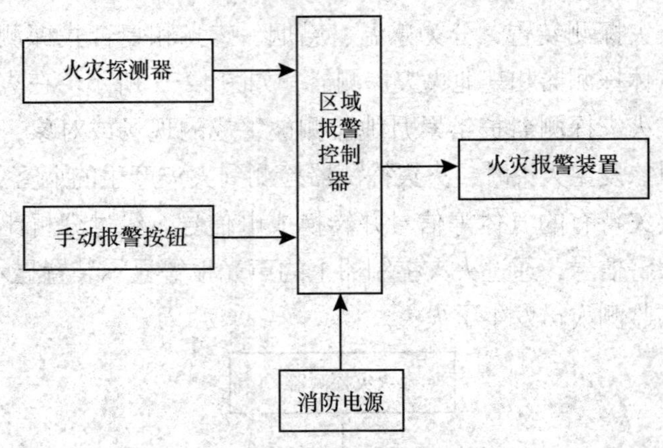

图 12-6　区域报警控制器的组成

2）集中报警控制器。集中报警控制器由区域报警控制器、火灾探测器等组成，如图 12-7 所示。

3）通用（控制中心）报警控制器。通用（控制中心）报警控制器是由设置在消防控制中心（室）的集中报警控制器、区域报警控制器、火灾探测器和消防联动控制设备等组成，如图 12-8 所示。

火灾探测器
手动报警按钮
区域报警控制器1
火灾探测器
手动报警按钮
区域报警控制器2
集中报警控制器
消防电源
火灾报警装置
消防电话装置
消防广播装置

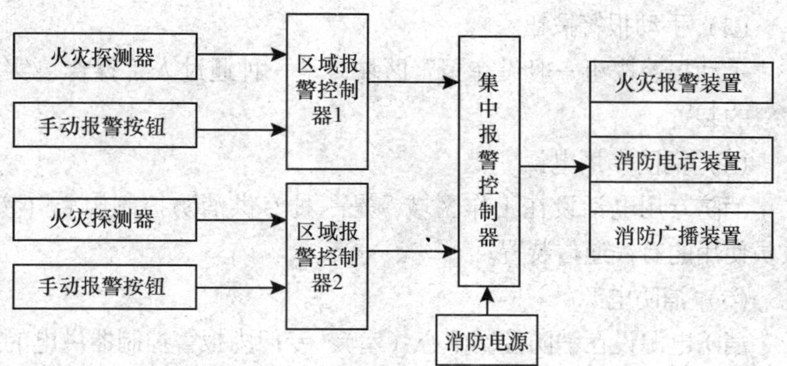

图 12-7　集中报警控制器的组成

火灾探测器
手动报警按钮
区域报警控制器1
火灾探测器
手动报警按钮
区域报警控制器2
集中报警控制器
消防电源
消防联动控制设备
火灾报警装置
消防电话装置
消防广播装置
消防泵（喷淋泵）
防火卷帘
非消防电源强切
防烟防火阀
消防应急照明装置
空调阀
消防电梯
疏散指示装置
消火栓加压装置

图 12-8　通用（控制中心）报警控制器

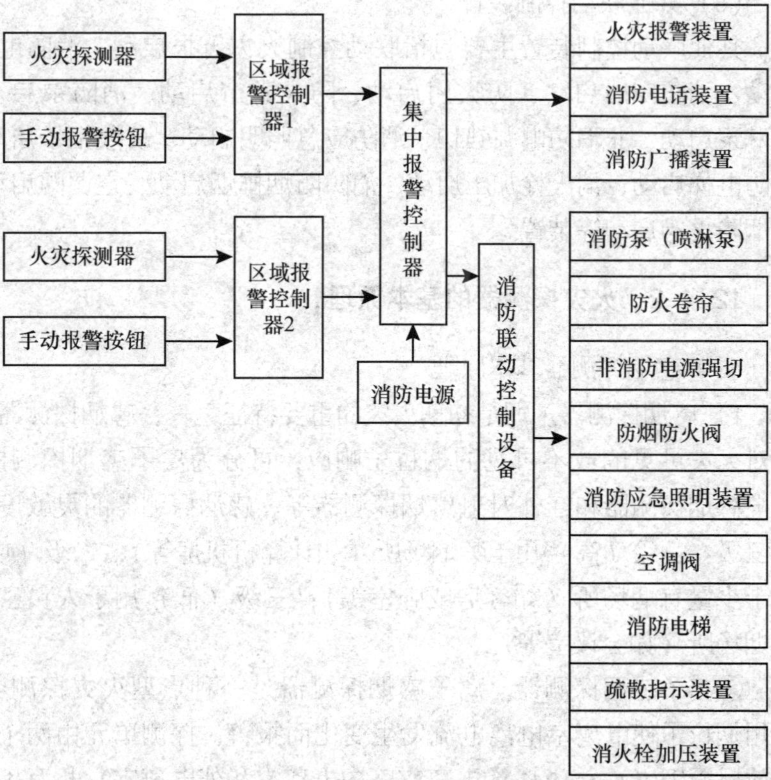

（3）手动报警按钮

手动报警按钮一般设在报警区域，是一种通过人工操作可实施报警的装置。

（4）消防专用电话

消防专用电话设在工作区域，是一种专供消防控制中心（室）人员使用的有线通信装置。

（5）消防电源

消防电源设在消防控制中心（室），专门为报警控制器供电的装置。

（6）其他联动控制装置

其他联动控制装置主要包括联动控制火灾警报启动、消防电话启动、消防广播启动、防火门启动、防火卷帘启动、消防泵启动、喷淋泵启动、非消防电源强切、消防应急照明启动、疏散指示启动、消防电梯启动、消火栓加压启动、消防防烟排烟启动、空调阀启动、防烟防火阀启动等装置。

12.4.2 火灾探测器的基本原理

（1）感烟探测器基本原理

1）感烟探测器。烟是初期火灾的重要特征之一，感烟探测器能够对火灾可见的或不可见的烟粒子响应，可分为离子感烟探测器、光电感烟探测器和红外对射感烟探测器等。感烟探测器的灵敏度分为三级：一级（高）用于禁烟场所（如计算机机房等）；二级（中）用于少量有烟场所（如客房或卧室等）；三级（低）用于人员密集有烟场所（如会议室等）。

①离子感烟探测器。离子感烟探测器是一种点型火灾探测器，利用烟粒子使电离室电离电流发生变化而报警，探测单元由两个内含放射源镅（Am）241 的电离室（内电离室和外电离室）相互串联而成，与识别电路构成电压平衡桥。其工作原理如图 12-9 所示。

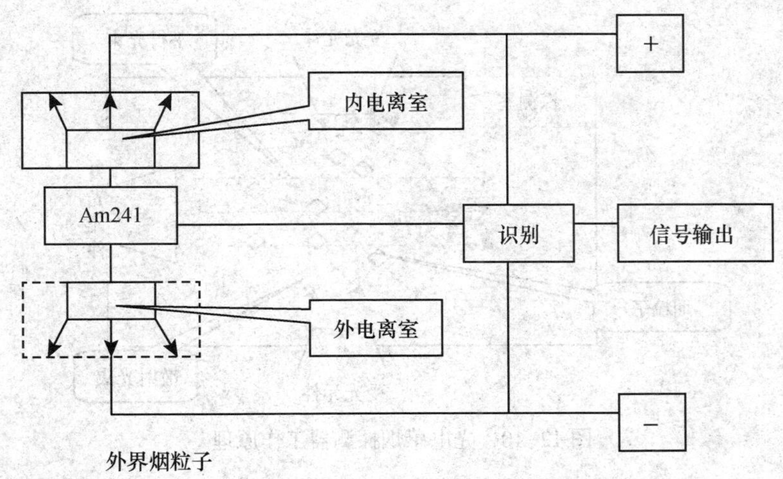

图 12-9　离子感烟探测器工作原理

外电离室可直接检测到外界烟粒子。放射源 Am241 在电离室产生 α 射线并生成正、负电离子，进而形成电离电流。在没有外界烟粒子作用时，电离室处于电桥平衡。当有烟产生并进入外电离室时，一是烟粒子吸附带电离子，使其运动速度降低，二是烟粒子阻挡 α 射线，使空气的电离能力减弱等，都会使电离电流减小。而这时识别电路就会把这种变化量提取出来，作为火警信号发送到报警控制器而发出报警信号。内电离室基本不能与外界相通，只能起到一种补偿由于温度、湿度、灰尘等外界环境因素对外电离室的影响，以提高探测器的工作稳定性和减小误报率。

目前，离子感烟探测器由于有放射性污染的问题基本已不再生产，还在使用的离子感烟探测器也在逐渐被淘汰。

②光电感烟探测器。光电感烟探测器是利用烟粒子对光的散射、吸收或遮挡作用，使光元件（发光元件和受光元件）的光电电流发生变化而报警，其工作原理如图 12-10 所示。

在探测器探测室内，分置发光元件和受光元件，两者的光轴不是在同一轴线上，而是形成一定散射夹角（90°～135°）。在无烟情

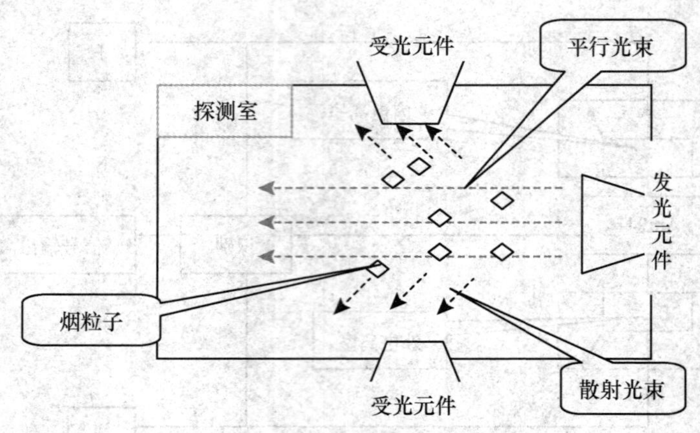

图 12-10　光电感烟探测器工作原理

况下，发光元件发出的光沿直线传播，受光元件接收不到光信号，因此不会产生光电电流；当有烟进入检测室时，由于烟粒子对发光元件发出的光具有散射作用，使受光元件接收到光信号，产生光电电流，当达到规定值时就会发出报警信号。目前，光电感烟探测器比较广泛地用于火灾初期产生烟的场所，并有逐渐替代离子感烟探测器的趋势。

③红外对射感烟探测器。红外对射感烟探测器属于线型火灾探测器，其工作原理如图 12-11 所示。其工作原理与光电感烟探测器

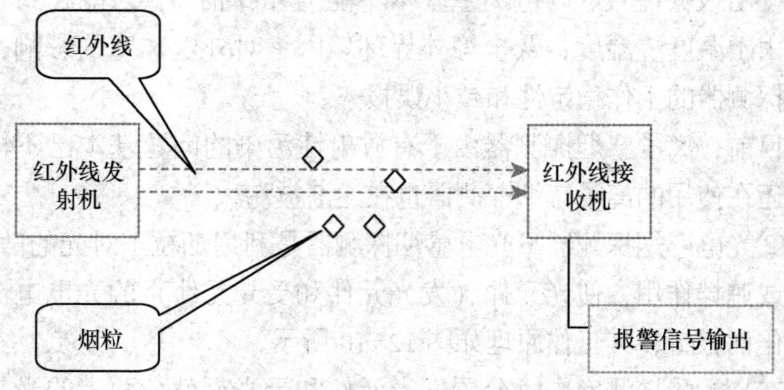

图 12-11　红外对射感烟探测器工作原理

原理基本相同（相当于探测室在室外），也是利用烟粒子对光（红外光）的吸收或遮挡作用而报警。由于放射机与接收机相隔一定距离，红外对射探测器的探测范围能形成一个较大的立体空间。

（2）感光探测器基本原理

感光探测器是能够响应燃烧火焰辐射出的红外线或紫外线的火灾探测器，分为紫外探测器和红外探测器。

1）紫外探测器。该类探测器的紫外线响应波长选在0.185～0.245 μm，其响应速度比感烟、感温探测器快得多，特别适用于火灾初期不产生烟的场所，如生产、储存火药、石油等场所。

2）红外探测器。该类探测器的红外线响应波长大于0.76 μm，由于自然界的物体都会产生红外辐射，为了避免外界干扰，可利用燃烧火焰的闪烁特性的识别技术，以减少误报。

（3）感温探测器基本原理

感温探测器是响应异常温度或异常温升速率的火灾探测器，分为定温式、差温式和差定温式。感温探测器利用各种热敏元件如易熔金属、双金属片、热敏电阻、膜盒等，当温度、异常温升速率或异常温差达到热敏元件的动作温值时，即触发探测器发出报警。

1）定温式火灾探测器。它是在规定的时间内，火灾引起的温度上升超过某个定值时启动报警的火灾探测器，一般定温在65 ℃以上动作。

2）差温式火灾探测器。它是在规定时间内，火灾引起的温度上升速率超过某个规定值时启动报警的火灾探测器，一般温升速率在10 ℃/min以上动作。

3）差定温式火灾探测器。它是结合定温式和差温式两种感温作用原理并将两种探测器组合而成，只要出现其中之一即动作。

（4）可燃气体探测器基本原理

可燃气体探测器目前主要用于宾馆厨房或燃料气储备间、汽车库、压气机站、过滤车间、溶剂库、炼油厂、燃油电厂等存在可燃气体的场所，用于建筑火灾时的烟气体的探测尚未普及。

可燃气体探测器是响应周围环境空气中单一或多种可燃气体、易燃液体蒸气的一种探测器，探测危险值取定在爆炸下限的 20% 以下，即可发出警报。

由于气体具有流动性、扩散性等，探测器位置取决于气体的比重。若用于探测比空气重的可燃气体，探测器距地 50 cm 即可，探测比空气轻的可燃气体，探测器可设在天花板附近。

(5) 复合式探测器基本原理

复合式探测器是由两种或两种以上不同原理的传感器，按一定的工作方式组合而成的火灾探测器。

12.4.3 火灾自动报警系统设置要求

(1) 工业和公共场所

下列建筑或场所应设置火灾自动报警系统：

1) 任一层建筑面积大于 1 500 m^2 或总建筑面积大于 3 000 m^2 的制鞋、制衣、玩具、电子等类似用途的厂房。

2) 每座占地面积大于 1 000 m^2 的棉、毛、丝、麻、化纤及其制品的仓库，占地面积大于 500 m^2 或总建筑面积大于 1 000 m^2 的卷烟仓库。

3) 任一层建筑面积大于 1 500 m^2 或总建筑面积大于 3 000 m^2 的商店、展览、财贸金融、客运和货运等类似用途的建筑，总建筑面积大于 500 m^2 的地下或半地下商店。

4) 图书或文物的珍藏库，每座藏书超过 50 万册的图书馆，重要的档案馆。

5) 地市级及以上广播电视建筑、邮政建筑、电信建筑，城市或区域性电力、交通和防灾等指挥调度建筑。

6) 特等、甲等剧场，座位数超过 1 500 个的其他等级的剧场或电影院，座位数超过 2 000 个的会堂或礼堂，座位数超过 3 000 个的体育馆。

7）大、中型幼儿园的儿童用房等场所，任一层建筑面积大于 1 500 m^2 或总建筑面积大于 3 000 m^2 的疗养院的病房楼、旅馆建筑和其他儿童活动场所，不少于 200 张床位的医院门诊楼、病房楼和手术室等，老年人照料设施中的老年人用房及其公共走道，均应设置火灾探测器和声报警装置或消防广播。

8）歌舞、娱乐、放映、游艺场所。

9）净高大于 2.6 m 且可燃物较多的技术夹层，净高大于 0.8 m 且有可燃物的闷顶或吊顶内。

10）电子信息系统的主机房及其控制室、记录介质库，特殊贵重或火灾危险性大的机器、仪表、仪器设备室和贵重物品库房。

11）二类高层公共建筑内建筑面积大于 50 m^2 的可燃物品库房和建筑面积大于 500 m^2 的营业厅。

12）其他一类高层公共建筑。

13）设置机械防烟排烟系统，雨淋或预作用自动喷水灭火系统，固定消防水炮灭火系统等需与火灾自动报警系统联动的场所或部位。

14）工业生产、储存，公共建筑中可能散发可燃蒸气或气体，并存在爆炸危险的场所与部位，丙、丁类厂房、仓库中存储或使用燃气加工的部位，以及公共建筑中的燃气锅炉房等场所，均应设置可燃气体探测报警装置。

（2）住宅建筑

1）建筑高度大于 100 m 的住宅建筑，应设置火灾自动报警系统。

2）建筑高度大于 54 m 但小于等于 100 m 的住宅建筑，其公共部位应设置火灾自动报警系统，套内宜设置火灾探测器。

3）建筑高度小于等于 54 m 的高层住宅建筑，其公共部位宜设置火灾自动报警系统。当设置需联动控制的消防设施时，公共部位应设置火灾自动报警系统。

4）高层住宅建筑的公共部位应设置具有语音功能的火灾声报警装置或应急广播。

第 13 讲

灭火系统

建筑（或其他公共场所）按照法律法规的规定，应设置主动（自动）灭火系统，一般包括室内外消火栓系统、自动喷水灭火系统、泡沫灭火系统、干粉灭火系统和气体灭火系统等。体现在设计阶段，灭火系统涉及消防给水和其他消防设施设计，应充分考虑建筑的类型及火灾危险性、建筑高度、使用人员的数量与特性、发生火灾可能产生的危害和影响、建筑的周边环境条件和需配置的消防设施的适用性，使之能快速灭火、及时排烟，从而保障人员及建筑的消防安全。

本讲概要介绍几种消防安全中常见的灭火系统，使学习者对这些系统进行了解，并做到工作中能够及时、准确地使用、管理与维护，从而实现它们应有的消防安全作用。

13.1 室内外消火栓系统

消火栓系统是指为建筑消防服务的以消火栓为给水点、以水为主要灭火剂的消防给水系统，因此也被称为消火栓给水系统，由消火栓、给水管道、供水设施等组成。按照设置的位置，消火栓给水系统可分为室外消火栓系统和室内消火栓系统。

13.1.1 室外消火栓系统

室外消火栓系统的任务是通过室外消火栓为消防车等消防设备提供消防用水，或通过进户管为室内消防给水设备提供消防用水，应能够满足火灾扑救时各种消防用水设备对水量、水压、水质的基本要求。室外消火栓系统由消防水源、消防供水设备、室外消防给水管网和室外消火栓灭火设施组成。其中，消防水源包括市政给水管网、天然水源和消防水池等；消防供水设备包括消防水泵、消防水箱、水泵接合器等；室外消防给水管网包括进水管、干管和相应的配件、附件等；室外消火栓灭火设施包括室外消火栓、水带、水枪等。

（1）系统分类

1）常高压消防给水系统。常高压消防给水系统水压和流量在任何时间和地点均应能满足灭火时所需的压力和流量，系统管网内不需要设置加压设备。当火灾发生后，现场的人员可通过该系统直接连接水带、水枪，打开消火栓的阀门即可直接出水灭火。

2）临时高压消防给水系统。在临时高压消防给水系统中，系统设有消防泵，平时管网内压力较低。当火灾发生后，现场的人员连接水带、水枪后，打开消火栓的阀门，通知水泵房启动消防泵，使管网内的压力达到高压消防给水系统的水压要求。

3）低压消防给水系统。低压消防给水系统管网内的水压较低，当火灾发生后，消防队员打开最近的室外消火栓，将消防车与室外消火栓连接，从室外管网内吸水加入消防车内，然后再利用消防车直接加压灭火，或者消防车通过水泵接合器向室内管网内加压供水。

（2）系统设置范围和要求

1）设置范围：

①在城市、居住区、工厂、仓库等的规划和建筑设计时，必须同时设计消防给水系统。城市、居住区应设市政消火栓。

②民用建筑、厂房（仓库）、储罐（区）、堆场应设室外消火栓。

③耐火等级不低于二级，且建筑物体积小于等于 3 000 m^3 的戊类厂房或居住区，以及人数不超过 500 人且建筑物层数不超过两层

的居住区，可不设置室外消防给水。

2）设置要求：

①室外消火栓应沿道路设置，当道路宽度大于60 m时，宜在道路两边设置消火栓，并宜靠近十字路口。

②甲、乙、丙类液体储罐区和液化石油气储罐区的消火栓应设置在防火堤或防护墙外，距罐壁15 m范围内的消火栓，不应计算在该罐可使用的数量内。

③室外消火栓的间距应不大于120 m。

④室外消火栓的保护半径应不大于150 m，在市政消火栓保护半径150 m以内，当室外消防用水量小于等于15 L/s时，可不设置室外消火栓。

⑤室外消火栓的数量应按其保护半径和室外消防用水量等综合计算确定，每个室外消火栓的用水量应按10～15 L/s计算，与保护对象的距离为5～40 m的市政消火栓，可计入室外消火栓的数量内。

⑥室外消火栓宜采用地上式消火栓。地上式消火栓应有1个DN150 mm或DN100 mm和2个DN65 mm的栓口。采用室外地下式消火栓时，应有DN100 mm和DN65 mm的栓口各1个。寒冷地区设置的室外消火栓应有防冻措施。

⑦消火栓距路边应不大于2 m，距房屋外墙不宜小于5 m。

⑧工艺装置区内的消火栓应设置在工艺装置的周围，其间距不宜大于60 m，当工艺装置区宽度大于120 m时，宜在该装置区内的道路边设置消火栓。

⑨建筑的室外消火栓、阀门、消防水泵接合器等设置地点应设置相应的永久性固定标识。

⑩寒冷地区设置市政消火栓、室外消火栓确有困难的，可设置水鹤等为消防车加水的设施，其保护范围可根据需要确定。

13.1.2 室内消火栓系统

(1) 系统构成

室内消火栓系统主要由消防给水基础设施、消防给水管网、室内消火栓设备、报警控制设备及系统附件组成。

1) 消防给水基础设施。消防给水基础设施主要包括市政消防管网、室外消防给水管网、室外消火栓、消防水池、消防水泵、消防水箱、消防水池、增压稳压设备、水泵接合器等。

2) 消防给水管网。消防给水管网主要包括进水管、水平干管、消防竖管等。

3) 室内消火栓设备。室内消火栓设备主要包括室内消火栓箱、室内消火栓、水带、水枪等。

4) 报警控制设备。报警控制设备主要用于启动消防水泵，并控制系统工作状态。

5) 系统附件。系统附件主要包括各种阀门、屋顶消火栓等。

高层民用建筑以及设有消火栓给水系统且为平屋顶的高层工业建筑和低层建筑，应设屋顶消火栓。屋顶消火栓用于消防员定期检查室内消火栓给水系统的供水压力以及建筑物内消防给水设备的性能，还可对建筑物发生火灾时进行灭火和冷却之用。

(2) 室内消火栓设备

1) 室内消火栓箱。室内消火栓箱一般由室内消火栓、消防水带、消防水枪、火灾报警按钮（或消防电话、消防水喉、灭火器）等组成。室内消火栓箱可分为明装与暗装，根据有关标准要求，箱体尺寸：单栓为 600 mm×800 mm；双栓为 750 mm×1 200 mm；栓口距地面高 1.1 m。栓口向外与墙成直角，颜色为“消防红”，用不燃材料制作，如普通金属、不锈钢、铝合金、石材等。如图 13-1 所示为卷盘式暗装室内消火栓箱。

2) 室内消火栓。室内消火栓是指安装在室内消防管网向火场供

图 13-1　卷盘式暗装室内消火栓箱

水并带有专用接口的阀门，其进水口与消防管道相连，出水口与水带连接。室内消火栓可分为 SN 直角单出口、SN45°单出口和 SNS45°双出口。一般不推荐使用双出口消火栓，若使用，要求每个出口必须设有单独控制阀门。

消火栓栓口直径有 50 mm 和 65 mm 两种：消防水枪出口流量小于 5 L/s 时，可选用直径为 50 mm 的栓口；消防水枪出口流量大于 5 L/s时，宜选用直径为 65 mm 的栓口。高层建筑室内消火栓栓口直径应为 65 mm。如图 13-2 所示分别为单出口、双出口室内消火栓。

图 13-2　室内消火栓

3）消防水带。室内消火栓配备的消防水带直径为 65 mm 或 50 mm。每个消火栓配备一条（盘）消防水带，消防水带两头为内扣式标准接口，长度为 20 m，最长应不大于 25 m，消防水带一头与消火栓出口连接，另一头与消防水枪连接。如图 13-3 所示为消防水带。

4）消防水枪。室内消火栓配备的消防水枪，其喷嘴直径有 13 mm、16 mm、19 mm 三种：13 mm 消防水枪与 50 mm 消防水带配套；16 mm 消防水枪与 50 mm 或 65 mm 的消防水带配套；19 mm 消防水枪与 65 mm 消防水带配套。一般情况下，当每支消防水枪最小流量不大于 5 L/s 时，可选用口径 16 mm 以下消防水枪；当每支消防水枪最小流量大于 5 L/s 时，宜选用口径 19 mm 消防水枪。如图 13-4 所示为消防水枪。

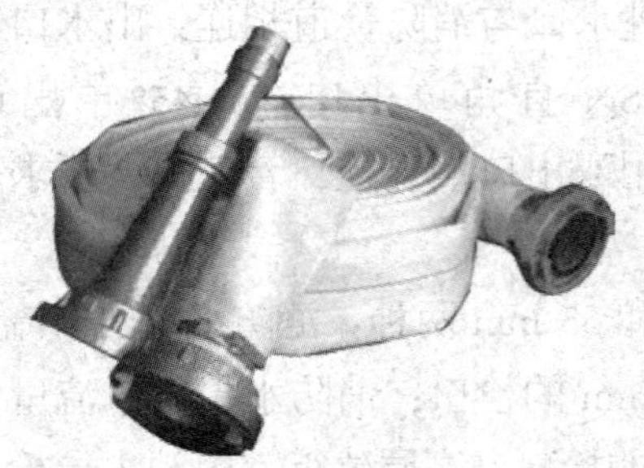

图 13-3　消防水带

图 13-4　消防水枪

（3）系统工作原理

室内消火栓系统的工作原理与系统的给水方式有关，通常是针对建筑消防给水系统采用的临时高压消防给水系统。

在临时高压消防给水系统中，系统设有消防泵和高位消防水箱。当火灾发生后，现场人员可打开消火栓箱，将消防水带与消火栓栓口连接，打开消火栓的阀门，按下消火栓箱内的启动按钮，消火栓即可投入使用。消火栓箱内的按钮直接启动消火栓泵，并向消防控制中心报警。在供水的初期，由于消火栓泵的启动有一定的时间，其初期供水由高位消防水箱来供水。对于消火栓泵的启动，还可由消防泵现场、消防控制中心启动，消火栓泵一旦启动后不得自动停泵，停泵只能由现场手动控制。

（4）系统设置范围和要求

1）设置范围：

①建筑占地面积大于 300 m^2 的厂房和仓库。

②高层公共建筑和建筑高度大于 21 m 的住宅建筑。建筑高度不大于 27 m 的住宅建筑，设置室内消火栓系统确有困难时，可只设置干式消防竖管和不带消火栓箱的 DN65 mm 的室内消火栓。

③体积大于 5 000 m^3 的车站、码头、机场的候车（船、机）、展览、商店、旅馆、医疗和图书馆等单、多层建筑。

④特等、甲等剧场，超过 800 个座位的其他等级的剧场和电影院等以及超过 1 200 个座位的礼堂、体育馆等单、多层建筑。

⑤建筑高度大于 15 m 或体积大于 10 000 m^3 的办公、教学和其他单、多层民用建筑。

2）设置要求：

①设有消防给水的建筑物，其各层（无可燃物的设备层除外）均应设置消火栓。

②室内消火栓的布置应保证有两支消防水枪的充实水柱同时到达室内任何部位。

③室内消火栓应设在明显易于取用的地点，栓口离地面的高度为 1.1 m，其出水方向宜向下或与设置消火栓的墙面成 90°角。

④建筑高度小于或等于 24 m 且体积小于或等于 5 000 m^3 的库房，可采用 1 支消防水枪的充实水柱到达室内任何部位。

⑤冷库的室内消火栓应设在常温穿堂或楼梯间内。

⑥设有室内消火栓的建筑，如为平屋顶时，宜在平屋顶面上设置试验和检查用的消火栓。

⑦消防电梯前室应设室内消火栓。

⑧室内消火栓的间距应由计算确定。

⑨单层和多层建筑室内消火栓的间距应不超过 50 m，高层厂房

(仓库)、高架仓库和甲、乙类厂房中室内消火栓的间距应不大于30 m，同一建筑物内应采用统一规格的消火栓、消防水枪和消防水带，每根消防水带的长度应不超过25 m。

⑩当高位消防水箱不能满足消火栓水压要求的建筑，应在每个室内消火栓处设置直接启动消防水泵的按钮，并应有保护设施。

⑪消火栓应采用同一型号规格。消火栓的栓口直径应为65 mm，消防水带长度应不超过25 m，消防水枪喷嘴口径应不小于19 mm。

⑫高层建筑的屋顶应设有一只装有压力显示装置的检查用消火栓，采暖地区可设在顶层出口处或水箱间内。

⑬屋顶直升机停机坪和超高层建筑避难层、避难区应设置室内消火栓。

13.1.3　消防用水量、消防水源

(1) 消防用水量

1) 工厂、仓库、堆场、储罐区或民用建筑的室外消防给水用水量，应按同一时间内的火灾起数和一起火灾扑救确定室外消防给水用水量。同一时间内的火灾起数应符合下列规定：

①工厂、堆场或储罐区等，当占地面积小于等于1×10^6 m^2，且附有居住区人数小于等于1.5万人时，同一时间内的火灾起数应按1起确定；当占地面积小于等于1×10^6 m^2，且附有居住区人数大于1.5万人时，同一时间内的火灾起数应按2起确定，居住区应计1起，工厂、堆场或储罐区应计1起。

②工厂、堆场或储罐区等，当占地面积大于1×10^6 m^2，同一时间内的火灾起数应按2起确定，工厂、堆场或储罐区应计1起，工厂、堆场或储罐区的附属建构筑应计1起。

③仓库和民用等建筑，当总建筑面积小于等于5×10^5 m^{2}时，同一时间内的火灾起数应按1起确定；当总建筑面积大于5×10^5 m^{2}时，同一时间内的火灾起数应按2起确定；多栋建筑时，应按需水量大

的两栋各计1起，当为单栋建筑时，应按一半建筑体量计2起。

2）一起火灾灭火消防给水设计流量，应由建筑的室外消火栓系统、室内消火栓系统、自动喷水灭火系统、泡沫灭火系统、水喷雾灭火系统、固定消防炮灭火系统、固定冷却水系统等需要同时作用的各种水灭火系统的设计流量组成，并应符合下列规定：

①应按需要同时作用的水灭火系统设计流量之和确定。

②两栋及以上建筑合用时，应按其中设计流量大的一栋确定。

③当消防给水与生活、生产给水合用时，合用给水的设计流量应为消防给水设计流量与生活、生产最大流量之和，其中生活最大流量在计算时，淋浴用水量按15%计，浇洒及洗刷等火灾时能停用的用水量可不计。

（2）消防水源

市政给水、消防水池、消防水箱、天然水源等可作为消防水源，雨水清水池、中水清水池、水景和游泳池可作为备用消防水源。

1）市政给水。当市政给水管网能满足两路消防连续供水时，消防给水系统可采用市政给水管网直接供水。

2）消防水池。应设消防水池的情形包括：当生产、生活用水量达到最大，市政给水管网或引入管不能满足室内外消防用水量时；当采用一路消防供水或只有一条引入管，且室外消火栓设计流量大于20 L/s或建筑高度大于50 m时；或市政消防给水设计流量小于建筑的消防给水设计流量时。

不同建（构）筑物设置的消防水池，其有效容量应根据国家相关消防技术标准经计算确定。其设置要求如下：

①当室外给水管网能保证室外消防用水量时，消防水池的有效容量应满足在火灾延续时间内建（构）筑物室内消防用水量要求。

②当室外给水管网不能保证室外消防用水量时，消防水池的有效容量应满足在火灾延续时间内建（构）筑物室内外消防用水量不足部分之和的要求。

③在火灾情况下能保证连续补水时，消防水池的容量可以减去火灾延续时间内补充的水量，消防水池的补水时间不宜超过 48 h。消防水池总容积超过 500 m^3 时，应分成两个能独立使用的消防水池。

④对于消防水池，当消防用水与其他用水合用时，应有保证消防用水不被他用的技术措施。

3）消防水箱。临时高压消防给水系统的高位消防水箱的有效容积应满足初期火灾消防用水量的要求，并应符合下列规定：

①一类高层公共建筑应不小于 36 m^3，但当建筑高度大于 100 m 时，应不小于 50 m^3；当建筑高度大于 150 m 时，应不小于 100 m^3。

②多层公共建筑、二类高层公共建筑和一类高层住宅应不小于 18 m^3；当一类高层住宅建筑高度超过 100 m 时，应不小于 36 m^3。

③二类高层住宅应不小于 12 m^3。

④建筑高度大于 21 m 的多层住宅应不小于 6 m^3。

⑤当工业建筑室内消防给水设计流量小于或等于 25 L/s 时，应不小于 12 m^3，大于 25 L/s 时，应不小于 18 m^3。

⑥总建筑面积大于 1×10^4 m^2 且小于 3×10^4 m^2 的商业建筑，应不小于 36 m^3，总建筑面积大于 3×10^4 m^2 的商店，应不小于 50 m^3，当与第①项规定不一致时应取较大值。

13.2 自动喷水灭火系统

自动喷水灭火系统是由洒水喷头、报警阀组、水流报警装置（水流指示器或压力开关）等组件，以及管道、供水设施组成，能在发生火灾时喷水的自动灭火系统。自动喷水灭火系统在保护人身和财产安全方面具有安全可靠、经济实用、灭火成功率高等优点，被广泛应用于工业建筑和民用建筑。

13.2.1 系统的分类与组成

根据所使用喷头的型式，自动喷水灭火系统分为闭式自动喷水灭火系统和开式自动喷水灭火系统两大类；根据系统的用途和配置状况，自动喷水灭火系统又分为湿式、干式、雨淋式、水幕式、预作用式和循环式，以及各类型的综合的型式等，如图13-5所示。以下简单介绍常见的湿式、干式、预作用式、雨淋式和水幕式自动喷水灭火系统。

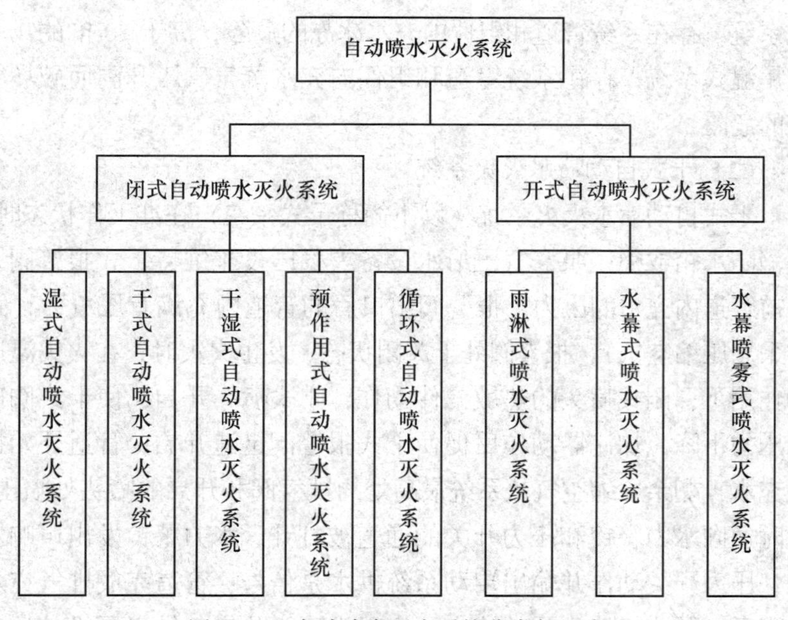

图13-5 自动喷水灭火系统分类与组成

（1）湿式自动喷水灭火系统

湿式自动喷水灭火系统（以下简称湿式系统）在准工作状态时，由消防水箱或稳压泵、气压给水设备等稳压设施维持管道内充水的压力。发生火灾时，在火灾温度的作用下，闭式喷头的热敏元件动作，喷头开启并开始喷水。此时，管网中的水由静止变为流动，水流指示器动作送出电信号，在报警控制器上显示某一区域喷水的信息。由于持续喷水泄压造成湿式报警阀的上部水压低于下部水压，在压力差的作用下，原来处于关闭状态的湿式报警阀自动开启。此时压力水通过湿式报警阀流向管网，同时打开通向水力警铃的通道，延迟器充满水后，水力警铃发出声响警报，压力开关动作并输出启动供水泵的信号。供水泵投入运行后，完成系统的启动过程。

湿式系统是应用最为广泛的自动喷水灭火系统，适合在环境温度不低于 4 ℃并不高于 70 ℃的环境中使用。低于 4 ℃的场所使用湿式系统，存在系统管道和组件内充水冰冻的危险；高于 70 ℃的场所采用湿式系统，存在系统管道和组件内充水蒸气气压升高而破坏管道的危险。

（2）干式自动喷水灭火系统

干式自动喷水灭火系统（以下简称干式系统）在准工作状态时，由消防水箱或稳压泵、气压给水设备等稳压设施维持干式报警阀入口前管道内充水的压力，报警阀出口后的管道内充满有压气体（通常采用压缩空气），报警阀处于关闭状态。发生火灾时，在火灾温度的作用下，闭式喷头的热敏元件动作，闭式喷头开启，使干式阀出口压力下降，加速器动作后促使干式报警阀迅速开启，管道开始排气充水，剩余压缩空气从系统最高处的排气阀和开启的喷头处喷出，此时通向水力警铃和压力开关的通道被打开，水力警铃发出声响警报，压力开关动作并输出启动系统供水泵信号；管道完成排气充水过程后，开启的喷头开始喷水。从闭式喷头开启至供水泵投入运行前，由消防水箱、气压给水设备或稳压泵等供水设施为系统的配水管道充水。

干式系统适用于环境温度低于 4 ℃，或高于 70 ℃的场所。干式系统虽然解决了湿式系统不适用于高、低温环境场所的问题，但由于准工作状态时配水管道内没有水，喷头动作、系统启动时必须经过一个管道排气充水的过程，因此会出现喷水滞后现象，不利于系统及时灭火。

（3）预作用式自动喷水灭火系统

预作用式自动喷水灭火系统（以下简称预作用系统）由闭式喷头、雨淋阀组、水流报警装置、供水与配水管道、充气设备和供水设施等组成，在准工作状态时配水管道内不充水，由火灾报警系统自动开启雨淋阀后，转换为湿式系统。预作用系统与湿式系统、干式系统的不同之处在于系统采用雨淋阀，并配套设置火灾自动报警系统。

预作用系统可消除干式系统在喷头开放后延迟喷水的弊病，因此可在低温和高温环境中替代干式系统。系统处于准工作状态时，在严禁管道漏水、严禁系统误喷的忌水场所，应采用预作用系统。

（4）雨淋式自动喷水灭火系统

雨淋式自动喷水灭火系统（以下简称雨淋系统）由开式喷头、雨淋阀组、水流报警装置、供水与配水管道以及供水设施等组成，与前几种系统的不同之处在于，雨淋系统采用开式喷头，由雨淋阀控制喷水范围，由配套的火灾自动报警系统或传动管系统启动雨淋阀。雨淋系统有电动系统和液动或气动系统两种常用的自动控制方式。

水幕系统处于准工作状态时，由消防水箱或稳压泵、气压给水设备等稳压设施维持雨淋阀入口前管道内充水的压力。发生火灾时，由火灾自动报警系统或传动管控制，自动开启雨淋报警阀和供水泵，向系统管网供水，由雨淋阀控制的开式喷头同时喷水。

雨淋系统的喷水范围由雨淋阀控制，在系统启动后立即大面积喷水。因此，雨淋系统主要适用于需大面积喷水、快速扑灭火灾的特别危险场所。在火灾的水平蔓延速度快、闭式喷头的开放不能及时使喷水有效覆盖着火区域，或室内净空高度超过一定高度，且必须迅速扑救初期火灾的，或属于严重危险级的场所，应采用雨淋系统。

(5) 水幕式自动喷水灭火系统

水幕式自动喷水灭火系统（以下简称水幕系统）由开式洒水喷头或水幕喷头、雨淋报警阀组或感温雨淋阀、供水与配水管道、控制阀以及水流报警装置（水流指示器或压力开关）等组成，与前几种系统不同的是，水幕系统不具备直接灭火的能力，主要用于挡烟阻火和冷却分隔物，因此可分为防火分隔水幕系统和防护冷却水幕系统。

水幕系统处于准工作状态时，由消防水箱或稳压泵、气压给水设备等稳压设施维持管道内充水的压力。发生火灾时，由火灾自动报警系统联动开启雨淋报警阀组和供水泵，向系统管网和喷头供水。

防火分隔水幕系统利用密集喷洒形成的水墙或多层水帘，可封堵防火分区处的孔洞，阻挡火灾和烟气的蔓延，因此适用于局部防火分隔处。防护冷却水幕系统则利用喷水并在物体表面形成的水膜，控制防火分区处分隔物的温度，使分隔物的完整性和隔热性免遭火灾破坏。

13.2.2 系统设置场所

(1) 厂房和生产部位

除不宜用水保护或灭火的场所外，下列厂房或生产部位应设置自动灭火系统，并宜采用自动喷水灭火系统：

1）不小于 50 000 锭的棉纺厂的开包、清花车间，不小于 5 000 锭的麻纺厂的分级、梳麻车间，火柴厂的烤梗、筛选部位。

2）占地面积大于 1 500 m^2 或总建筑面积大于 3 000 m^2 的单、多层制鞋、制衣、玩具及电子等类似的生产厂房。

3）占地面积大于 1 500 m^2 的木器厂房。

4）泡沫塑料厂的预发、成形、切片、压花部位。

5）高层乙、丙类厂房。

6）建筑面积大于 500 m^2 的地下或半地下丙类厂房。

（2）仓库

除不宜用水保护或灭火的仓库外，下列仓库应设置自动灭火系统，并宜采用自动喷水灭火系统：

1）每座占地面积大于 1 000 m^2 的棉、毛、丝、麻、化纤、毛皮及其制品的仓库，单层占地面积大于 2 000 m^2 的棉花库房。

2）每座占地面积大于 600 m^2 的火柴仓库。

3）邮政建筑内建筑面积大于 500 m^2 的空邮袋库。

4）可燃、难燃物品的高架仓库和高层仓库。

5）设计温度高于 0 ℃的高架冷库，设计温度高于 0 ℃且每个防火分区建筑面积大于 1 500 m^2 的非高架冷库。

6）总建筑面积大于 500 m^2 的可燃物品地下仓库。

7）每座占地面积大于 1 500 m^2 或总建筑面积大于 3 000 m^2 的其他单层或多层丙类物品仓库。

（3）高层民用建筑或场所

除不宜用水保护或灭火的场所外，下列高层民用建筑或场所应设置自动灭火系统，并宜采用自动喷水灭火系统：

1）一类高层公共建筑（除游泳池、溜冰场外）及其地下、半地下室。

2）二类高层公共建筑及其地下、半地下室的公共活动用房、走道、办公室和旅馆的客房、可燃物品库房、自动扶梯底部。

3）高层民用建筑内的歌舞、娱乐、放映、游艺场所。

4）建筑高度大于 100 m 的住宅建筑。

（4）多层民用建筑或场所

除不宜用水保护或灭火的场所外，下列单、多层民用建筑或场所应设置自动灭火系统，并宜采用自动喷水灭火系统：

1）特等、甲等剧场，超过 1 500 个座位的其他等级的剧场，超过 2 000 个座位的会堂或礼堂，超过 3 000 个座位的体育馆，超过 5 000 人的体育场的室内人员休息室与器材间等。

2）任一层建筑面积大于 1 500 m² 或总建筑面积大于 3 000 m² 的展览、商店、餐饮和旅馆建筑以及医院中同样建筑规模的病房楼、门诊楼和手术室。

3）设置送回风道（管）的集中空气调节系统且总建筑面积大于 3 000 m² 的办公建筑等。

4）藏书量超过 50 万册的图书馆。

5）大、中型幼儿园，老年人照料设施。

6）总建筑面积大于 500 m² 的地下或半地下商店。

7）设置在地下或半地下或地上四层及以上楼层的歌舞、娱乐、放映、游艺场所（除游泳场所外），设置在首层、二层和三层且任一层建筑面积大于 300 m² 的地上歌舞、娱乐、放映、游艺场所（除游泳场所外）。

13. 3　泡沫灭火系统

13. 3. 1　系统组成和分类

（1）系统的组成

泡沫灭火系统主要由泡沫液、泡沫消防水泵、泡沫混合液泵、泡沫液泵、泡沫比例混合器（装置）、压力容器、泡沫产生装置、火灾探测与启动控制装置、控制阀门及管道等组成。

工程中除了泡沫灭火系统组件、消防冷却水系统组件外，还会有较多的工艺组件，为避免因混淆而导致救火人员忙乱中误操作，工艺组件的涂色有统一要求。系统主要组件宜按下列规定涂色：

1）泡沫混合液泵、泡沫液泵、泡沫液储罐、泡沫产生器、泡沫液管道、泡沫混合液管道、泡沫管道、管道过滤器宜涂红色。

2）泡沫消防水泵、给水管道宜涂绿色。

3）当管道较多，泡沫系统管道与工艺管道涂色有矛盾时，可涂相应的色带或色环。

4）隐蔽工程管道可不涂色。

（2）系统的分类

1）按照发泡倍数不同，泡沫灭火系统可分为低倍数泡沫灭火系统、中倍数泡沫灭火系统、高倍数泡沫灭火系统。

2）泡沫灭火系统按照固定方式不同分为固定式、半固定式、移动式泡沫灭火系统。

3）低倍数泡沫灭火系统按型式不同和性能不同可分为：

①储罐区低倍数泡沫灭火系统，按喷射形式又可分为液上喷射泡沫灭火系统、液下喷射泡沫灭火系统和半液下喷射泡沫灭火系统。

②泡沫—水喷淋系统、闭式泡沫—水喷淋系统、泡沫—水雨淋系统、泡沫—水喷雾系统，按型式不同又可分为湿式系统、干式系统和预作用系统。

③泡沫枪、泡沫炮系统。

④泡沫消火栓系统。

13.3.2 系统型式的选择

（1）低倍数泡沫灭火系统

1）甲、乙、丙类液体储罐固定式、半固定式或移动式泡沫灭火系统的选择，应符合国家现行有关标准的规定。

2）储罐区低倍数泡沫灭火系统的选择，应符合下列规定：

①非水溶性甲、乙、丙类液体固定顶储罐，应选用液上喷射、液下喷射或半液下喷射系统。

②水溶性甲、乙、丙类液体和其他对普通泡沫有破坏作用的甲、乙、丙类液体固定顶储罐，应选用液上喷射系统或半液下喷射系统。

③外浮顶和内浮顶储罐应选用液上喷射系统。

④非水溶性液体外浮顶储罐、内浮顶储罐、直径大于18 m的固定顶储罐及水溶性甲、乙、丙类液体立式储罐，不得选用泡沫炮作

为主要灭火设施。

⑤高度大于 7 m 或直径大于 9 m 的固定顶储罐，不得选用泡沫枪作为主要灭火设施。

3）储罐区泡沫灭火系统扑救一次火灾的泡沫混合液设计用量，应按罐内用量、该罐辅助泡沫枪用量、管道剩余量三者之和最大的储罐确定。

4）设置固定式泡沫灭火系统的储罐区，应配置用于扑救液体流散火灾的辅助泡沫枪，泡沫枪的数量及其泡沫混合液连续供给时间不应小于表 13-1 的规定。每支辅助泡沫枪的泡沫混合液流量不应小于 240 L/min。

表 13-1　　泡沫枪数量及其泡沫混合液连续供给时间

储罐直径/m	配备泡沫枪数/支	连续供给时间/min
≤10	1	10
>10 且≤20	1	20
>20 且≤30	2	20
>30 且≤40	2	30
>40	3	30

5）当储罐区固定式泡沫灭火系统的泡沫混合液流量大于或等于 100 L/s 时，系统的泵、比例混合装置及其管道上的控制阀、干管控制阀宜具备远程控制功能。

6）在固定式泡沫灭火系统的泡沫混合液主管道上应留出泡沫混合液流量检测仪器的安装位置；在泡沫混合液管道上应设置试验检测口；在防火堤外侧最不利和最有利水力条件处的管道上，宜设置供检测泡沫产生器工作压力的压力表接口。

7）储罐区固定式泡沫灭火系统与消防冷却水系统合用一组消防给水泵时，应有保障泡沫混合液供给强度满足设计要求的措施，且不得以火灾时临时调整的方式保障。

8）采用固定式泡沫灭火系统的储罐区，宜沿防火堤外均匀布置泡沫消火栓，且泡沫消火栓的间距应不大于 60 m。

9）储罐区固定式泡沫灭火系统应具备半固定式系统功能。

10）固定式泡沫灭火系统的设计应满足在泡沫消防水泵或泡沫混合液泵启动后，将泡沫混合液或泡沫输送到保护对象的时间应不大于 5 min。

（2）中倍数泡沫灭火系统

1）全淹没与局部应用系统及移动式系统。全淹没系统可用于小型封闭空间场所与设有阻止泡沫流失的固定围墙或其他围挡设施的小场所。

①局部应用系统可用于的场所有：四周不完全封闭的 A 类火灾场所；限定位置的流散 B 类火灾场所；固定位置面积不大于 100 m^2 的流淌 B 类火灾场所。

②移动式系统可用于的场所有：发生火灾的部位难以确定或人员难以接近的较小火灾场所；流散的 B 类火灾场所；不大于 100 m^2 的流淌 B 类火灾场所。

2）油罐固定式中倍数泡沫灭火系统：

①丙类固定顶与内浮顶油罐，单罐容量小于 10 000 m^3 的甲、乙类固定顶与内浮顶油罐，当选用中倍数泡沫灭火系统时，宜为固定式。

②油罐中倍数泡沫灭火系统应采用液上喷射形式，且保护面积应按油罐的横截面积确定。

③系统扑救一次火灾的泡沫混合液设计用量，应按罐内用量、该罐辅助泡沫枪用量、管道剩余量三者之和最大的油罐确定。

④系统泡沫混合液供给强度应不小于 4 L/（min · m^2），连续供给时间应不小于 30 min。

⑤设置固定式中倍数泡沫灭火系统的油罐区，宜设置低倍数泡沫枪；当设置中倍数泡沫枪时，其数量与连续供给时间，应不小于

表 13-2 的规定。

表 13-2　　中倍数泡沫枪数量和连续供给时间

油罐直径/m	泡沫枪流量/（L/s）	泡沫枪数量/支	连续供给时间/min
≤10	3	1	10
>10 且≤20	3	1	20
>20 且≤30	3	2	20
>30 且≤40	3	2	30
>40	3	3	30

⑥泡沫产生器应沿罐体周围均匀布置，当泡沫产生器数量大于或等于 3 个时，可每两个产生器共用一根管道引至防火堤外。

（3）高倍数泡沫灭火系统

1）全淹没系统或固定式局部应用系统应设置火灾自动报警系统，并应符合下列规定：

①全淹没系统应同时具备自动、手动和应急机械手动启动功能。

②自动控制的固定式局部应用系统应同时具备手动和应急机械手动启动功能；手动控制的固定式局部应用系统尚应具备应急机械手动启动功能。

③消防控制中心（室）和防护区应设置声光报警装置。

④消防自动控制设备宜与防护区内门窗的关闭装置、排气口的开启装置，以及生产、照明电源的切断装置等联动。

2）当系统以集中控制方式保护两个或两个以上的防护区时，其中一个防护区发生火灾不应危及其他防护区；泡沫液和水的储备量应按最大一个防护区的用量确定；手动与应急机械控制装置应有标明其所控制区域的标记。

3）高倍数泡沫产生器的设置应符合下列规定：

①高度应在泡沫淹没深度以上。

②宜接近保护对象，但其位置应免受爆炸或火焰损坏。

③应使防护区形成比较均匀的泡沫覆盖层。

④应便于检查、测试及维修。

⑤当泡沫产生器在室外或坑道应用时，应采取防止风对泡沫产生器发泡和泡沫分布产生影响的措施。

4）当高倍数泡沫产生器的出口设置导泡筒时，应符合下列规定：

①导泡筒的横截面积宜为泡沫产生器出口横截面积的1.05～1.10倍。

②当导泡筒上设有闭合器件时，其闭合器件不得阻挡泡沫的通过。

5）固定安装的高倍数泡沫产生器前应设置管道过滤器、压力表和手动阀门。

6）固定安装的泡沫液桶（罐）和比例混合器不应设置在防护区内。

7）系统干式水平管道最低点应设置排液阀，且坡向排液阀的管道坡度不宜小于3‰。

8）系统管道上的控制阀门应设置在防护区以外，自动控制阀门应具有手动启闭功能。

13.4 干粉灭火系统

13.4.1 系统及其组成与分类

（1）灭火机理

干粉灭火剂的主要灭火机理是阻断燃烧链式反应，即化学抑制作用。同时，干粉灭火剂的基料在火焰的高温作用下将会发生一系列的分解反应，这些反应都是吸热反应，可吸收火焰的部分热量。而这些分解反应产生的一些非活性气体如二氧化碳、水蒸气等，对燃烧的氧浓度也具有稀释作用。干粉灭火剂具有灭火效率高、灭火速度快、绝缘性能好、腐蚀性小，且不会对生态环境产生危害等一系列优点。

干粉灭火系统是传统的四大固定式灭火系统（水、气体、泡沫、干粉）之一，应用广泛。近年来，由于卤代烷对大气臭氧层的破坏作用，消防界正在探索卤代烷灭火系统的替代技术，而干粉灭火系统正是应用较成熟的该类技术之一。

干粉灭火系统主要用于扑救可燃气体、可燃液体火灾和可燃固体的表面火灾及带电设备的火灾。

（2）系统组成

干粉灭火系统是借助稀有气体的驱动，携带干粉灭火剂形成气粉两相混合流，通过管道输送，经喷嘴喷出实施灭火的固定式或半固定式灭火系统。干粉灭火系统由干粉灭火设备和自动控制设备两大部分组成，前者由干粉储罐、动力气瓶、减压阀、输粉管道以及喷嘴等组成，后者由火灾探测器、启动瓶、报警控制器等组成。

（3）系统的分类

1）按灭火方式，分为全淹没干粉灭火系统和局部应用干粉灭火系统，分别用于扑救封闭空间内的火灾和具体保护对象的火灾。

2）按设计情况，分为设计型干粉灭火系统、预制型干粉灭火系统。

3）按系统保护情况，分为组合分配干粉灭火系统、单元独立干粉灭火系统。

4）按驱动气体储存方式，分为储气式干粉灭火系统、储压式干粉灭火系统、燃气式干粉灭火系统。

13.4.2 系统型式的选择

（1）一般规定

干粉灭火系统按应用方式可分为全淹没灭火系统和局部应用灭火系统。

1）采用全淹没干粉灭火系统的防护区，应符合下列规定：

①喷放干粉时不能自动关闭的防护区开口，其总面积应不大于该防护区总内表面积的15%，且开口不应设在底面。

②防护区的围护结构及门、窗的耐火极限应不小于0.50 h，吊顶的耐火极限应不小于0.25 h；围护结构及门、窗的允许压力不宜小于1 200 Pa。

2）采用局部应用干粉灭火系统的保护对象应符合下列规定：

①保护对象周围的空气流动速度应不大于2 m/s。必要时，应采取挡风措施。

②在喷头和保护对象之间，喷头喷射角范围内不应有遮挡物。

③当保护对象为可燃液体时，液面至容器缘口的距离不得小于150 mm。

3）当防护区或保护对象有可燃气体或易燃、可燃液体供应源时，启动干粉灭火系统之前或同时，必须切断气体、液体的供应源。

4）可燃气体或易燃、可燃液体和可熔化固体火灾宜采用碳酸氢钠干粉灭火剂；可燃固体表面火灾应采用磷酸铵盐干粉灭火剂。

5）组合分配干粉灭火系统的灭火剂储存量应不小于所需储存量最多的一个防护区或保护对象的储存量。

6）组合分配干粉灭火系统保护的防护区与保护对象之和不得超过8个。当防护区与保护对象之和超过5个时，或者在喷放后48 h内不能恢复到正常工作状态时，灭火剂应有备用量。备用量应不小于系统设计的储存量，备用干粉储存容器应与系统管网相连，并能与主用干粉储存容器切换使用。

（2）全淹没干粉灭火系统

1）全淹没干粉灭火系统的灭火剂设计浓度不得小于0.65 kg/m^3。

2）灭火剂设计用量应按照相关国家标准的有关规定执行。

3）全淹没干粉灭火系统的干粉喷射时间应不大于30 s。

4）全淹没干粉灭火系统喷头布置，应使防护区内灭火剂分布均匀。

5）防护区应设泄压口，并宜设在外墙上，其高度应大于防护区净高的2/3。泄压口的面积应按照相关国家标准的有关规定执行。

（3）局部应用干粉灭火系统

1）局部应用干粉灭火系统的设计可采用面积法或体积法。当保护对象的着火部位是平面时，宜采用面积法；当采用面积法不能做到使所有表面被完全覆盖时，应采用体积法。

2）室内局部应用干粉灭火系统的干粉喷射时间应不小于30 s；室外或有复燃危险的室内局部应用干粉灭火系统的干粉喷射时间应不小于60 s。

3）当采用面积法设计时，应符合下列规定：

①保护对象计算面积应取被保护表面的垂直投影面积。

②架空型喷头应以喷头的出口至保护对象表面的距离确定其干粉输送速率和相应保护面积；槽边型喷头保护面积应由设计选定的干粉输送速率确定。

③干粉设计用量应按照相关国家标准的有关规定执行。

4）当采用体积法设计时，应符合下列规定：

①保护对象的计算体积应采用假定的封闭罩的体积。封闭罩的底应是实际底面；封闭罩的侧面及顶部当无实际围护结构时，它们至保护对象外缘的距离应不小于1.5 m。

②干粉设计用量应按照相关国家标准的有关规定执行。

③喷头的布置应使喷射的干粉完全覆盖保护对象，并应满足单位体积的喷射速率和设计用量的要求。

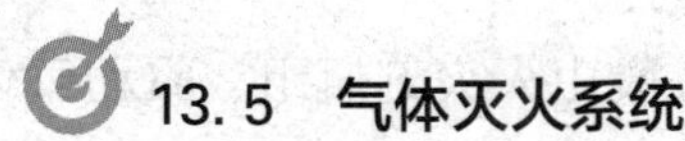

13.5 气体灭火系统

13.5.1 系统及其组成与分类

（1）系统及其组成

气体灭火系统是以一种或多种气体作为灭火介质，通过这些气体在整个防护区内或保护对象周围的局部区域建立起灭火浓度以实现灭火。气体灭火系统具有灭火效率高、灭火速度快、保护对象无污损等优点。气体灭火系统适用于扑救电气火灾、固体表面火灾、液体火灾和灭火前能切断气源的气体火灾，但是不适用于扑救的火灾有：硝化纤维、硝酸钠等氧化剂或含氧化剂的化学制品火灾；钾、镁、钠、钛、锆、铀等活泼金属火灾；氰化钾、氰化钠等金属氰化物火灾；过氧化氢、联胺等能自行分解的化学物质火灾；可燃固体物质的深位火灾。

气体灭火系统一般由灭火剂瓶组、驱动气体瓶组（可选）、单项阀、选择阀、驱动装置、集流管、连接管、喷头、信号反馈装置、安全泄放装置、控制盘、检漏装置、管道管件及吊钩支架等组成。

（2）系统的分类

1）按使用的灭火剂，分为七氟丙烷灭火系统、IG541混合气体灭火系统、热气溶胶预制灭火系统。

2）按系统的结构特点，分为无管网气体灭火系统、管网气体灭火系统。

3）按应用方式，分为全淹没气体灭火系统、局部应用气体灭火系统。

4）按加压方式，分为自压式气体灭火系统、内储压式气体灭火系统、外储压式气体灭火系统。

5）无管网气体灭火系统又可分为：

①柜式气体灭火装置。该装置一般由灭火剂瓶组、驱动气体瓶组（可选）、容器阀、减压装置（针对稀有气体灭火装置）、驱动装置、集流管（只限多瓶组）、连接管、喷头、信号反馈装置、安全泄放装置、控制盘、检漏装置、管道管件等组成。

②悬挂式气体灭火装置。该装置由灭火剂储存容器、启动释放组件、悬挂支架等组成。

13.5.2　系统型式的选择

（1）一般规定

1）采用气体灭火系统保护的防护区，其灭火设计用量或惰化设计用量，应根据防护区内可燃物相应的灭火设计浓度或惰化设计浓度经计算确定。

2）有爆炸危险的气体、液体类火灾的防护区，应采用惰化设计浓度；无爆炸危险的气体、液体类火灾和固体类火灾的防护区，应采用灭火设计浓度。

3）几种可燃物共存或混合时，灭火设计浓度或惰化设计浓度，应按其中最大的灭火设计浓度或惰化设计浓度确定。

4）两个或两个以上的防护区采用组合分配气体灭火系统时，一个组合分配气体灭火系统所保护的防护区不应超过 8 个。

5）组合分配气体灭火系统的灭火剂储存量，应按储存量最大的防护区确定。

6）气体灭火系统的灭火剂储存量，应为防护区的灭火设计用量、储存容器内的灭火剂剩余量和管网内的灭火剂剩余量之和。

7）气体灭火系统的储存装置 72 h 内不能重新充装恢复工作的，应按系统原储存量的 100% 设置备用量。

8）气体灭火系统的设计温度，应采用 20 ℃。

9）同一集流管上的储存容器，其规格、充压压力和充装量应相同。

10）同一防护区，当设计两套或三套管网时，集流管可分别设置，系统启动装置必须共用。各管网上喷头流量均应按同一灭火设计浓度、同一喷放时间进行设计。

11）管网上不应采用四通管件进行分流。

12）喷头的保护高度和保护半径，应符合下列规定：

①最大保护高度不宜大于6.5 m。

②最小保护高度应不小于0.3 m。

③喷头安装高度小于1.5 m时，保护半径不宜大于4.5 m。

④喷头安装高度不小于1.5 m时，保护半径应不大于7.5 m。

13）喷头宜贴近防护区顶面安装，距顶面的最大距离不宜大于0.5 m。

14）一个防护区设置的预制灭火系统，其装置数量不宜超过10台。

15）同一防护区内的预制灭火系统装置多于1台时，必须能同时启动，其动作响应时差不得大于2 s。

16）单台热气溶胶预制灭火系统装置的保护容积应不大于160 m^3；设置多台装置时，其相互间的距离不得大于10 m。

17）采用热气溶胶预制灭火系统的防护区，其高度不宜大于6.0 m。

18）热气溶胶预制灭火系统装置的喷口宜高于防护区地面2.0 m。

（2）七氟丙烷灭火系统

1）七氟丙烷灭火系统的灭火设计浓度应不小于灭火浓度的1.3倍，惰化设计浓度应不小于惰化浓度的1.1倍。

2）固体表面火灾的灭火浓度为5.8%，其他灭火浓度、惰化浓度可按相关国家标准的规定取值。

3）图书、档案、票据和文物资料库等防护区，灭火设计浓度宜采用10%。

4）油浸变压器室、带油开关的配电室和自备发电机房等防护区，灭火设计浓度宜采用9%。

5）通信机房和电子计算机机房等防护区，灭火设计浓度宜采用8%。

6）防护区实际应用的浓度应不大于灭火设计浓度的1.1倍。

7）在通信机房和电子计算机机房等防护区，设计喷放时间应不大于8 s；在其他防护区，设计喷放时间应不大于10 s。

8）灭火浸渍时间应符合下列规定：

①木材、纸张、织物等固体表面火灾，宜采用20 min。

②通信机房、电子计算机机房内的电气设备火灾，应采用5 min。

③其他固体表面火灾，宜采用10 min。

④气体和液体火灾，应不小于1 min。

9）七氟丙烷灭火系统应采用氮气增压输送，氮气的含水率应不大于0.006%。

10）管网的管道内容积，应不大于流经该管网的七氟丙烷储存量体积的80%。

11）管网布置宜设计为均衡系统，并应符合下列规定：

①喷头设计流量应相等。

②管网的第一分流点至各喷头的管道阻力损失，其相互间的最大差值应不大于20%。

12）七氟丙烷单位容积的充装量应符合下列规定：

①一级增压储存容器，应不大于1 120 kg/m^3。

②二级增压焊接结构储存容器，应不大于950 kg/m^3。

③二级增压无缝结构储存容器，应不大于1 120 kg/m^3。

④三级增压储存容器，应不大于1 080 kg/m^3。

13）防护区的泄压口面积、灭火设计用量或惰化设计用量、系统灭火剂储存量、管网、喷头工作压力和喷头等效孔口面积等重要参数的计算结果，应符合相关国家标准中的有关规定。

（3）IG541混合气体灭火系统

1）IG541混合气体灭火系统的灭火设计浓度不应小于灭火浓度的1.3倍，惰化设计浓度不应小于惰化浓度的1.1倍。

2）固体表面火灾的灭火浓度为28.1%，其他灭火浓度、惰化浓度可按相关国家标准有关规定取值。

3）当IG541混合气体灭火剂喷放至设计用量的95%时，其喷放时间应不大于60 s，且应不小于48 s。

4）灭火浸渍时间应符合下列规定：

①木材、纸张、织物等固体表面火灾，宜采用20 min。

②通信机房、电子计算机机房内的电气设备火灾，宜采用10 min。

③其他固体表面火灾，宜采用10 min。

5）储存容器充装量应符合下列规定：

①一级充压（15.0 MPa）系统，充装量应为211.15 kg/m^3。

②二级充压（20.0 MPa）系统，充装量应为281.06 kg/m^3。

6）防护区的泄压口面积、灭火设计用量或惰化设计用量、系统灭火剂储存量、管网、喷头工作压力和喷头等效孔口面积等重要参数计算结果，应符合相关国家标准中的有关规定。

（4）热气溶胶预制灭火系统

1）热气溶胶预制灭火系统的灭火设计密度应不小于灭火密度的1.3倍。

2）S型和K型热气溶胶灭固体表面火灾的灭火密度为100 g/m^3。

3）通信机房和电子计算机机房等场所的电气设备火灾，S型热气溶胶的灭火设计密度应不小于130 g/m^3。

4）电缆隧道（夹层、井）及自备发电机房火灾，S型和K型热气溶胶的灭火设计密度应不小于140 g/m^3。

5）通信机房、电子计算机机房等防护区，灭火剂喷放时间应不大于 90 s，喷口温度应不大于 150 ℃；在其他防护区，喷放时间应不大于 120 s，喷口温度应不大于 180 ℃。

6）S 型和 K 型以及其他型热气溶胶的灭火密度应经试验确定。

7）灭火浸渍时间应符合下列规定：

①木材、纸张、织物等固体表面火灾，应采用 20 min。

②通信机房、电子计算机机房等防护区火灾及其他固体表面火灾，应采用 10 min。

8）灭火设计用量等重要参数计算结果，应符合相关国家标准中的有关规定。

第 14 讲

灭 火 器

灭火器对于初期火灾扑救具有举足轻重的作用，是人们日常生产生活中最常见的火灾扑救器材，即使是对于设有自动报警和灭火系统的建筑，仍应按照法律法规的规定配置相应数量的灭火器。灭火器是指靠人力能够移动，通过自身内部压力作用，能够喷出所充装灭火剂进行独立灭火的灭火器材，亦称小型移动灭火器。灭火器类型多样，但总体特征是操作简单、携带方便、灭火迅速、经济实用。

本讲主要介绍常见的用于灭火器的灭火剂及其灭火机理，灭火器的类型、原理与使用方法。

14.1 灭火

14.1.1 灭火及其方法

（1）灭火的基本概念

灭火是指使着火物降到着火点以下，或者阻止其进一步燃烧反应。按照燃烧理论，灭火的原理是将灭火剂直接喷射到燃烧的物体上或者将灭火剂喷洒在火源附近的物质上，阻断燃烧反应链，或使其不因火焰热辐射作用而形成新的着火点。

（2）灭火方法

发生了火灾，要运用正确的方法进行灭火，通常采用表 14-1 中的四种方法。

表 14-1 灭火方法分类

灭火方法	原理
隔离法	将正在燃烧的物质和周围未燃烧的可燃物质隔离或移开，中断可燃物质的供给，使燃烧因缺少可燃物而停止
窒息法	阻止空气流入燃烧区或用不燃烧区或用不燃物质冲淡空气，使燃烧物得不到足够的氧气而熄灭
冷却法	将灭火剂直接喷射到燃烧的物体上，以降低燃烧的温度至燃点之下，使燃烧停止。或者将灭火剂喷洒在火源附近的物质上，使其不因火焰热辐射作用而形成新的着火点
化学抑制法	用含氟、氯、溴的化学灭火剂（如 1211 等）喷向火焰，让灭火剂参与燃烧反应，从而抑制燃烧过程，使火迅速熄灭

上述四种方法有时是可以同时采用的，但是，在选择灭火方法时，还要视火灾的原因采取适当的方法，不然，就可能适得其反，扩大灾害。如对于电气火灾，就不能用水浇灭火的方法，而宜用窒息法；对油火，宜用化学抑制法等。

（3）火灾烟气控制

烟气控制是指所有可以单独或组合起来使用以减轻或消除火灾烟气危害的方法。烟气控制方法见表 14-2。

表 14-2 烟气控制方法

烟气控制方法	原理
挡烟	用某些耐火性能好的物体或材料把烟气阻挡在某些限定区域，不让它流到可对人和物产生危害的地方。这种方法适用于建筑物与起火区没有开口、缝隙或漏洞的区域
排烟	使烟气沿着对人和物没有危害的渠道排到建筑外，从而消除烟气的有害影响。排烟有自然排烟和机械排烟两种形式。排烟囱、排烟井是建筑物中常见的自然排烟形式，它们主要适用于烟气具有足够大的浮力、可能克服其他阻碍烟气流动的驱动力的区域。机械排烟可克服自然排烟的局限，有效地排出烟气

14.1.2 灭火措施及其注意事项

(1) 冷却法灭火措施及其注意事项

1) 运用冷却法灭火时，可考虑选择以下措施：

①用大量的水冲泼火区来降温。

②用二氧化碳灭火剂灭火。由于雪花状固体二氧化碳本身温度很低，接触火源升华时能吸收大量的热，从而使燃烧区的温度急剧下降。

③用水冷却火场上未燃烧的可燃物和生产装置，防止它们被引燃或受热爆炸。

2) 冷却法灭火应注意如下问题：

①镁粉、铝粉、钛粉、锆粉等金属元素的粉末类火灾不可用水施救，因为这类物质着火时，可产生相当高的温度，高温可使水分子和空气中的二氧化碳分子分解，从而引起爆炸或使燃烧更加猛烈。如金属镁粉燃烧时可产生 2 500 ℃ 的高温，而空气中存在大量二氧化碳，高温就会把二氧化碳分解成氧气和碳原子，这样氧化还原反应会更加剧烈。三硫化四磷、五硫化二磷等硫的磷化物遇水或潮湿空气，可分解产生易燃有毒的硫化氢气体，所以也不可用水施救。还有遇湿易燃类物质如碱金属、碱土金属等着火，绝对不可以用水和含水的灭火剂施救，这类物质可以与水发生强烈的氧化还原反应，直接导致火灾事故扩大。

②氧化剂着火或被卷入火中，氧化剂中的过氧化物与水反应，能放出氧加速燃烧或者爆炸，如过氧化钾、过氧化钙、过氧化钡等，起火后不能用水扑救，可用干沙土、干粉扑救。

③密集的直流水用于扑救可燃粉尘（如煤粉、面粉等）聚集处的火灾时必须十分慎重。当直流水难以立即将全部高温物质降温时，有可能造成粉尘爆炸。因为粉尘原来处于聚集状态，燃烧从表面进行，但如果用直流水冲喷，在水流冲击作用下造成粉尘被扬起，形

成粉尘的空气混合物，粉尘的表面积大量增加，化学活性增强，可以在没被扑灭的火星甚至火焰作用下发生更剧烈的燃烧、爆炸。

④比水轻的非水溶性可燃、易燃液体的火灾，原则上不用直流水扑救，如苯、甲苯等，若用水扑救，水会沉在液体下面造成喷溅、漂流，进而扩大火势。

⑤高温设备、高温铁水、盐浴炉和电解铝槽火灾不能用水扑救，因为有可能引起设备破裂、铁水飞溅，火灾范围扩大；冷水遇到高温熔融物还可能引起水急剧汽化，发生传热型蒸汽爆炸。

⑥酸类腐蚀物品，遇加压密集水流，会立刻沸腾起来，使酸液四处飞溅，所以发烟硫酸、发烟氯酸、浓硝酸等发生火灾后，宜用雾状水、干沙土、二氧化碳扑救。

⑦当遇到未切断电源的电气火灾时，不能用直流水扑救，因为可能会引起更大的电气事故，宜使用干粉灭火剂灭火。

（2）窒息法灭火措施及其注意事项

1）运用窒息法灭火时，可考虑选择以下措施：

①可采用石棉被、浸湿的棉被或帆布、灭火毯等不燃或难燃材料，覆盖燃烧物或封闭孔洞。

②用低倍数泡沫覆盖燃烧液面灭火。

③用水蒸气、稀有气体（或二氧化碳、氮气等）、高倍数泡沫充入燃烧区域内。

④利用建筑物上原有的门、窗以及生产储运设备上的部件封闭燃烧区，阻止新鲜空气流入，以降低燃烧区氧气的含量，达到窒息灭火的目的。

⑤在万不得已而条件又允许的情况下，也可采用水淹没（灌注）的方法扑灭火灾。

2）窒息法灭火时应注意如下问题：

①爆炸品一般只要不堆积过高，没有装在密封的容器内，着火后不一定会形成爆炸。但是如果爆炸品的燃烧（包括导火索、导爆

索及炸药）燃烧，用沙土等覆盖层压盖窒息灭火，会造成爆炸。因为爆炸品在燃烧时会自身产生氧气去维持燃烧，覆盖层根本隔绝不了氧气，反而阻碍了炸药燃烧产生气体的扩散及造成大量热量集聚。如果炸药类物质在房间内或在车厢、船舱内着火时，要迅速地将门窗、车厢门、船舱盖打开，向内射水冷却，万万不可用窒息灭火。

②敞口容器内可燃液体的燃烧，如果用布、棉被等物覆盖容器口，而不能接触到液体表面时，覆盖层与液体之间的空气内仍有一定的氧气能够维持燃烧，继续产生气体与热量，会因为容器被覆盖而扩散受阻，压力不断上升而引起爆炸。

③在某些火灾场合使用泡沫灭火剂来覆盖着火物质也会扩大火灾事故，如氰化钠、氰化钾以及其他氰化物等，遇泡沫中酸性物质能生成剧毒气体氰化氢。爆炸品着火禁止使用酸碱泡沫灭火剂灭火，因为化学反应会使爆炸更加剧烈。另外泡沫灭火剂中含有大量的水，所以，忌水性物质着火也不可以使用泡沫灭火剂。

④性质活泼金属如锂、钠、钾、镁、铝粉等，禁止使用二氧化碳灭火剂窒息灭火，因为它们能夺取二氧化碳中的氧，起化学反应而加剧燃烧。

⑤采用稀有气体窒息灭火时，一定要保证充入燃烧区内稀有气体的数量，以迅速降低空气中氧的含量。

⑥在有条件的情况下，为阻止火势迅速蔓延，争取灭火战斗的准备时间，可先采取临时性的封闭窒息措施，以降低燃烧强度，而后组织力量扑灭火灾。

⑦在采取窒息方法灭火以后，必须确认火已完全熄灭、温度下降，方可打开孔洞进行检查，严防因过早地打开封闭的房间或生产装置，而使新鲜空气流入燃烧区，引起复燃或烟雾气流中的不完全燃烧产物的爆燃，导致火势猛烈地发展。

（3）隔离法灭火措施及其注意事项

1）运用隔离法灭火时，可考虑选择以下措施：

①将火源附近的可燃、易燃、易爆和助燃物质，从燃烧区转移到安全地点。

②关闭阀门，阻止气体、液体流入燃烧区；排除生产装置、设备容器内的可燃气体或液体。

③设法阻拦流散的易燃、可燃液体或扩散的可燃气体。

④拆除与火源相邻的易燃建筑结构，形成防止火势蔓延的空间地带。

⑤用水流或用爆破等方法封闭井口，扑救油气井喷火灾。

2）隔离法灭火时应注意如下问题：

①疏散出火场的可燃物可能夹带火种造成新的火场。如棉麻仓库红麻堆垛发生火灾，被疏散出来的红麻里因夹带的暗火阴燃导致临时堆垛起火，会造成比主火场更大的损失。

②任何曾经卷入火中或暴露于高温下的有机过氧化物包件在隔离后，还会随时发生剧烈的分解，即使火已经扑灭，在包件未完全冷却之前也不应接近，应用大量水冷却以防止爆炸事故的发生。

③可燃物料泄漏火灾，无论使用何种灭火剂时，都必须先切断气源或堵漏，如无可靠的断源、堵漏、倒液措施，只能在水枪冷却下让其稳定扩散燃烧，不可贸然灭火。否则火焰扑灭后可燃物料继续泄漏，形成更大范围内的可燃气体或蒸气与空气的混合物，产生这种情况是十分危险的，因为一旦再次燃烧、爆炸，其剧烈程度更大，破坏性更加严重。

④工厂发生气体泄漏类火灾，在关闭气路阀门前应确保容器内的压力要保持正压，以防止空气进入引起爆炸。

（4）化学抑制法灭火措施及其注意事项

采用干粉、卤代烷灭火剂灭火，就是抑制着火区内的燃烧的链式反应，减少自由基的灭火方法，灭火速度快，使用得当可有效地扑灭初期火灾，减少人员伤亡和财产的损失。

抑制法灭火属于化学灭火方法，灭火剂参加燃烧反应。但一些碱金属、碱土金属以及这些金属的化合物在燃烧时可产生高温，在高温下这些物质大部分可与卤代烷进行反应，使燃烧反应更加猛烈，故不能用卤代烷灭火剂进行扑救。

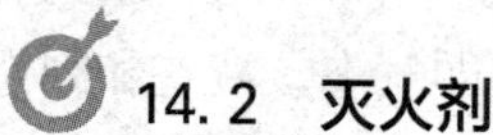

14.2 灭火剂

灭火剂是指能够有效地破坏燃烧条件，使燃烧中止的物质和材料。灭火剂对燃烧过程作用的机理、灭火剂的物理化学性质和性能，均是其使用中所必须掌握的知识。

灭火剂按应用状态大体可分为气体灭火剂、液体灭火剂、固体灭火剂和哈龙替代灭火剂。

14.2.1 气体灭火剂

气体灭火剂可分为二氧化碳灭火剂、氮气灭火剂、卤代烷灭火剂，如图 14-1 所示为充装了气体灭火剂的钢瓶组。

图 14-1 气体灭火剂钢瓶组

(1) 二氧化碳灭火剂

二氧化碳是目前广泛使用的灭火剂之一，适合扑救气体火灾，甲、乙、丙类危险性液体火灾，电气设备、精密仪器、贵重设备火灾，图书、档案火灾和一般固体物质火灾。缺点是灭火所需浓度大、高压储存的压力太高、低压储存时需要制冷设备、膨胀时产生静电放电等。

1）理化性质。二氧化碳是一种不燃烧、不助燃的气体。常温常压下，纯净的二氧化碳是一种无色、无味的气体，对空气的相对密度为1.52，比空气重，可有三种物理状态，即气态、液态和固态。

2）灭火原理。二氧化碳的灭火原理主要是其对燃烧的窒息作用。当燃烧区的含氧量低于12%或二氧化碳浓度达到30%～35%(体积百分比浓度）时，绝大多数的燃烧都会熄灭。由于二氧化碳本身具有毒性，因此主要适用于无人或人员较少且易快速逃生的场所。

3）应用范围。由于二氧化碳本身无腐蚀性、不导电，因此对绝大多数物质无破坏作用，灭火后能很快逸散，不留痕迹。

二氧化碳不适合扑救无空气仍能燃烧的化学物火灾、活泼金属火灾、内部阴燃纤维物火灾、能自燃分解过氧化物火灾等。

注意：在使用液态二氧化碳灭火剂时，要有防止造成人体被冻伤的措施。

（2）氮气灭火剂

氮气作为气体灭火剂，主要用于变压器火灾扑救，以及作为气体灭火系统的加压气体。

1）理化性质。氮气是一种无色、无味、无毒、无腐蚀、不导电的不燃气体，其密度近似空气密度，相对分子质量为28，沸点为−195.8 ℃，气体密度（20 ℃）为1 251 kg/m^3。

2）灭火原理。对于大多数可燃物燃烧时，将氮气注入着火区域并且浓度达到35%～50%时，该区域中氧浓度将降至10%～14%，燃烧就会被惰化终止。

氮气在灭火过程中不会分解，没有分解产物，因此灭火过程洁净、不留痕迹，对仪器、设备无损害。

3）应用范围。适宜扑救地下、仓库、地铁、隧道、控制室、计算机机房、图书馆、通信设备、变电站、古迹文物等场所的火灾。

尽管氮气来源广泛、价格低廉，但由于其需要降低着火区域氧含量来达到灭火目的，因此，主要适用于无人或人员较少且易快速逃生的场所。

（3）卤代烷灭火剂

1）理化性质。卤代烷（Halon，哈龙）是以卤素原子取代烷烃分子中的部分或全部氢原子后得到的一类有机化合物的总称。卤代烷灭火剂是卤代碳氢化合物，它具有灭火快、用量省、空间淹没好、洁净、不导电、储存期长等优点。目前，国内使用最多的卤代烷灭火剂有 1211（二氟-氯-溴三烷，CF_2ClBr）、1301（三氟-溴甲烷，CF_3Br）、2402（四氯二溴乙烷，$C_2F_2Br_4$）。

2）灭火原理。卤代烷灭火剂是以液态充装在容器里，灭火时靠动力气体（氮气或二氧化碳）将卤代烷灭火剂喷射到燃烧区，由于燃烧高温的作用使卤代烷灭火剂中的卤素活性游离基分解出来，与燃烧所需的活性游离基—OH、—H 等生成稳定的水分子或低活性游离基等，使燃烧过程中的链锁反应终止。

卤代烷灭火剂直接作用于燃烧的化学反应区最有效。由于中性气体和化学活性抑制剂以气态方式进行作用，而且气体总是均匀地散布到周围空间，所以灭火剂主要被用于扑救封闭的空间、建筑物、房间、构筑物等。卤代烷灭火器基本上是用于扑救房间内部火灾的固定装置，灭火时需要使其浓度达到或超过灭火浓度。同时，必须考虑到气体与燃烧产物通过密闭不严处的漏失量以及中性气体在被保护空间分布的不均衡性和其他因素等。某些卤代烃具有较高毒性（特别是其热解产物），所以不能作为灭火剂用于扑救火灾。

3）应用范围。卤代烷灭火剂适合扑救各种气体火灾、液体火灾和固体火灾以及带电火灾，但不适合扑救无空气仍能燃烧的化学物火灾、活泼金属火灾、内部阴燃纤维物火灾、能自燃分解过氧化物火灾等。

由于对大气臭氧层有破坏作用，因此占据气体灭火产品领域主导位置数十年之久的卤代烷灭火剂被规定禁止生产和使用。我国于2004年完全停止卤代烷灭火剂生产，并于2010年实现完全停止卤代烷灭火剂使用。目前，新研制的替代品主要有七氟丙烷、气溶胶、细水雾等。

14.2.2 液体灭火剂

(1) 水灭火剂

纯净的水是无色、无味的透明液体。水在标准大气压（1.013×10^5 Pa）时，温度在0 ℃以下为固态，0~100 ℃之间为液态，100 ℃以上为气态。

1）灭火原理。水是最常用的灭火剂，据不完全统计，火灾中的80%是用水扑救的，主要原因除了水是普遍存在并且获取简单之外，作为灭火剂还具有以下的主要特点：

①水具有冷却作用。水的热容量和汽化热很大，可以大量地吸收燃烧物的热量。

②水具有窒息作用。1 kg水可以生成1 700 L水蒸气，大量水蒸气可以阻止空气进入燃烧区，从而降低氧气的含量，当空气中的水蒸气体积分数达到35%及以上时，燃烧就会终止。

③水还具有水力冲击作用。经射水器具（尤其是直流水枪）喷射形成的水流有很大的冲击力，密集水流可以有效地冲散火焰，使燃烧强度显著减弱，直至熄灭。

④水具有稀释作用。水本身是一种良好的溶剂，可以溶解水溶性甲、乙、丙类危险性液体，如醇、醛、醚、酮、酯等。因此，当此类物质起火后，如果容器的容量允许或可燃物料不会流散，可用水予以稀释，使燃烧减弱。

⑤水具有乳化作用。非水溶性可燃液体的初期火灾，在未形成热波之前，以较强的水雾射流（或滴状射流）灭火，可在液体表面形成“油包水”型乳液，乳液的稳定程度随可燃液体黏度的增加而

增加，重质油品甚至可以形成含水油泡沫。水的乳化作用可使液体表面受到冷却，使可燃气体的产生速率降低，致使燃烧中止。

2）应用范围。不同形态的水，如直流水、开花水（水滴直径大于100 μm）和喷雾水（水滴直径为100 μm以下），灭火效果不同。直流水、开花水适合扑救一般固体火灾、阴燃物质火灾，喷雾水适合扑救电气火灾。但是，水不适合扑救遇水燃烧物质的火灾，不适合扑救不溶于水且比水密度小的液体火灾。

（2）泡沫灭火剂

凡能够与水预溶，并可通过机械方法或化学反应产生灭火泡沫的灭火剂均称为泡沫灭火剂。

1）分类。根据泡沫的生成机理，泡沫灭火剂可分为化学泡沫灭火剂和空气泡沫灭火剂。化学泡沫灭火剂能够产生二氧化碳，空气泡沫灭火剂主要产生空气。

按照发泡倍数泡沫灭火剂可分为低倍数泡沫（20倍以下）、中倍数泡沫（20~200倍）、高倍数泡沫（200~1 000倍）灭火剂。

其中，低倍数泡沫灭火剂按照发泡剂的类型和用途又可分为蛋白泡沫、氟蛋白泡沫、水成膜泡沫、抗溶性泡沫和合成泡沫灭火剂。

2）灭火原理。泡沫是一种体积较小，表面被液体包围的气泡群。由于泡沫密度小于一般可燃液体密度，可以浮于液体表面，形成泡沫覆盖层，使燃烧物表面与空气隔离。加上泡沫本身的黏性，可黏附于一般固体表面，具有冷却和稀释燃烧物的作用。

泡沫灭火剂适合扑救油类火灾，不适合扑救遇水燃烧物质火灾。

14.2.3 固体灭火剂

固体灭火剂又称干粉灭火剂或化学粉末灭火剂，是一种干燥的易于流动的固体粉末，主要成分为碳酸氢钠、碳酸氢钾、磷酸二氢铵、硫酸钾、氯化钾等（又称为干粉灭火剂的基料）。干粉灭火剂可分为普通干粉灭火剂和多用干粉灭火剂。充装干粉灭火剂的手提式和推车式干粉灭火器如图 14-2 所示。

图 14-2 手提式和推车式干粉灭火器

普通干粉灭火剂，又称 BC 灭火剂，用于扑救可燃液体火灾、可燃气体火灾和带电设备火灾，不适合扑救一般固体火灾。多用干粉灭火剂又称 ABC 灭火剂，用于扑救可燃液体火灾、可燃气体火灾和带电设备火灾，而且适用扑救一般固体火灾。

使用干粉灭火剂主要是利用其对燃烧有抑制作用的灭火原理。概括地讲，干粉粉粒与燃烧物接触时，把燃烧物中的活性基团—OH和—H 结合成不活泼的水，使燃烧过程中的活性基团不断消耗。所以，干粉的这种灭火作用又被称为化学抑制作用。

14.2.4 哈龙替代灭火剂

哈龙替代灭火剂主要有七氟丙烷灭火剂、气溶胶灭火剂等。

(1) 七氟丙烷灭火剂

七氟丙烷是一种洁净气体，无色、无味、无毒、不导电、不污染被保护对象，特别是对大气臭氧层无破坏作用，符合环保要求，是卤代烷灭火剂在现阶段比较理想的替代物。该灭火剂的灭火效能高、速度快、无二次污染，充装的灭火器如图 14-3 所示。

1）理化性质。七氯丙烷的分子式为 CF_3CHFCF_3，相对分子质量为170，沸点为-16.4 ℃，蒸气压（20 ℃）为 0.391 MPa，液体密度

（20 ℃）为 1 407 kg/m³，饱和蒸气密度（20 ℃）为 31. 176 kg/m³，ODP 值（臭氧消耗潜值）为 0。

图 14-3 七氟丙烷灭火器

2）灭火原理。作为灭火剂，七氟丙烷的灭火过程要通过物相的改变，由液相到气相再经分解来完成，其灭火是物理作用和化学作用参半。其中，物理作用主要是冷却；化学作用主要类似于卤代烷灭火剂（哈龙）。但是七氟丙烷的卤素原子活性基中以氟（—F）自由基半径最小，捕捉燃烧中活性基—H、—OH的能力低，加之产生 HF 稳定分子，不像 HBr 有再次捕捉活性基—H、—OH 的作用，所起到的燃烧断链作用小，故七氟丙烷的化学灭火作用低于哈龙。

3）应用范围。七氟丙烷灭火剂主要适用于保护数据中心、通信设施、过程控制室、高价值工业设备区、图书馆、博物馆、美术馆、易燃液体储存区等场所，但是不适合用于扑救活泼金属火灾以及金属氧化物火灾。

（2）气溶胶灭火剂

1）气溶胶性质。气溶胶灭火剂是国际上近年来发展起来的一种消防安全新材料，并逐步予以推广使用。我国在 20 世纪 60 年代中期就开始了这种材料的研究，到 20 世纪 90 年代初期从俄罗斯引进该项技术并予以消化，研制出了具有我国特色的气溶胶灭火剂及其装置，后经不断改进提高，发展十分迅速。目前，气溶胶灭火剂技术在我国正在不断地被推广和发展。由于气溶胶是一种有效、具有最小影响的灭火剂，其系统简单、造价低廉，无腐蚀、无污染、无毒无害、对臭氧层无损耗、残留物少，加上其具有高速高效、全淹没全方位灭火、应用范围广等优点，因而已被众多专业人士认定为哈龙产品的理想替代品。如图 14-4 所示为便携式气溶胶灭火器。

图 14-4　便携式气溶胶灭火器

在人们常见的物质三态（固体、液体、气体）之外还存在三类相对稳定的物质，它们以一种状态的物质为分散介质，另一种（或两种）状态的物质为分散相而组成的融合的物系，人们称之为溶胶，从而成为固溶胶、液溶胶和气溶胶。

气溶胶是指以固体或液体为分散相以气体为分散介质所形成的溶胶，也就是固体或液体的微粒（直径为 1 μm 左右）悬浮于气体介质中形成的溶胶。气溶胶与气体物质同样具有流动扩散特性及绕过障碍物淹没整个空间的能力，因而可以迅速地对被保护物进行全淹没方式防护。

气溶胶可分为分散相中固体微粒占绝大部分的固相气溶胶和液体微粒占绝大部分的液相气溶胶两大类。例如，常见的烟气类似于固相气溶胶，而雾则类似于液相气溶胶。

气溶胶的生成有两种方法：一种是物理方法，即采用将固体粉碎研磨成微粒再用气体予以分散形成气溶胶；另一种是化学方法，即通过固体的燃烧反应，使反应产物中既有固体又有气体，气体分散固体微粒形成气溶胶。

2）灭火机理：

①吸热分解的降温灭火作用。气溶胶中的固体微粒主要是金属氧化物，进入燃烧区内，它们在高温下就会分解，其分解过程全是强烈的吸热反应，因而能大量吸收燃烧产生的热量，使火区温度迅速下降，致使燃烧过程中断，火焰熄灭。

②气相化学抑制作用。在上述分解反应中气溶胶微粒离解出的金属物质能以蒸气或阳离子的形式存在于燃烧区，在瞬间与燃烧产物中的活性基团—H、—OH 和氧发生多次链式反应。消耗和抑制燃烧过程中的活性基团之间反应，从而对燃烧反应起到抑制作用，实

现灭火机能。

③固相化学抑制作用。在燃烧区内被分解和汽化的气溶胶的固体微粒只是一部分，未被分解和汽化的固体微粒因为其颗粒直径很小（1 μm左右），具有很大的表面积，因而在与燃烧产物中的活性基团的碰撞过程中，被瞬时吸附并发生化学作用。由于反应的反复进行，能够起到消耗活性基团的目的，因此对燃烧链式反应起到抑制阻断作用，使燃烧终止。

④对于某些固体微粒含量较低的气溶胶，则是依靠其气体中含有较高比例的二氧化碳或氮气等气体和汽化水的物理窒息为主要灭火方式，气溶胶中含有少量的固体微粒（金属氧化物）则以上述三种方式作用，以提高灭火效率，加快灭火速率的作用。

气溶胶灭火剂按生成方式可以分为两种类型：一种是气溶胶释放前，气体分散介质与被分散介质是稳定存在的，气溶胶灭火剂的释放就是气体分散固体（或液体）灭火剂而形成气溶胶的过程；另一种是经过燃烧反应来释放气溶胶，反应产生物中既有固体（或液体）又有气体，气体分散固体（或液体）微粒而形成气溶胶，因而有人将其称为“气溶胶发生剂”。

(3) 细水雾灭火剂

“细水雾”是相对于“水喷雾”的概念，是使用特殊喷嘴、通过高压喷水产生的水微粒。根据国家标准《细水雾灭火系统技术规范》(GB 50898—2013)，细水雾被定义为：水在最小设计工作压力下，经喷头喷出并在喷头轴线下方1 m处的平面上形成的直径Dv0. 50小于200 μm、Dv0. 99小于400 μm的水雾滴。

1) 灭火原理。细水雾灭火系统成功的关键，是增加单位体积水微粒的表面积。水微粒子化以后，同样体积的水，总表面积增大。而表面积的增大更容易进行热吸收，冷却燃烧反应。吸收热的水微粒容易汽化，体积增大约1 700倍。由于水蒸气的产生，既稀释了火焰附近氧气的浓度，窒息了燃烧反应，又有效地控制了热辐射。可以认为，细水雾灭火主要是通过高效率的冷却与缺氧窒息的双重作用。

2）系统分类与选型。细水雾灭火系统按供水方式分为瓶组式细水雾灭火系统、泵组式细水雾灭火系统和其他供水方式细水雾灭火系统；按流动介质类型分为单流体细水雾灭火系统和双流体细水雾灭火系统；按系统工作压力分为高压细水雾灭火系统、中压细水雾灭火系统和低压细水雾灭火系统；按所使用的细水雾喷头型式分为闭式细水雾灭火系统和开式细水雾灭火系统；按系统应用方式分为全淹没细水雾灭火系统和局部应用细水雾灭火系统。

细水雾灭火系统选型应符合规定：液压站、配电室、电子信息系统机房、文物库，以及密集柜存储的图书库、资料库和档案库，宜选择全淹没应用方式的开式系统；油浸变压器室、涡轮机房、柴油发电机房、润滑油站和燃油锅炉房、厨房内烹饪设备及其排烟罩和排烟管道部位，宜采用局部应用方式的开式系统；采用非密集柜储存的图书库、资料库和档案库，可选择闭式系统。

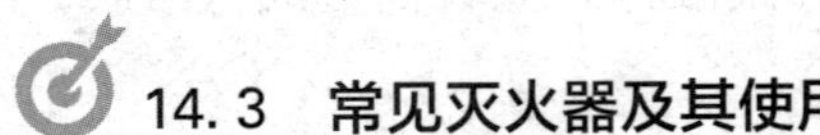

14.3 常见灭火器及其使用

14.3.1 灭火器的类型

按充装灭火剂的种类不同，常用灭火器有水型灭火器、空气泡沫灭火器、干粉灭火器、二氧化碳灭火器、7150灭火器。

（1）水型灭火器

这类灭火器中充装的灭火剂主要是水，另外还有少量的添加剂。清水灭火器、强化液灭火器都属于水型灭火器，主要适用于扑救可燃固体类物质如木材、纸张、棉麻织物等的初期火灾。

（2）空气泡沫灭火器

这类灭火器中充装的灭火剂是空气泡沫液。根据空气泡沫灭火剂种类的不同，空气泡沫灭火器又可分为蛋白泡沫灭火器、氟蛋白泡沫灭火器、水成膜泡沫灭火器和抗溶泡沫灭火器等，主要适用于扑救可燃液体类物质如汽油、煤油、柴油、植物油、油脂等的初期火灾，也可用于扑救可燃固体类物质如木材、棉花、纸张等的初期火灾。但对如甲醇、乙醚、乙醇、丙酮等极性（水溶性）可燃液体的初期火灾，只能用抗溶性空气泡沫灭火器扑救。

（3）干粉灭火器

这类灭火器内充装的灭火剂是干粉，根据所充装的干粉灭火剂种类的不同，有碳酸氢钠干粉灭火器、钾盐干粉灭火器、氨基干粉灭火器和磷酸铵盐干粉灭火器。我国目前主要生产和使用碳酸氢钠干粉灭火器和磷酸铵盐干粉灭火器，其中，碳酸氢钠干粉灭火器适用于扑救可燃液体和气体类火灾，该类灭火器又称 BC 干粉灭火器；磷酸铵盐干粉灭火器适用于扑救可燃固体、液体和气体类火灾，该类灭火器又称 ABC 干粉灭火器。

（4）二氧化碳灭火器

这类灭火器中充装的灭火剂是加压液化的二氧化碳，主要适用于扑救可燃固体类物质和带电设备的初期火灾，如图书、档案、精密仪器、电气设备等的火灾。

（5）7150 灭火器

这类灭火器内充装的是 7150 灭火剂（即三甲氧基硼氧六环），主要适用于扑救轻金属如镁、铝、镁铝合金、海绵状钛和锌等的初期火灾。

14.3.2 灭火器（剂）的选择

（1）A 类火灾

A 类火灾是普通可燃物如木材、布、纸、橡胶及各种塑料等燃烧引起的火灾。对 A 类火灾，一般可采取水型灭火器冷却灭火，但对于忌水物质，如布、纸等应尽量减少水渍所造成的损失。对于珍贵图书、档案资料等的火灾应使用二氧化碳灭火器、干粉灭火器灭火。

(2) B 类火灾

B 类火灾是油脂及液体如原油、汽油、煤油、酒精等燃烧引起的火灾。对 B 类火灾，应使用泡沫灭火器进行扑救，还可使用干粉灭火器、二氧化碳灭火器。

(3) C 类火灾

C 类火灾是可燃气体如氢气、甲烷、乙炔燃烧引起的火灾。对 C 类火灾，因气体燃烧速度快，极易造成爆炸，一旦发现可燃气体着火，应立即关闭阀门，切断可燃气体来源，同时使用干粉灭火器将气体燃烧火焰扑灭。

(4) D 类火灾

D 类火灾是可燃金属如镁、铝、钛、锆、钠和钾等燃烧引起的火灾。对 D 类火灾，因燃烧时温度很高，水及其他普通灭火剂在高温下会因发生分解而失去作用，所以应使用专用灭火器。金属火灾灭火剂有两种类型：一是液体型灭火剂；二是粉末型灭火剂。例如，用 7150 灭火剂扑救镁、铝、镁铝合金、海绵状钛等轻金属火灾，用原位膨胀石墨灭火剂扑救钠、钾等碱金属火灾。少量可燃金属燃烧时可用干沙、干的食盐、石粉等扑救。

(5) E 类火灾

E 类火灾为带电火灾。对物体带电燃烧的火灾、火灾时需坚持供电或断电扑救会造成更大损失的火灾，一般使用干粉、二氧化碳等不导电的灭火剂进行扑救。

(6) F 类火灾

F 类火灾是烹饪器具内的烹饪物（如动植物油脂）火灾。此类火灾在日常生活中较常见，一般用干粉灭火器扑救，或直接采用湿毛巾覆盖、锅盖覆盖等窒息的方法也能起到灭火的效果。

14.3.3 常见灭火器的使用

（1）水型灭火器的使用

将清水或强化液灭火器提至火场，在距离燃烧物10 m处，将灭火器直立放稳。

1）摘下保险帽，用手掌拍击开启杆顶端的凸头。这时储气瓶的密膜片被刺破，二氧化碳气体进入筒体内，迫使清水从喷嘴喷出。

2）立即一只手提起灭火器，另一只手托住灭火器的底圈，将喷射的水流对准燃烧最猛烈处喷射。

3）随着灭火器喷射距离的缩短，使用者应逐渐向燃烧物靠近，使水流始终喷射到燃烧处，直到将火扑灭。

在喷射过程中，灭火器应始终与地面保持大致的垂直状态，切勿颠倒或横卧，否则，会使加压气体泄出而灭火剂不能喷射。

（2）空气泡沫灭火器的使用

使用时，手提空气泡沫灭火器提把迅速赶到火场。

1）在距燃烧物6 m左右，先拔出保险销，一手握住开启压把，另一手握住喷枪，压下开启压把，将灭火器密封开启，空气泡沫即从喷枪喷出。

2）泡沫喷出后对准燃烧最猛烈处喷射。如果扑救的是可燃液体火灾，当可燃液体呈流淌状燃烧时，喷射的泡沫应由远而近地覆盖在燃烧液体上；当可燃液体在容器中燃烧时，应将泡沫喷射在容器的内壁上，使泡沫沿壁覆盖可燃液体表面。应避免将泡沫直接喷射在容器内可燃液体表面上，以防止射流的冲击力将可燃液体冲出容器而扩大燃烧范围，增大灭火难度。

灭火时，应随着喷射距离的缩短，使用者逐渐向燃烧处靠近，并始终让泡沫喷射在燃烧物上，直至将火扑灭。在使用过程中，应紧压开启压把，不能松开。也不能将灭火器倒置或横卧使用，否则会中断喷射。

(3) 二氧化碳灭火器的使用

二氧化碳灭火器的密封被开启后，液态的二氧化碳在其蒸气压力的作用下，经虹吸管和喷射连接管从喷嘴喷出。由于压力的突然降低，二氧化碳液体迅速汽化，但因汽化需要的热量供不应求，二氧化碳液体在汽化时不得不吸收本身的热量，结果一部分二氧化碳凝结成雪花状固体，温度下降至−78℃左右。所以，从灭火器喷出的是二氧化碳气体和固体的混合物。当雪花状的二氧化碳覆盖在燃烧物上时即刻升华，对燃烧物有一定的冷却作用。但二氧化碳灭火时的冷却作用不大，其主要是通过稀释空气，把燃烧区空气中的氧浓度降低到维持物质燃烧的极限氧浓度以下，从而使燃烧窒息。

1）手提式二氧化碳灭火器。使用时，手提灭火器的提把或把灭火器扛在肩上，迅速赶到火场。在距起火点大约 5 m 处放下灭火器。

①一只手握住喇叭形喷筒根部的手柄，把喷筒对准火焰，另一只手压下压把，二氧化碳就喷射出来。

②当扑救流淌液体火灾时，应使二氧化碳射流由近到远向火焰喷射，如果燃烧面积较大，操作者可左右摆动喷筒，直至把火扑灭。

③当扑救容器内火灾时，应从容器上部的一侧向容器内喷射，但不要使二氧化碳直接冲击到液面上，以免将可燃物冲出容器而扩大火灾。

2）推车式二氧化碳灭火器。一般应由两人操作。先把灭火器拉到或推到火场，在距起火点大约 10 m 处停下。

①一人迅速卸下安全帽，然后逆时针方向旋转手轮，把手轮开到最大位置。

②另一人则迅速取下喇叭喷筒，展开喷射软管后，双手紧握喷筒根部的手柄，把喇叭喷筒对准火焰喷射，其灭火方法与手提式灭火器相同。

手提式二氧化碳灭火器在喷射过程中应保持直立状态，切不可平放或颠倒使用；当没有戴防护手套时，不要用手直接握喷筒或金属管，以免被冻伤；在室外使用时应选择在上风方向喷射，否则，室外大风会将喷射的二氧化碳气体吹散，灭火效果减弱；在狭小的室内空间使用时，灭火后使用者应迅速撤离，以防发生二氧化碳窒息的意外伤害；室内火灾扑灭后，应先打开门窗通风，然后再进入。

（4）7150 灭火器的使用

使用时，手提灭火器的提把迅速赶到火场，在距离燃烧物 2 m 左右处停下。

1）一只手紧握导管末端的提把，把喷雾头对准火焰中心。

2）另一只手拔出保险销，紧握提把，用力压下压把开关，灭火剂便在氮气压力作用下，沿虹吸管进入喷枪，从喷雾头喷射出来。

喷射时要前后移动喷雾头，从火焰上方将灭火剂均匀地喷洒在燃烧物表面上，使火焰熄灭；喷射时不能将喷嘴直接冲向燃烧着的金属，以防止其被吹散而扩大火势，影响灭火效果；灭火时，使用者应采取适当的防护措施，以免因金属爆燃而被烧伤。

第 15 讲

火灾扑救

无论何时何地，发生什么性质的火灾，发现后应该第一时间想到电话报警。火灾初期是扑灭的最佳阶段，应尽可能地利用条件扑救。不同性质的火源应采取不同的扑救方法，如果扑救方法不当有可能酿成无法控制的火灾。

本讲主要讲述不同类型即不同性质火源的火灾扑救的基本知识。生产、生活中，火灾与爆炸密切相关，所以要尽可能多地掌握火灾的基本扑救方法和爆炸预防知识。

15.1 生产装置火灾扑救

15.1.1 扑救要点

（1）及时报警

火灾发生时，除装有自动报警系统的单位会自动报警外，还可使用手动报警系统、电话报警、直接派人去较近的消防队报警、大声呼喊等。总之，要因地制宜地采用各种方法迅速将发生火灾的情况告诉消防救援机构和本单位人员，即使在场人员认为有能力将火扑灭，仍应向消防救援机构报警。

（2）抢救伤员

火灾发生后，应尽快将受伤人员撤离事故现场，并进行必要的紧急处置，如进行止血包扎、人工呼吸等。可根据人员伤亡情况组成救援小组实施行动，利用直流水枪或喷雾水枪掩护，搜索被困人员，重点搜索压缩机房、仪器仪表室、生产控制室、油泵房里面或支撑装置的水泥构筑物的下面等。如果火势已经封锁救人途径时，要集中水枪，采取强行进攻、重点突破的方法施救。

(3) 冷却防爆

冷却是扑救生产装置火灾中的着火设备，以及解除设备受火势威胁产生爆炸危险的最有效措施，特别是被火焰直接作用的压力设备等。目前，企业许多生产装置内部设置了稳高压消防水系统、固定水炮和消防箱等现场消防设施，这些设施操作简单，生产装置的操作员均可使用。所以，一旦发生火灾，操作员在报警的同时，要迅速启动生产装置上设置的水喷淋系统实施冷却，并立即利用就近的消防水炮、水枪对着火设备和受到火焰强烈辐射的设备、框架、管线、电缆等进行冷却，防止设备超温、超压或变形。

(4) 采用工艺灭火措施

工艺灭火措施主要有关阀断料、开阀导流、火炬放空、搅拌灭火等。工艺灭火措施是不可替代的科学、有效的处置生产装置火灾的技术手段。

(5) 阻止火势蔓延

对于物料泄漏流淌的生产装置火灾现场，应尽早组织人员用沙袋或水泥袋筑堤堵截或导流，或在适当地点挖坑以容纳导流的易燃可燃液体物料，防止燃烧液体向高温高压装置区蔓延，严防形成大面积流淌火或物料流入地沟、下水道引起大范围爆炸。对高大的塔、釜、炉等设备流淌火，应布置“立体型”冷却，组织内歼外截的强攻，必要时可注入稀有气体灭火。

15.1.2 注意事项

扑救生产装置火灾应注意下列问题：

(1) 不可盲目灭火

若易燃可燃液体、气体只泄漏未着火时，应在做好防护和出水掩护、防止打出火花的情况下，先实施堵漏，后处理已泄漏的物料。如果易燃可燃液体、气体泄漏燃烧后，在无止漏把握的情况下，只能对着火和邻近的储罐、设备、管道实施冷却保护，切不可盲目灭火，否则会导致发生爆炸、复燃，造成人员窒息、中毒等伤害事故，引起更大的损失。

（2）不可盲目进攻

进入封闭的生产车间，要先在适当位置用直流或开花射流水喷射，破坏轰燃条件后再实施进攻。不要盲目实施灭火，进入灭火一线的人员要有经验，且要选好撤退的路线或隐蔽的位置，无关人员不准进入。

（3）充分发挥固定消防设施的功能

在安装有稳高压消防水系统、固定泡沫灭火系统等固定消防设施的场所，一定要发挥好固定水炮、泡沫炮的作用，同时，应从高压消火栓接出移动炮，对固定水炮达不到的地方进行冷却或扑救。

（4）防止复燃复爆

生产装置火灾应重视防止复燃复爆发生，对已经扑灭明火的装置必须继续进行冷却，直至达到安全温度。流淌火扑灭后，要注意冷却水对泡沫覆盖层的破坏，要根据情况及时复喷泡沫覆盖。对于被泡沫覆盖的可燃液体应尽快予以收集，防止复燃。要适时检测，严防溢流出的易燃液体挥发形成爆炸性气体混合物。

（5）重视防护

进入着火区域的人员应穿防火隔热服，保持皮肤不外露，防止被灼伤。进入有毒区域的人员，应根据毒物特点确定防护等级，视情况佩戴空（氧）气呼吸器等安全防护设备，防止中毒。在冷却和灭火时要注意后方保护，充分利用好地形地物，防止爆炸造成的伤害。在扑救生产装置火灾时，应尽可能地使用压力大、流量大的高压水枪、水炮，实施远距离射水灭火，在确认无爆炸危险时，才可以实施登高或近距离灭火。对于执行关阀、堵漏等危险性较大任务的人员和面对强辐射热的前沿阵地人员，应用开花或喷雾水流对其实施不间断的掩护，要对有毒气体、易燃易爆气体（液体蒸气）的浓度进行不间断的检测，以防止毒害物质和爆炸对人员造成伤害。生产装置火灾扑救过程中，要自始至终监视火场情况的变化（包括风向、风力变化，火势，有无爆炸、沸喷的征兆等）。当火场出现爆炸、倒塌等征兆时，应采取紧急避险措施。

（6）防止造成环境污染

灭火时，应加强对灭火现场形成的流淌水的管理，阻止流淌水未经处理直接流入雨水排水系统，造成环境污染。

15.2 气体或液化气泄漏火灾扑救

15.2.1 扑救要点

气体或液化气泄漏后遇着火源形成稳定燃烧时，其发生爆炸的危险性与可燃气体或液化气泄漏但未燃时相比要小得多。根据气体或液化气火灾的特点，应采取如下扑救方法。

（1）控制火势蔓延，积极抢救人员

首先扑灭外围被着火源引燃的可燃物火势，切断火势蔓延的途径，控制燃烧范围，并积极抢救受伤和被困人员。如果附近有受到火焰辐射热威胁的压力容器，能疏散的应尽量在水枪的掩护下将其疏散到安全地带。

（2）关阀断气，创造有利的灭火条件

如果是输气管道泄漏着火，应设法找到气源阀门。阀门完好时，只要关闭气体的进出阀门，燃烧一般就会自动熄灭。在特殊情况下，只要判断阀门尚有效，可先扑灭燃烧，再关闭阀门。一旦发现阀门损坏关闭已无效，一时又无法堵漏时，应采取措施暂时保持稳定燃烧。

（3）冷却降温，防止物理爆炸

开启固定水喷淋系统，用水冷却正在燃烧的和与其相邻的储罐，对于火焰直接烧烤的罐壁表面和邻近罐壁的受热面，要加大冷却强度。必须保证充足的水源，充分发挥固定水喷淋系统的冷却保护作用。冷却降温要均匀，不要留下空白，避免物理爆炸事故发生。

（4）灭火堵漏，消除危险源

要抓住战机，适时实行强攻灭火。对准泄漏口处火焰根部合理进行交叉射水分隔、密集水流交叉射水，或对准火点喷射干粉、二氧化碳灭火剂，扑灭火焰。气体或液化气储罐或管道阀门处泄漏着火，且储罐或管道泄漏关阀无效时，应根据火势判断气体压力和泄漏口的大小及其形状，准备好相应的堵漏器材（如塞楔、堵漏气垫、黏合剂、卡箍工具等）。堵漏工作准备就绪后，即可实施灭火，同时需用水冷却烧烫的罐或管壁。火被扑灭后，应立即用堵漏材料堵漏，同时用雾状水稀释和驱散泄漏出来的气体或液化气。如果确认泄漏口非常大，根本无法堵漏，则需冷却着火容器及其周围容器和可燃物品，控制着火范围，直到燃气燃尽，火势自动熄灭。

（5）实施现场监控，防止爆炸和复燃

现场扑救人员应注意各种爆炸危险征兆，遇有燃烧的火焰由红变白、光芒耀眼，燃烧处发出刺耳的呼啸声，罐体抖动，排气处、泄漏处喷气猛烈等，火场扑救的指挥与扑救人员应做出是否会发生爆炸的判断，以及时做出撤退决定，避免造成人员伤亡。

15.2.2 注意事项

扑救气体或液化气泄漏火灾应注意如下事项：

（1）查明情况，采取措施

根据泄漏是否着火采取相应的措施，防止盲目进入气体或液化气泄漏区域。根据泄漏的部位，判断是储罐泄漏，还是管线泄漏，携带相应的堵漏器材。要根据泄漏点缺口形状决定堵漏材料：缺口为圆形时，可用尖木料堵塞；泄漏口为较长的带状时，应选择棉被、石棉被、加压气垫或汽车橡胶内胎等较平展的物品作垫，用安全绳、铜丝、石棉绳等加固，再使用给加压气垫或汽车橡胶内胎充气的方法堵漏；泄漏点为环状时，可用石棉绳、棉布条等进行缠绕堵漏；泄漏点为不规则的形状时，可用密封胶填塞，再用绷带、石棉绳加固的方法进行堵漏。

液化气的泄漏应首先判断漏气和漏液两种情况：漏气时，由于液化气不再从空气中吸收热量，不会形成白雾；漏液时，由于漏出的液体在罐外汽化吸热，使环境温度迅速下降，空气中的水分凝固形成一片白茫茫的雾气，同时泄漏点会出现结冰现象。一般来说，漏气比漏液的危险性小，因为当液化气系统发生漏气时，液化气在系统内汽化吸热，使系统内温度下降，压力也随之下降，有利于堵漏抢险作业。而漏液时液化气在系统外汽化吸热，系统内的压力和温度均没有下降，不利于堵漏作业。发生漏气和漏液时的堵漏方法也不同，漏液时可使用冻结的方法堵漏而漏气时则不能。

（2）安全防护，必须到位

接近燃烧区域的人员要穿防火隔热服，佩戴空气呼吸器或正压式氧气呼吸器等安全防护设备，防止高温、热辐射灼伤和中毒。气体或液化气发生泄漏事故，消防车应布置在离罐区 150 m 的上风方向和侧风方向，车头朝向便于撤退的方向，抢险救援应当选择从泄漏点的上风方向和地势较高方向接近。在此方向上，爆炸危险区和伤害区半径小，而下风方向和地势较低方向爆炸危险区和伤害区半径大。水枪阵地要选择在靠近掩蔽物的位置，尽可能避开地沟、下水井的上方和着火架空管线的下方。进行冷却的人员应尽量采用低姿射水或利用现场坚实的掩蔽体防护。在卧式罐起火时，冷却人员应尽量避开封头位置，选择储罐四侧角作为射水阵地，防止爆炸时封头飞出伤人。冷却和灭火的水枪阵地，应当设置后排水枪保护。

（3）检测气体，防止爆炸

在火灾扑救中，要对燃烧区域外的储罐、钢瓶、管线等进行检测。在火灾扑救没有结束之前，必须坚持连续不断地检测。当储罐、钢瓶、管线的火灾被扑灭后，即使泄漏已经被制止，仍要继续检测。检测的主要部位是泄漏的部位、储罐、管线阀门处、火场的低洼处、墙角、背风以及下水道井盖处等。

（4）实施堵漏，安全可靠

在抢险救援过程中，堵漏作业一定要抓紧时间在白天进行，以免照明灯具、开关等点燃气体或液化气。堵漏时要停止其他作业，因为其他作业不仅可能产生点火源引发爆炸，而且增加了警戒区的工作难度。在扑救液化气火灾和堵漏中，由于液化气泄漏时快速汽化，吸收周围大量的热，在气体扩散源附近形成冷地带，因此堵漏人员要做好防冻措施，防止液体直接喷到人的皮肤上，造成人员冻伤。另外，要防止液体溅入眼内。

（5）无法堵漏，严禁灭火

在不能有效地制止气体或液化气泄漏的情况下，严禁将正在燃烧的储罐、钢瓶、管线泄漏处的火势扑灭。即使在扑救周围火势以及冷却过程中不小心把泄漏处的火焰扑灭了，在没有采取堵漏措施的情况下，必须立即用长点火棒将火点燃，使其恢复稳定燃烧。否则，大量可燃气体或液化气泄漏出来与空气混合，遇到着火源就会发生复燃复爆，造成更严重的危害。

15.3　易燃液体泄漏火灾扑救

15.3.1　扑救要点

液体一旦发生泄漏或溢出，都将顺着地面（或水面）飘散流淌，而且易燃液体的燃烧还有密度和水溶性等涉及能否用水和普通泡沫扑救的问题，以及危险性很大的沸溢和喷溅问题。

(1) 切断火势蔓延途径，控制燃烧范围

首先应切断火势的蔓延途径，冷却和疏散受火势威胁的压力容器或密闭容器和可燃物，控制燃烧范围，并积极抢救受伤和被困人员。对于泄漏液体流淌火灾，应筑堤（或用围栏）拦截飘散流淌的易燃液体或挖沟导流；封闭工艺流槽，并用填沙土的方法封闭污水井。对受热辐射强烈影响区域的装置、设备和框架结构应加以冷却保护，防止其受热变形或倒塌；开阀将着火或受威胁装置、设备和管道中的可燃液体导流至安全储罐。在有爆炸危险蒸气扩散的区域内，应立即停止用火作业和消除其他可能的着火源。

(2) 根据火情，采取针对性的灭火方法

1）易燃液体储罐泄漏着火，在把火势切断蔓延途径限制在一定范围内的同时，应迅速准备好堵漏工具，然后先用泡沫、干粉、二氧化碳或雾状水等扑灭地上的流淌火焰，为堵漏扫清障碍，然后再扑灭泄漏口的火焰，并迅速采取堵漏措施。

2）对大面积地面流淌性火灾，应采取围堵防流、分片消灭的灭火方法；对大量的地面重质油品火灾，可视情况采取挖沟导流的方法，将油品导入安全的指定地点，利用干粉或泡沫一举扑灭；对暗沟流淌火，可先将其堵截住，然后向暗沟内喷射高倍数泡沫，或采取封闭窒息等方法灭火。

3）对于固定灭火装置完好的燃烧罐（池），应及时启动灭火装置实施灭火。对固定灭火装置被破坏的燃烧罐（池），可利用泡沫管枪、移动泡沫炮、泡沫钩管进攻或利用高喷车、举高消防车喷射泡沫等方法灭火。

4）对于在油罐的裂口、呼吸阀、量油口或管道等处形成的火炬型燃烧，可用覆盖物如浸湿的棉被、石棉被、毛毯等覆盖火焰窒息灭火，也可用直流水冲击灭火或喷射干粉灭火。

5）对于原油和重油等具有沸溢和喷溅危险的液体火灾，如果有条件，可采取排放罐底存积水防止发生沸溢和喷溅的措施。在灭火的同时必须注意观察火场情况变化，及时发现沸溢、喷溅征兆，应迅速做出正确判断，及时撤退人员，避免造成伤亡和损失。

6）对于水溶性的液体如醇类、酮类等火灾，应使用抗溶性泡沫扑救。用干粉扑救时，灭火效果要视燃烧面积大小和燃烧条件而定，同时需用水冷却罐壁。

（3）充分冷却，防止复燃

燃烧罐的火灾被扑灭后，要继续保持对罐壁的冷却，直至使易燃液体的温度降到其燃点以下为止，并保持液面的泡沫覆盖。对于地面液体流淌火，在火灾被扑灭后，液面仍需维持泡沫的覆盖，直到采取现场清理措施。

15.3.2 注意事项

（1）对较大的储罐或流淌火灾，应准确判断着火面积

小面积（一般指 50 m^2 以内）液体火灾，可用雾状水扑灭，用泡沫、干粉、二氧化碳灭火剂更有效。大面积液体火灾则必须根据其相对密度、水溶性和燃烧面积大小，选择正确的灭火剂扑救。比水轻又不溶于水的液体（如汽油、苯等），用直流水、雾状水灭火往往无效，可用普通蛋白泡沫或轻水泡沫灭火。比水重又不溶于水的液体起火时可用水扑救，因为水能覆盖在液面上灭火，用泡沫也有效。具有水溶性的液体（如醇类、酮类等），虽然从理论上讲能用水稀释扑救，但实践中容易使液体溢出流淌，而普通泡沫又会受到水溶性液体的破坏，因此，最好用抗溶性泡沫扑救。

（2）防毒

扑救毒害性、腐蚀性或其燃烧产物毒害性较强的易燃液体火灾，扑救人员必须佩戴防护面具，做好防毒措施。

（3）堵漏

遇易燃液体管道或储罐泄漏着火，在把火势限制在一定范围内

的同时，应设法找到并关闭进、出阀门，如果管道阀门已损坏，应迅速采取堵漏措施。与气体泄漏堵漏不同的是，液体泄漏一次堵漏失败，可连续堵几次，但需要用泡沫覆盖地面并控制好周围着火源。

15.4 电气线路和设备火灾扑救

15.4.1 扑救要点

带电电气线路或设备起火后，电力线路燃烧易形成一条快速蔓延的“火龙”，并发出强烈耀眼的弧光。例如，油浸电力变压器或油开关由于在高温或电弧作用下发生爆炸还会引起绝缘油外溢或飞溅，会使火势在瞬间蔓延扩大。

（1）断电灭火方法

当扑救人员的身体或所使用的消防器材接触或接近带电部位，或在冷却和灭火中用直流水柱、喷射出的泡沫等射至带电部位，电流会通过水或泡沫导入扑救人员的身体，容易发生触电事故。为了防止在扑救火灾过程中发生触电事故，首先应禁止无关人员进入着火现场，特别是对于有电线落地已形成了跨步电压或接触电压的场所，一定要划分出危险区域，并设有明显的警示标志并由专人看管。同时，要与生产调度、电工技术人员合作，在允许断电时要尽快设法切断电源，为扑救火灾创造安全的环境。

（2）带电灭火方法

当电气线路或设备发生火灾后，因火场情况紧急，或生产的连续性需要，或其他原因而无法切断电源的情况下，常需实施带电灭火。带电灭火必须在防止触电的前提下，实施有效的扑救措施。

1）用灭火器实施带电灭火。对于初期带电设备或线路火灾，应使用二氧化碳或干粉灭火器进行扑救。扑救时应根据着火电气线路或设备的电压，确定扑救最小安全距离，在确保人体、灭火器的筒体（喷嘴）与带电体之间距离不小于最小安全距离的要求下，操作人员应尽量从上风方向施放灭火剂实施灭火。

2）用固定灭火系统实施带电灭火。生产装置区、库区、装卸区和变、配电所等部位的二氧化碳、干粉固定灭火装置，以及雾状水等固定或半固定的灭火装置，可以直接用于带电灭火。

3）用水实施带电灭火。因水能导电，用直流水柱近距离直接扑救带电的电气设备火灾，扑救人员会有触电的危险，因此，只有充分做好保障灭火人员防触电措施的情况下，才能用水实施带电灭火。

15.4.2 注意事项

用水实施带电灭火时，为了确保人员的安全，可采取如下安全措施：

（1）个人防护

1）扑救人员必须穿戴绝缘胶靴、绝缘手套，必要时应穿均压服。

2）在金属水枪的喷嘴上安装接地线。接地线可用截面为5～10 mm^2、长20～30 m的铜绞线；接地棒可用长1 m以上，直径50 mm的钢管或50 mm×50 mm的角钢钉入地下0.5 m，接地处可倒入盐水或普通水以增加导电性。也可利用附近的避雷针引下线、自来水铁管、金属暖气管、电线杆拉线等作为接地装置。

3）使用铜网格作接地板。铜网格用粗铜线编制而成，面积至少为0.6 m×0.6 m，用接地线与金属水枪喷嘴和铜网格接地板连接，根据电压高低选好安全距离，水枪射手在接地板上站好后，方可射水扑救火灾。

4）采用喷雾水流。用喷雾水流进行带电灭火时，只要根据电压高低选好安全距离（最好超过3 m），水枪可以不用接地线，直接带电灭火。

5）采用充实水柱。在运用充实水柱带电灭火时，水枪喷嘴与带电体的距离应根据带电体电压高低，保持在相应最小安全距离以外，最好使用小口径水枪，采取点射射水灭火，或使水流向斜上方喷射，使水断续地呈抛物线形状落于火点。

（2）带电灭火时的注意事项

1）水枪喷嘴与带电体之间要保持安全距离。

2）使用直流水枪灭火时，如听到放电声或发现放电火花、有电击感时，应采取卧姿射水，将水带与水枪的接合部金属触地，以防触电伤人。

3）对架空带电线路进行灭火时，灭火人员至带电体的水平距离应大于带电体距地面的垂直高度，以防导线断落等危及灭火人员的安全。如果电线已断落，应划出 8~10 m 警戒区，并禁止人员入内。

4）在带电灭火过程中，没有穿戴防电用具的人员，不准接近燃烧区，以防地面积水导电伤人。火灾扑灭后，如果设备仍有电压时，要求所有人员均不得接近带电设备和积水地区，以防止发生触电事故。

15. 5　管道系统火灾扑救

生产管道布置纵横交错，种类繁多，被输送介质的理化性质多样，系统接点多，火灾爆炸事故发生率高。管道发生火灾爆炸事故，容易沿着管道系统扩展蔓延，使事故范围和损失迅速扩大。

15. 5. 1　可燃液体管道火灾扑救

液体管道物料因腐蚀穿孔、垫片损坏、管线破裂等引起泄漏，被引燃后，着火物料在管道内液压的作用下向四周喷射，对邻近设备和建筑物造成很大威胁。扑救这类火灾，应首先关闭输液泵、阀门，切断向着火管道输送的物料。然后采取挖坑筑堤的方法，限制着火液体物料流窜，防止蔓延。单根输液管线发生火灾，用直流水枪、泡沫、干粉等灭火，也可用沙土等掩埋扑灭。在同一地方铺设多根管线时，如其中一根破裂，漏出可燃液体并形成火灾时，火焰及其辐射热会使其他管线失去机械强度，并因管内液体或气体膨胀发生破裂，漏出物料，导致火势扩大。因此，要加强着火管道及其邻近管道的冷却。对空间管道流淌火，因其易形成立体或大面积燃烧，可从管道的一端注入水蒸气吹扫，或注入泡沫、水进行灭火。若油管裂口处形成火炬式稳定燃烧，应用交叉水流，先在火焰下方喷射，然后逐渐上移，将火焰割断扑灭。若输油管线附近有灭火蒸汽接管，也可采用蒸汽灭火。

15.5.2 可燃气体管道火灾扑救

可燃气体管道发生火灾时，不要急于灭火，应以防止蔓延和防止发生二次灾害为重点。应在落实关闭进气阀门或堵漏措施后，才可灭火。阀门受火势直接威胁，无法关闭时，首先应冷却阀门，在保证阀门完好的情况下，再行灭火。同时，应掌握时机，选择在火焰由高变低、声音由大变小，即压力降低的有利条件下灭火，灭火后迅速关闭阀门，并使用蒸汽或喷雾水稀释和驱散余气。气体火灾，可选择水、干粉、蒸汽等灭火剂。灭火后对容器、管道要继续射水，以便驱散周围可燃余气。如扑救有毒的可燃气体火灾，消防员必须佩戴防毒面具。

15.5.3 气流输送、通风、空调、除尘管道火灾扑救

工厂着火后，火苗有可能很快窜入气流输送、通风、空调、除尘管道，并沿其蔓延扩大，因此必须截击阻止，消除余火，防止其流窜。

（1）火苗吸入物料输送风道

立即停止操作生产设备，关闭输送风机和风道阀门，将火焰控制在风道的局部范围，制止其蔓延。打开输送风道的旁通漏斗，设

法将着火物料引出，就地彻底扑灭。着火物料难以取出的，应根据发烟浓度、管壁温度，判明大致燃烧范围，破拆风道，强行清理，或用水枪深入风道灌注灭火。

（2）火苗窜入吸尘管道

在生产过程中产生的火花或火苗，通过设在生产设备上的除尘装置吸入地沟、地面除尘管道时，应立即停止局部区域的吸尘风机，关闭局部除尘管道的阀门，尽量将火苗控制在局部区域内。查明火点位置，将着火物料粉尘通过旁通管引出清除，并就地扑灭。设有火星自动探除器的，要启动火星自动探除器，及时导出火星，并消灭余火。难以清除着火物料尘时，要破拆吸尘管道，清除着火物料尘，防止火苗窜入邻近吸尘管道和除尘室，导致燃烧范围扩大。

（3）火苗窜入空调管道

及时关闭局部空调设备和防火阀门，控制燃烧范围。先破拆空调管道的保温层，通过烟雾浓度、管道温度、管道颜色变化，确定火点位置，在起火点两端，分别用金属切割设备拆开空调管道。用水枪消灭管道内火焰，同时冷却降低空调管道温度。火点被扑灭后，要清理出燃烧过的棉絮等物品。燃烧范围大、火点多时，要多点同时破拆，逐点消灭，不留死角。

15.5.4 下水道、管沟火灾扑救

企业生产往往要消耗大量工业用水，需排放或送往净化处理设备设施的污水量很大，污水中经常混杂有易燃易爆或有毒的物质；装置或设备若发生泄漏，可燃蒸气易在下水道、管沟等低洼地方聚集，遇到明火即会发生爆炸或燃烧。污水管网一般遍及全企业区，一旦着火，易蔓延成灾。扑救下水道、管沟火灾的方法为：用湿棉被、沙土、堵塞气垫、水枪等卡住下水道、管沟两头，防止火势向外蔓延。若是暗沟，可分段堵截，然后向暗沟喷射高倍数泡沫或采取封闭窒息等方法灭火。火势较大时，应冷却保护邻近的物资和设

施，用泡沫或二氧化碳灭火。若油料流入江河，则应在水面进行拦截，把火焰压制到岸边安全地点后用泡沫灭火。

15.6 危险化学品火灾扑救

15.6.1 扑救要点

（1）设置警戒线

危险化学品事故现场情况复杂，必须实施警戒，并及时疏散危险区域内的人员。根据仪器检测结果和现场气象情况，确定警戒区域，划定警戒范围。要在适当地方设置明显的警戒线。

（2）选择适当的处置方法，防止盲目施救

危险化学品种类繁多，各种危险化学品有各自的危险特性，处置方法也不同，所以，发生危险化学品运输事故首先一定要弄清楚危险化学品的品种和危险性，再根据事故现场情况，选择适当的处置方法。没有妥善的处置方法，没有必要的防护设备，不能贸然处置危险化学品事故特别是火灾爆炸事故，否则会造成人员伤害事故。

（3）正确选用灭火剂

在扑救危险化学品火灾时，应正确选用灭火剂，积极采取针对性的灭火措施。大多数易燃、可燃液体火灾都能用泡沫灭火剂扑救。其中，水溶性的有机溶剂火灾应使用抗溶性泡沫扑救，如醚、醇类火灾，可燃气体火灾可使用二氧化碳、干粉等灭火剂扑救，有毒气体和酸、碱液可使用喷雾、开花射流水或设置水幕进行稀释。遇水燃烧物质如碱金属或碱土金属火灾，遇水反应物质，如乙硫醇、乙酰氯等，应使用干粉、干沙土或水泥粉等覆盖灭火。粉状物品，如硫黄粉、粉状农药等，不能用强水流冲击，可用雾状水扑救，以防发生粉尘爆炸，扩大灾情。

（4）控制和消除引火源

大多数危险化学品都具有易燃易爆性，现场处置中若遇引火源，发生燃烧爆炸，对现场人员、周围群众、设施都会造成严重危害，也给事故处置增加难度。如果处置的危险化学品是易燃易爆物品，现场和周围一定范围内要杜绝火源，所有电气设备都应关掉，进入警戒区的消防车辆必须带阻火器。现场上空的电线应断电，固定电话、手机等通信工具也要关闭，防止电火花引燃引爆可燃气体、可燃液体的蒸气或可燃粉尘。堵漏或现场操作中应使用无火花处置工具。

（5）清理和洗消现场

危险化学品火灾被扑灭后，要对事故现场进行彻底清理，防止因某些危险化学品没有清理干净而导致复燃，并对火灾现场及参与火灾扑救的人员、装备等实施全面洗消。对现场进行再次检测，确保现场残留毒物达到安全标准后，再解除警戒。

15.6.2 注意事项

在处置危险化学品火灾时，应注意以下几个问题：

（1）救援人员应注意自身安全

进入危险区域的救援人员的个人防护要充分，穿着防化服，遵守毒区行动规则，不得随意解除防护装备，不得随意坐下或躺下，不得在毒区进食和饮水等。扑救无机毒品中的氰化物，硫、砷和硒的化合物及大部分有机毒品火灾时，应尽可能站在上风方向，并佩戴防毒面具。

（2）注意环境保护

在处置泄漏的危险化学物料时，能回收的要尽量回收，不能回收的要防止泄漏物料流入河道。若已流入河道，要采取相应措施进行消毒，并对污染河道进行连续、多点位、多层面的监测，既要做定性检测，又要做定量检测。同时要通报沿河群众、下游城市有关部门不要取用河水，密切关注污染水流情况。对受污染的土壤使用机械挖掘清除，并在安全地带采取焚烧或其他物理、化学方法进行安全处置。对于稀释过程产生的大量污染水也应尽可能地收集到一处，以便集中处理。

15.7 汽车火灾扑救

汽车火灾的扑救应采取如下措施：

（1）当汽车发动机发生火灾时，驾驶员应迅速停车，让乘车人员打开车门自己下车，然后切断电源，取下随车灭火器，对准着火部位的火焰正面猛喷，扑灭火焰。

（2）汽车车厢货物发生火灾时，驾驶员应将汽车驶离重点要害部位（或人员集中场所）停下，并迅速向消防部门报警。同时驾驶员应及时取下随车灭火器扑救火灾，当火一时扑灭不了时，应将围观群众劝离现场，以免发生爆炸事故，造成人员伤亡，使灾害扩大。

（3）当汽车在加油过程中发生火灾时，驾驶员要立即停止加油，迅速将车开出加油站（库），用随车灭火器或加油站的灭火器以及衣服等将油箱上的火焰扑灭。如果地面有流散的燃料时，应用库区灭火器或沙土将地面火扑灭。

（4）当汽车在修理中发生火灾时，修理人员应迅速上车或钻出地沟，立即切断电源，用灭火器或其他灭火器材扑灭火焰。

（5）当汽车被撞倒后发生火灾时，如果撞倒车辆零部件损坏，乘车人员伤亡比较严重，首要任务是设法救人。如果车门没有损坏，应打开车门让乘车人员逃出。同时可利用扩张器、切割器、千斤顶、消防斧等工具配合消防队救人灭火。

（6）当停车场发生火灾时，一般应视着火车辆位置采取扑救措施和疏散措施。如果着火汽车在停车场中间，应在扑救火灾的同时，组织人员疏散周围停放的车辆。如果着火汽车在停车场的一边时，应在扑救火灾的同时，组织疏散与火灾相邻的车辆。

（7）当公共汽车发生火灾时，由于车上人多，要特别冷静果断，首先应考虑到救人和报警，视着火的具体部位而确定逃生和扑救方法。如着火的部位在公共汽车的发动机，驾驶员应开启所有车门，组织乘客有序地从车门下车，再组织扑救火灾。如果着火部位在汽车中间，驾驶员开启车门后，乘客应从两头车门下车，驾驶员和乘车人员再扑救火灾、控制火势。

15.8 人体着火扑救

人体着火多数是由于工作场所发生火灾、爆炸事故或扑救火灾引起的，也有因用汽油、苯、酒精、丙醇等易燃油品和溶剂擦洗机械或衣物，遇到明火或静电火花而引起的。当人体着火时应采取如下扑救措施：

（1）若衣服着火又不能及时扑灭，则应迅速脱掉衣服，防止烧伤皮肤。若来不及或无法脱掉应就地打滚，用身体压灭火焰。切记不可跑动，否则风助火势会造成严重后果。就地用水灭火效果会更好。

（2）如果人体溅上油类而着火，其燃烧速度很快。人体的裸露部分，如手、脸和颈部最容易被烧伤。此时因疼痛难忍，一般就会本能地以跑动试图逃脱。在场的人应立即制止其跑动，将其扑倒，用石棉布、棉衣、棉被等物覆盖灭火，用水浸湿后覆盖效果更好。用灭火器扑救时，不要对着人员脸部喷射灭火剂。

第 16 讲

火灾爆炸事故现场应急处置

企业对本单位的消防安全依法负有主体责任。火灾爆炸事故发生后，企业应进行先期处置、抢救人员、控制危险源，杜绝盲目施救，防止事态扩大。要明确并落实生产现场带班人员、班组长和调度人员直接处置权和指挥权，在遇到火情或爆炸事故征兆时应立即下达停产撤人命令，组织现场人员及时、有序撤离到安全地点，减少人员伤亡。要第一时间向消防救援机构报警，依法依规及时、如实向当地应急管理行政部门和消防救援机构报告事故情况，不得瞒报、谎报、迟报、漏报，不得故意破坏事故现场、毁灭证据。

本讲阐述了生产安全事故现场处置基本知识，并以常见的生产行业的火灾爆炸事故现场应急处置的方法和注意事项为例进行深入讲解。

16.1 事故现场应急处置概述

16.1.1 事故现场应急处置原则

（1）快速反应原则

任何安全事故都具有突发性、连带性和不确定性等特点，这些特点决定了在现场应急处置过程中任何时间上的延误都有可能加大其工作的难度，以至于使事故的损失扩大，引发更为严重的后果。因此，在应急处置过程中必须坚持做到快速反应，力争在最短的时间内到达现场、控制事态、减少损失，以最高的效率与最快的速度救助受害人，并为尽快地恢复正常的工作秩序、社会秩序、生活秩序创造条件。

在所有的安全事故发生之后，现场应急处置快速反应并没有一个现成的模式，一方面要遵循事故处置的一般原则，另一方面也需要根据事故的性质与所影响的范围灵活掌握、酌情处理。有的事故在爆发的瞬间就已结束，没有继续蔓延的条件，但大多数事故在救援和处置过程中可能还会继续蔓延扩大。如果处置不及时，很可能带来灾难性的后果，甚至引发其他灾害事故。

（2）救助原则

大量的事故案例研究表明，造成严重后果的原因就是反应不及时，受害人不能得到及时救助。应急处置的首要目标是人员的安全，救助原则与快速反应原则的本质要求就是减少人员的伤亡。

每当事故发生，就会产生数量和范围不确定的受害者。受害者的范围不仅包括灾难中的直接受害人，甚至还包括直接受害人的亲属、朋友以及周围其他利益相关的人员。事故受害人所需要的救助往往是多方面的，这不仅体现在生理上，很多时候也体现在心理和精神层面上。

（3）人员疏散原则

在大多数事故应急处置的现场控制与安排中，把处于危险境地的受害者尽快疏散到安全地带，避免出现更大伤亡的灾难性后果，是一项极其重要的工作。在很多伤亡惨重的安全事故中，没有及时进行人员安全疏散是造成群死群伤的主要原因。

无论是自然灾害还是人为事故，在决定是否疏散人员的过程中，需要考虑的因素一般有：是否可能对人员的生命和健康造成危害，特别是要考虑是否存在潜在危险；危害的范围是否会扩大或者蔓延；是否会对环境造成破坏性的影响。

（4）保护现场原则

按照一般的程序，事故的应急处置工作结束之后，或在应急处置过程的适当时机，调查工作就需要介入，以分析事故的原因与性质，发现、收集有关的证据，明确事故的责任者。在事故应急处置过程中，特别是对现场的控制做出安排时，一定要考虑对现场进行有效的保护，以便于开展调查工作。在实践中容易出现的问题是应急人员的注意力都集中在救助伤亡人员，或防止灾难的蔓延扩大上，而忽略了对现场与证据的保护，结果在事后收集证据时，发现现场已遭到破坏，给调查工作带来被动。因此必须在进行现场控制的整个过程中，把保护现场作为工作原则贯穿始终。

（5）保护应急处置参与人员安全的原则

要保证应急处置参与人员的安全，现场的应急处置指挥人员在指导思想上也应当充分地权衡各种利弊，使现场应急处置的决策科学化、最优化，避免付出不必要的牺牲和代价。

16.1.2 事故应急处置工作内容

根据《生产经营单位生产安全事故应急预案编制导则》（GB/T 29639—2013）中的规定，事故应急处置预案应主要包括以下内容：

（1）事故应急处置程序

根据可能发生的事故类型及现场情况，明确事故报警、各项应急措施启动、应急救护人员的引导、事故扩大及同企业应急预案的衔接程序。

（2）现场应急处置措施

针对可能发生的火灾、爆炸、危险化学品泄漏、坍塌、水患、机动车辆伤害等，从操作措施、工艺流程、现场处置、事故控制、人员救护、消防、现场恢复等方面制定明确的应急处置措施。

（3）报告和求援

列明报警电话及上级管理部门、相关应急救援单位联络方式和联系人员，事故报告的基本要求和内容。

16.1.3 事故现场控制的基本方法

在事故的应急处置过程中，对现场的控制是必不可少的，要做出一系列的应急安排，以防止灾难性事故的进一步蔓延扩大，把人员伤亡与财产损失减少到最低。但由于事故发生的时间、环境、地点不同，事故类型、影响范围、损害程度也不尽相同，进而其所需要的控制手段包括应急资源也不相同。这些差别决定了在不同的事故现场应该采取不同的控制方法。事故现场控制的基本方法可分为以下几种。

(1) 警戒线控制法

警戒线控制法是由参加现场处置工作的人员对需要保护的重大或者特别重大事故现场，防止非应急处置人员与其他无关人员随意进出，干扰应急行动的特别保护方法。在重特大事故现场或其他相关场所，根据不同情况或需要，应安排应急参与人员实施警戒保护，对应急现场应从其核心现场开始，向外设置多层警戒。

现场设置警戒线，一方面是为了保障处置工作人员在顺利进出上有一种安全感，另一方面是防止外来的未知因素对现场的安全构成威胁，以避免现场可能存在的各种危险源危及周围无关人员的安全。应急警戒范围，应坚持宜大不宜小，保留必要的警戒冗余度以阻止现场大规模无序流动。

(2) 区域控制法

在有些事故的应急处置过程中，可能点多面广，需要处置的问题较多，处置工作必然存在安排上的顺序问题；也可能由于环境等因素的影响，对某些局部区域采取不同的控制措施，以控制进入现场的人员数量。区域控制法在不破坏现场的前提下，在现场外围对整个应急现场环境进行总体观察，确定重点区域、重点地带、危险区域、危险地带。一般遵循的原则是，先重点区域，后一般区域；先危险区域，后安全区域；先外区域后内区域，再中心区域。

（3）遮盖控制法

遮盖控制法实际上是保护现场与现场证据的一种方法。在应急处置现场，有些物证的时效性要求往往比较高，天气因素等的变化可能会影响取证的真实性；有时由于现场比较复杂，破坏比较严重，再加上应急处置人员不足，不能立即对现场进行勘查、处置，因此需要用其他物品对重要现场、重要证据、重要区域进行遮盖，以利于后续工作的开展。遮盖物一般采用干净的塑料布、帆布、草席等物品，起到防风、防雨、防日晒以及防止无关人员随意触动的作用。应当注意的是，除非万不得已，一般尽量不要使用遮盖控制法，防止遮盖物污染某些微量物证，影响取证以及后续的化学、物理分析结果。

（4）以物围圈控制法

为了维持现场处置的正常秩序，防止现场重要物证被破坏以及危害扩大，可以用其他物体对现场中心地带周围进行围圈。一般来讲，可以使用一些不污染环境的阻燃阻爆的物体。如果现场比较复杂，还可以采用分区域、分地段的方式进行。

（5）定位控制法

有些事故应急现场由于死伤人员较多，物体变动较大，物证分布范围广，采取上述几种现场控制方法，可能会给事发地的正常生活和工作秩序带来一定的负面影响，这就需要对现场特定死伤人员、特定物体、特定物证、特定方位、特定建筑等采取定点标注的定位控制法，使现场处置有关人员对整体事件现场能够一目了然，做到定量和定性相结合，有利于下一步工作的开展。

16.1.4 事故现场处置过程

在事故应急处置中，尽管由于发生事故的单位、地点、化学介质等不同，现场处置程序会存在差异，但一般都是由现场设点、询情和侦检、隔离与疏散、防护、现场急救（救护）等步骤组成。

（1）现场设点

现场设点是指各救援队伍进入事故现场，选择有利地形（地点）设置现场救援指挥部或救援、医疗急救点。救援指挥部、救援和医疗急救点的设置应考虑以下几项因素：

1）地点。地点应选在上风向的非污染区域，需注意不要远离事故现场，便于指挥和救援工作的实施。

2）位置。各救援队伍应尽可能地在靠近现场救援指挥部的地方设点并随时保持与指挥部的联系。

3）路段。应选择交通路口，以利于救援人员或转送伤员的车辆到达。

4）条件。指挥部、救援或医疗急救点可设在室内或室外，应便于人员行动或伤员的抢救，同时要尽可能利用原有通信、水和电等资源，有利于救援工作的实施。

5）标志。指挥部、救援或医疗急救点，均应设置醒目的标志，方便救援人员和伤员识别。悬挂的旗帜应用轻质面料制作，以便救援人员随时掌握现场风向。

（2）询情和侦检

采取现场询问和现场侦查的方法，充分了解和掌握事故的具体情况、危险范围、潜在险情（爆炸、中毒等）。

侦检是危险物质事故抢险处置的首要环节。侦检是指利用检测仪器检测事故现场危险物质的浓度、强度以及扩散、影响范围，并做好动态监测。根据事故情况不同，可以派出若干侦查小组，对事故现场进行侦查，每个侦查小组至少应有 2 人。

（3）隔离与疏散

1）建立警戒区域。事故发生后，应根据危险品泄漏扩散的情况或火焰热辐射所涉及的范围建立警戒区，并在通往事故现场的主要干道上实行交通管制。建立警戒区时注意事项如下：

①警戒区域的边界应设警示标志，并有专人值守。

②除消防、应急处理人员以及必须坚守岗位的工作人员外，其他人员禁止进入警戒区。

③泄漏溢出易燃物品时，区域内应禁火种。

2）紧急疏散。迅速将警戒区及污染区内与事故应急处置无关的人员撤离，以减少不必要的人员伤亡。紧急疏散应注意的事项如下：

①如事故物质有毒时，需要佩戴个体防护用品或采用简易有效的防护措施，并有相应的监护措施。

②应向上风方向转移，明确专人引导和护送疏散人员到达安全区，并在疏散或撤离的路线上设立哨位，指明方向。

③不要在低洼处滞留。

④要查清是否有人留在污染区或着火区。

（4）防护

根据事故物质的毒性及划定的危险区域，确定相应的防护等级，并根据防护等级按标准配备相应的防护器具。

（5）现场急救（救护）

在事故现场，化学品对人体可能造成的伤害有中毒、窒息、冻伤、化学灼伤、烧伤等。进行现场急救（救护）时，不论伤者还是救援（救护）人员都需要进行适当的防护。

16.2 冶金企业生产事故应急处置

16.2.1 煤气泄漏事故应急处置

钢铁冶炼过程中，煤占总能源的70%，副产品煤气占总能耗的32.2%，如炼焦副产品焦炉煤气、炼铁副产品高炉煤气、炼钢副产品转炉煤气、生产铁合金副产品铁合金炉煤气等。由于煤气中含有大量易燃易爆、有毒有害物质，在生产、运输、储存和使用过程中，存在中毒、火灾和爆炸危险。

（1）发生煤气泄漏时的应急处置

1）关闭送气阀。发现煤气泄漏应立即报告，操作人员按规程关闭送气阀门，打开紧急放散阀门进行减压。

2）空气稀释。强制向泄漏区排风，将泄漏区煤气疏散。

3）检查抢修。工程抢险人员必须佩戴防毒面罩，进入现场详细检查，找出原因；抢险抢修人员在做好安全措施的前提下，迅速开展对泄漏点的抢修堵漏工作。

4）煤气泄漏较严重时，应迅速划分危险单元，组织治安队在目标单元周围200 m范围内设立警戒线，严禁无关人员及车辆通过，查禁所有明暗火源。

5）现场应急指挥人员根据情况及时报告当地政府相关管理部门，请求外部支援，对处在危险区域内的所有人员进行紧急疏散。

（2）发生人员煤气中毒时的应急处置

1）进入泄漏区的人员必须佩戴一氧化碳报警仪、氧气呼吸器。

2）设置隔离区并进行监护，防止其他人员进入煤气泄漏的区域。

3）抢救人员要尽快使中毒人员离开危险环境，并尽量让中毒人员静躺，避免活动后加重心、肺负担及增加氧的消耗量。

4）事故现场杜绝任何火源。

5）搜索后，要对在岗人员及参加抢险的人员进行人数清点，在人数不符的情况下搜救工作不能终止，直到人员全部点清确认。

6）对泄漏点周围逐个地点进行搜索，特别是在死角、夹道等不易引起注意的地方进行全面搜索。

7）应对警戒区域内的煤气含量进行检测，超过标准规定时警戒区不能撤销。

（3）煤气泄漏引发火灾爆炸时的应急处置

1）煤气轻微泄漏引起着火，可用湿泥、湿麻袋堵住着火部位，进行扑救和灭火，火焰熄灭后再按有关规定，补好泄漏处。

2）直径小于 100 mm 的煤气管道着火时，可直接关闭阀门，切断气源灭火。

3）直径大于 100 mm 的煤气管道或煤气设备着火时，应向管道或设备内通入大量蒸汽或氮气，同时降低煤气压力，缓慢关小阀门但压力不得小于 100 Pa，以防止回火引起爆炸使事故扩大，待火焰熄灭后再彻底关闭阀门。

4）煤气管道或设备被烧红，不得用水骤然冷却，以防管道或设备变形断裂。

5）当管道法兰、补偿器、阀门等处着火时，如果火势较小，可戴好呼吸器用就近备用灭火器灭火；如果火势较大，用灭火器不能扑灭，可用水冷却设备，同时向系统内通入蒸汽或氮气，逐渐关闭阀门，待火焰熄灭后彻底切断气源灭火。

6）当火灾发生时，目标单元事发危险区域要将警戒线扩大至300~500 m 范围，防止他人误入危险区。事故隐患未彻底消除前，安全警戒不得解除。

7）当发生煤气爆炸事故，在未查明事故原因和采取必要安全措施前，不得向煤气设施复送煤气。

16.2.2 高温液体喷溅事故应急处置

冶金生产过程中的高温液体具有温度高、热辐射很强的特性，如铁水、钢水、钢渣、铁渣的温度往往可达 1 250~1 670 ℃。高温液体易喷溅，对危险范围内的作业人员，极易造成灼伤。

高温液体发生喷溅、溢出或泄漏时，除了可能直接对人员造成灼烫伤害外，还潜藏着发生爆炸的严重危害，还有可能诱发其他二次伤害或事故，给企业造成巨大损失。

（1）高温液体喷溅伤害的应急处置

1）人员身体着火时，严禁奔跑，相邻人员要帮助灭火。

2）心搏、呼吸停止者，应立即进行心肺复苏。

3）面部、颈部深度烧伤及出现呼吸困难者，应迅速送往医院救治。

4）非化学物质的烧伤创面不可用水淋，创面水疱不要挑破，以免创面感染。

5）用清洁纱布等盖住创面，以免感染。

6）如伤员口渴，可少量饮用凉白开水或淡盐水，不可喝生水及大量白开水，以免引起脑水肿及肺水肿。

7）严重灼伤者，争取在休克出现之前，迅速送医院医治。

8）送伤员前，尽可能提前通知医院做好抢救准备事宜。

（2）发生高温液体溢出、爆炸的应急处置

1）凡发生高温液体溢出，应立即停止作业，危险区内严禁有人。

2）发生漏铁水、漏钢水事故时，要将剩余铁水、钢水倒入备用罐内。

3）高温液体溢流至地面遇有乙炔瓶、氧气瓶等易燃易爆物品时，如不能及时搬走，要采取降温措施。

4）溢出、泄漏地面的铁水、钢水在未冷却之前，不能用水扑救，防止水因高温出现分解，引起爆炸。

5）高温液体溢出或泄漏诱发火灾时，不能用水扑救，一般采用干粉灭火剂扑救。

6）一旦诱发了火灾爆炸等二次事故时，应立即设置警戒区，禁止人员进入。

16.2.3 冶金生产火灾爆炸事故应急处置

在冶金生产过程中，特别是煤粉制备、输送与喷吹过程中，可能产生火灾、爆炸、中毒、窒息、建筑物坍塌等事故。密闭生产设备中发生的煤粉爆炸事故可能发展成为系统爆炸，严重时会摧毁整个烟煤喷吹系统，甚至危及高炉；抛射到密闭生产设备以外的煤粉可能导致二次粉尘爆炸和次生火灾，扩大事故危害。

（1）火灾爆炸事故的应急处置

1）指定专人维护事故现场秩序，阻止无关人员进入事故现场，严防二次灾害，协助救援人员进入事故现场。

2）认真保护事故现场，凡与事故有关的物体、痕迹、状态不得破坏，为了抢救受伤者需要移动某些物体时，必须做好标记。

3）受伤人员根据实际需要，立即实施现场救护，如心肺复苏、外伤包扎等，同时应迅速联系专业救护机构。

4）及时收集现场人员位置、数量信息，准确统计伤亡情况，防止其他人员受困未被发现。

5）及时切断与运行设备的联系，保证其他设备的安全运行。如果是在有压力容器的部位发生火灾，要及时隔离，严防引发压力容器爆炸事故。

6）确定事故状态对周边相关动力管网的影响情况，采取安全防范措施。

7）转移易燃易爆等危险品，运用隔离设施严防烧、摔、砸、爆炸、窒息、中毒、高温、辐射等对救援人员造成伤害。

（2）对烧伤人员的应急处置与救治

当发生热物体灼烫伤害事故时，事发单位首先应了解情况，及时抢修设备，进行堵漏，并使伤者迅速脱离热源，然后对其烫伤部位用自来水冲洗或浸泡。但不要给烫伤创面涂有颜色的药物如紫药水，以免影响对烫伤深度的观察和判断，也不要将牙膏、油膏等物质涂于烫伤创面，以减少创面感染的机会，减少就医时处理的难度。如果出现水疱，不要将疱皮撕去，避免感染。简单处理后应及时送医院救治。

16.3 化工企业生产事故应急处置

16.3.1 化工企业火灾爆炸事故应急处置

在化工企业生产过程中和危险化学品运输、仓储、销售、使用和废弃物处置等环节，由于化学物质的性质、气象因素、违章操作等原因，都有可能导致火灾爆炸事故的发生。

（1）扑救危险化学品火灾的一般对策

1）在火灾尚未扩大到不可控制之前，应尽快用灭火器尽力扑救控制。应首先迅速关闭火灾部位的上下游阀门，切断进入火灾事故地点的一切物料，然后立即启用现有各种消防装备扑灭初期火灾和控制火源。

2）为防止火灾危及相邻设施，必须及时采取冷却保护措施，并迅速疏散受火势威胁的物资。有的火灾可能造成易燃液体外流，这时可用沙袋或其他材料筑堤拦截流淌的液体或挖沟导流，将物料导向安全地点。必要时用毛毡、湿草帘堵住下水井、窨井口等处，防止火灾蔓延。

3）危险化学品火灾决不可盲目施救，应针对每一类化学品，选择正确的灭火剂和灭火方法。必要时采取堵漏或隔离措施，预防次生灾害发生。当火势被控制以后，仍然要派人监护、清理现场，消灭余火。

（2）几种特殊物品火灾扑救的注意事项

1）扑救液化气体类火灾，切忌盲目扑灭，在没有采取堵漏措施的情况下，必须保持稳定燃烧。否则，大量可燃气体泄漏出来与空气混合，遇着火源就会发生爆炸，后果将不堪设想。

2）对于爆炸物品火灾，切忌用沙土盖压，以免增强爆炸物品爆炸时的威力；扑救爆炸物品堆垛火灾时，水流应采用吊射，避免强力水流直接冲击堆垛，造成堆垛倒塌引起再次爆炸。

3）对于遇湿易燃物品火灾，禁止用水、泡沫、酸碱等湿性灭火剂扑救。

4）氧化剂和有机过氧化物的火灾扑救比较复杂，应针对具体物质具体分析。

5）扑救毒害品和腐蚀品的火灾时，应尽量使用低压水流或雾状水，避免腐蚀品、毒害品溅出；遇酸类或碱类腐蚀品火灾，最好调制使用相应的中和剂溶液作为灭火剂。

6）易燃固体、自燃物品一般都可用水和泡沫扑救，要控制住燃烧范围，逐步扑灭。但有少数易燃固体、自燃物品的扑救方法比较特殊，如2,4-二硝基苯甲醚、二硝基萘、萘等是易升华的易燃固体，受热放出易燃蒸气，能与空气形成爆炸性混合物，尤其在室内易发生爆燃，在扑救过程中应不时向燃烧区域上空及周围喷射雾状水，并消除周围一切火源。

注意：发生危险化学品火灾时，灭火人员不应单独行动，应该2~3人一组，相互照应。灭火时出口应始终保持畅通，以保障发生意外时能够及时撤出。

（3）爆炸事故的应急处置要领

发生危险化学品爆炸事故时，一般应注意以下应急处置要领：

1）迅速判断和查明再次发生爆炸的可能性和危险性，紧紧抓住爆炸后和再次发生爆炸之前的有利时机，采取一切可能的措施，全力制止再次爆炸的发生。

2）切忌用沙土盖压，以免增强爆炸物品爆炸时的威力。

3）如果有疏散可能，人身安全确有可靠保障，应迅速组织力量及时疏散着火区域周围的爆炸物品，使着火区域周围形成一个隔离带。

4）灭火人员应尽量利用现场现成的掩蔽体或尽量采用卧姿等低姿射水，尽可能地采取自我保护措施。消防车辆不要停靠离爆炸物品太近。

5）灭火人员发现有发生再次爆炸的危险时，应立即向现场指挥部（人员）报告，现场指挥部（人员）应迅速做出准确判断，确有发生再次爆炸征兆或危险时，应立即下达撤退命令。灭火人员看到或听到撤退信号后，应迅速撤离至安全地带，来不及撤退时，应就地卧倒。

16.3.2 危险化学品泄漏事故应急处置

危险化学品泄漏事故具有突发性、复杂性和高度危险性的特点，事故作用时间长，所造成的危害极大，给民众带来巨大的恐慌心理，远期效应明显。在进行危险化学品泄漏事故应急处置过程中，一定要首先做好自身的安全防护。危险化学品事故抢险救援人员必须穿戴个人防护用品。

（1）救援防护用品的选用

1）呼吸防护用品。呼吸防护用品主要分为过滤式和隔绝式两种。过滤式呼吸器只能在不缺氧的环境（即环境空气中氧含量不低于18%）和低浓度毒污染下使用，一般不能用于罐、槽等密闭狭小容器中作业人员的防护，主要有防尘呼吸器和防毒呼吸器。隔绝式呼吸器能使呼吸器官与污染环境隔离，由呼吸器自身供气（空气或氧气），或从清洁环境中引入空气维持人体的正常呼吸，可在缺氧、尘毒污染严重、情况不明的危险化学品事故处置场所使用，一般不受环境条件限制，按供气形式分为自给式和长管式两种类型。危险化学品事故抢险救援场所人员主要选用隔绝式呼吸器。

2）防护服。防护服的种类很多，供危险化学品事故应急处置现场人员使用的主要有防毒服和防火服。防毒服分为密闭型和透气型两类。前者在污染较严重的场所使用，后者在轻、中度污染场所使用。密闭型中的送气型防护服整体为密闭式结构，在腋下、袖口、裤口处设置排气阀门，清洁空气从头部送入，由排气阀排出；胶布防毒衣采用特制的防毒胶布缝制拼接而成，可防强烈刺激性毒气和烧伤性、脂溶性液体化学物质对皮肤的伤害；透气型防毒衣使用特殊透气性材料缝制，其袖口、裤口设置纽扣或扎带，能防护一定量毒气、毒烟雾对人体的危害；防酸碱工作服采用耐酸碱材料制成，保护人体不受酸碱液体及气雾伤害。

防火服主要用于火灾场所人员的防护，选用耐高温、不易燃、隔热、遮挡辐射热效率高的材料制成。

3）眼部防护用品。防酸碱眼罩一般呈全封闭状，软体眼罩左右侧及底部均有透气孔，耳部附有一根强拉力松紧带，可自由调节，在罩体上部有一沟槽，可以有效防止酸碱液喷溅时，渗入皮肤与罩体的缝隙间。

4）手、脚部防护用品。在危险化学品作业场所主要使用耐腐蚀的手套和防酸碱靴。常用的耐腐蚀手套有橡胶耐酸碱手套、乳胶耐酸碱手套和塑料耐酸碱手套，应具有耐酸碱腐蚀、防酸碱渗透、耐老化等性能，具有一定的强度，用于手接触酸碱液的防护。防酸碱靴主要用于地面有酸碱及其他腐蚀性液体或有腐蚀性液体飞溅的场所，其底和皮应具有良好的耐酸碱和抗渗透性能。

（2）进入危险化学品泄漏现场的注意事项

进入危险化学品泄漏现场进行应急处置时，一定要注意安全防护：

1）进入现场的救援人员必须佩戴必要的个人防护用品。

2）如果泄漏物是易燃易爆的，事故中心区应严禁火种、切断电源、禁止车辆进入，并立即在边界设置警戒线。

3）如果泄漏物是有毒的，应使用专用防护服、隔绝式呼吸器，并立即在事故中心区边界设置警戒线。

4）应急处置时严禁单独行动，要有监护人，必要时用水枪、水炮掩护。

在确保人员安全的前提下，尽快关阀堵漏。根据实际情况，可以采取关闭阀门、停止作业或改变工艺流程、物料走副线、局部停车、打循环、减负荷运行等，采用合适的材料和技术手段堵住泄漏处。

（3）对泄漏物的处理

1）围堤堵截。筑堤堵截泄漏液体或者将其引流到安全地点。储罐区发生液体泄漏时，要及时关闭雨水阀，防止物料沿明沟外流。

2）稀释与覆盖。向有害物蒸气云喷射雾状水，加速气体向高空扩散。对于可燃物，也可以在现场施放大量水蒸气或氮气，以破坏燃烧条件。对于液体泄漏，为降低物料向大气中蒸发的速度，可用泡沫或其他覆盖物品覆盖外泄的物料，在其表面形成覆盖层，抑制其蒸发。

3）收集。对于大型泄漏，可选择用隔膜泵将泄漏出的物料抽入容器内或槽车内；当泄漏量少时，可用沙子、吸附材料、中和材料等吸收或中和。

4）废弃。将收集的泄漏物运至废物处理场所处置，用消防水冲洗剩下的少量物料，冲洗水排入污水系统处理。

（4）努力减轻泄漏危险化学品的毒害

参加危险化学品泄漏事故处置的车辆应停于上风方向，消防车、洗消车、洒水车应在保障供水的前提下，从上风方向喷射开花或喷雾水流对泄漏出的有毒有害气体进行稀释、驱散；对泄漏的液体有害物质可用沙袋或泥土筑堤拦截，或开挖沟坑导流、蓄积，还可向沟、坑内投入中和（消毒）剂，使其与有毒物直接起氧化、氯化作用，从而使有毒物改变性质，成为低毒或无毒的物质。对某些毒性很强的物质，可以在消防车、洗消车、洒水车水罐中加入中和剂（浓度比为5%左右），使驱散、稀释、中和的效果更好。

16.3.3 人员中毒事故应急处置

（1）中毒事故现场应急处置注意事项

进行现场急救的人员，应按照事故预案进行处置，遵守相关规定，不要盲目采取行动。需要注意的事项有：

1）参加抢救的人员必须听从指挥，抢救时必须分组有序进行，不能慌乱。

2）救护者应戴好防毒面具或氧气呼吸器、穿好防毒服后，从上风向快速进入事故现场。

3）迅速将伤员从上风向转移到空气新鲜的安全地方。

4）救护人员在工作时，应注意检查危险化学品应急救援个人防护用品的使用情况，如发现异常或感到身体不适时要迅速离开染毒区。

5）假如有多个中毒或受伤的人员被送到救护点，应按照“先救命、后治病，先重后轻、先急后缓”的原则对伤员进行分类救护。

（2）窒息性气体中毒的现场急救

一氧化碳、硫化氢、氮气、光气、双光气、二氧化碳及氰化物气体等统称窒息性气体，它们引起急性中毒事故的共同特点是突发性、快速性和高度致命性，常来不及抢救。因此，一旦发现此类窒息性气体的现场有人中毒晕倒，单凭勇敢精神和搭救愿望贸然进入毒源区，非但救不了他人，反而会危害自己。应当采取“一戴、二隔、三救出”的急救措施。

1）“一戴”。施救者应立即佩戴好输氧或送风式防毒面具，无条件时可佩戴防毒口罩，但需注意口罩型号要与毒物防护种类相符，腰间系好安全带（或绳索），方可进入高浓度毒源区域施救。由于防毒口罩对毒气滤过率有限，故佩戴者不宜在毒源处停留时间过久，必要时可轮流或重复进入。毒源区外人员应严密观察、监护，并拉好安全带（或绳索）的另一端，一旦发现危情迅速令其撤出或将其牵拉出。

2）“二隔”。由施救人员携带送风式防毒面具或防毒口罩，并尽快将其戴在中毒者口鼻上，紧急情况下也可用便携式供氧装置（如氧气袋、氧气瓶等）供其吸氧。此外，毒源区域迅速通风或用鼓风机向中毒者方向送风也有明显效果。

3）“三救出”。抢救人员在“一戴、二隔”的基础上，争分夺秒地将中毒者移出毒源区，进一步做好医疗急救。

16.4 煤矿火灾事故应急处置

煤矿井下为封闭空间，矿井火灾中产生的有毒有害气体会随风流扩散，使灾害范围扩大，又由于井下空间狭窄，给灭火带来极大困难。因此，矿井火灾是煤矿重大灾害之一。

16.4.1 煤矿火灾的不同类型

煤矿井下火灾按照发火原因的不同可分为内因火灾和外因火灾。

（1）内因火灾

内因火灾是由于煤炭自燃引起的火灾。煤炭之所以能发生自燃，是因为煤炭具有吸收氧气的能力。当煤炭被破碎后或煤层本身裂隙发育时，煤体表面积大大增加。在此情况下，空气中的氧会与之发生氧化反应并生成一定的热量。如果氧化生成的热量不能及时被冷却，它又会加速煤炭的氧化，氧化又将有大量的热量生成。这样恶性循环下去，一旦煤体温度达到其燃烧点，煤炭就会发生自燃。

内因火灾一般发火地点比较隐蔽，不易被发现，灭火困难。从以往经验看，煤炭自燃一般经常发生在：有大量遗煤而未及时封闭或封闭不严的采空区内，以及废弃的联络巷和停采线处；巷道两侧和遗留在采空区内受压破坏的煤柱内；巷道内堆积的浮煤或煤巷的冒顶、垮帮处等。

（2）外因火灾

外因火灾是由外来火源引起的火灾。造成外因火灾的主要原因有：

1）由明火引起的矿井火灾，如井下吸烟、井下使用电（气）

焊、井下使用电炉和大灯泡取暖等引起易燃物着火。

2）电气故障引起矿井火灾，如电流短路产生的弧光、电火花、电缆放炮、设备过载运行导致设备发热等引起的火灾。

3）井下违章爆破引起矿井火灾，如使用变质炸药，井下放糊炮、放明炮和明火放炮，以及井下爆破不使用水炮泥、炮眼封泥量不足等都会引起火灾。

4）瓦斯煤尘爆炸产生的高温会引起矿井火灾。

5）撞击火花、摩擦生热等会引起矿井火灾。

外因火灾的特点是发生突然，来势凶猛，且发生的时间与地点往往出乎人们的意料，因而会造成人们因惊慌失措而酿成恶性事故。煤炭燃烧会产生一氧化碳、二氧化碳、二氧化硫、烟尘等，另外，井下坑木、橡胶类物品、聚氯乙烯制品等燃烧时，不仅会产生一氧化碳气体，同时还会产生醇类、醛类以及其他一些复杂的有机化合物等有毒有害气体，这些气体会随风流在井下扩散，有时会波及很大的范围甚至全矿井，从而造成大量人员中毒伤亡。

矿井火灾易引起瓦斯、煤尘的爆炸。火灾引起瓦斯、煤尘的爆炸的原因：一是火灾为瓦斯、煤尘爆炸提供了引爆火源；二是由于火灾的作用，一些燃烧物在干馏的作用下，会释放出一些可燃性和可爆性气体，增加了爆炸的危险性。所以，矿井火灾与瓦斯、煤尘爆炸，互相作用、互相转化。

16.4.2 煤矿井下火灾的应急处置

在煤矿井下，无论任何人发现了烟雾或明火，确认发生了火灾，都要立即报告调度室。初期火灾是灭火的最佳时机，如果火势不大，应立即进行直接灭火，切不可惊慌失措、四处奔跑。

灭火时应注意，要有充足的水量，应先从火源外围逐渐向火源中心喷射水流；要保持正常通风，并要有畅通的回风通道，以便及时将高温气体和蒸汽排出；用水扑救电气设备火灾时，首先要切断电源；不宜用水扑灭油类火灾；灭火人员不能处于火源的回风侧，以免烟气伤人。

如果火势强大而无法扑灭，或者其他地区发生火灾接到撤退命令时，要组织避灾和进行自救。此时要迅速戴好自救器，有组织地撤退。处在火源上风侧的人员，应逆着风流撤退。处在火源下风侧的人员，如果火势小，越过火源没有危险时，可迅速穿过火区到火源上风侧；或顺风撤退，但必须找到捷径，尽快进入新鲜风流中撤退。撤退时应迅速果断、忙而不乱，同时要随时注意观察巷道和风流的变化情况，谨防火风压可能造成的风流逆转。

如果巷道已有烟雾但不大时，戴好自救器（无自救器或发生自救器性能无效时，应用湿毛巾捂住口、鼻），尽量躬身弯腰，低头快速前进；烟雾大时，应贴着巷道底和巷道壁，摸着铁道或管道快速爬出，迅速撤离。一般情况下，不要逆着烟流方向撤退。当有烟且视线不清的情况下，应摸着巷道壁、支架、管道或铁道前进，以免错过通往新鲜风流的连通出口。

在高温浓烟巷道中撤退时，应将衣服、毛巾打湿或向身上淋水进行降温，利用随身物品遮挡头面部，防止高温烟气伤害。万一无法撤离灾区时，应迅速进入避难硐室，或者就近找一个硐室或其他较安全地点进行避灾自救，等待救援。

如因灾害破坏了巷道中的避灾路线指示牌、迷失了行进的方向时，撤退人员应朝着有风流通过的巷道方向撤退。在撤退沿途和所经过的巷道交叉口，应留设指示行进方向的明显标志，以提示救援人员。

在唯一的出口被封堵无法撤退时，应在现场管理人员或有经验的老工人的带领下进行灾区避灾，以等待救援人员的营救。

16.4.3 煤矿火灾事故的现场救护

煤矿进风井口、井筒、井底车场、主要进风道和硐室发生火灾时，为抢救井下人员，应进行反风或风流短路。反风前，必须将原进风侧的人员撤出，并采取阻止火灾蔓延的措施。采取风流短路措施时，必须将受影响区域内的人员全部撤离。多台主要通风机联合通风的矿井反风时，抽出式矿井要保证非事故区域的主要通风机先反风，事故区域的主要通风机后反风。压入式矿井正好相反。高瓦斯矿井应采取正常通风，如必须反风或风流短路时，指挥部应分析反风或风流短路后风流中瓦斯变化情况，防止引起瓦斯爆炸。

进风的下山巷道着火时，必须采取防止火风压造成风流紊乱和风流逆转的措施。改变通风系统和通风方式时，必须有利于控制火风压。灭火中只有在不致使瓦斯很快积聚到爆炸危险浓度，且能使人员迅速退出危险区时，才能采取停止通风的方法。

用水或注浆的方法灭火时，应将回风侧人员撤出。向火源大量灌水或从上部灌浆时，严禁靠近火源地点作业。用水快速淹没火区时，密闭附近不得有人。

为使遇险人员能够在火灾紧急情况下迅速脱离危险，煤矿企业须做好以下准备：编制井下各工作点火灾逃生路线图，并组织井下职工学习井下火灾逃生路线和方案；井下工作人员必须携带自救器，并掌握其佩戴方法；井下每隔一定距离配备一定的突发性火灾灭火设备、通风设备和通信联络装备；调度室工作人员应掌握火灾应急逃生、救灾知识，以便接到火灾求助电话时能在第一时间向遇险人员提供正确的逃生方案指导。

第 17 讲

火灾现场避险

人们的生产生活场所多种多样，身处的环境复杂，多人员聚集，而火灾一般都是来得突然而猛烈，让人措手不及。一旦身处火场，除了高温之外，现场同时还会产生大量的有毒气体和浓烟，能见度也很低，这些都大大增加了避险逃生的难度。如果不幸身处火场，最重要的是保持镇静，避免盲目地做出错误的选择。

本讲重点讲述火灾现场烟气的危害，以及面对火灾时的安全疏散与逃生方法。

17.1 火灾烟气的危害逃避

如前所述，在各种火灾事故中，死亡人员中有相当一部分人不是被火直接伤害的，而是由于烟气的毒害造成的。据美国学者对在建筑火灾中死亡的 1 464 人的死因进行分析表明，其中 1 026 人死于窒息和中毒，占总数的 70%。现代建筑物内大量使用易燃、可燃材料，特别是用塑料材料进行装饰装修，一旦发生火灾事故，将有大量有毒气体、蒸气的产生，因而严重威胁着被困人员的生命安全。

17.1.1 火灾时烟气的危害

(1) 烟气的毒害性可致人伤亡

当空气中二氧化碳浓度增大，导致氧含量低于正常呼吸需求时，人感到缺氧，因而活动能力减弱，思想混乱，甚至晕倒、窒息；当烟气中各种毒害性气体含量超过人正常生理所允许的最高浓度时，就会发生中毒死亡事故。

（2）烟气的减光性阻碍人员的疏散和灭火行动

烟气弥漫环境下，可见光受到烟气的遮蔽，能见度大大降低。且烟气又强烈地刺激人的眼睛，使人睁不开眼，不易辨别方向，不易查找起火点，严重影响人们的行动。

（3）烟气的恐怖情形造成人的心理恐慌

建筑物发生火灾时，烟气的流动速度比人在火场中的行动速度要快。人首先受到烟气的威胁，由于毒害性和减光性的影响，往往使人产生极大恐惧感，甚至失去理智、惊慌失措、混乱无序，以致发生伤亡事故。

（4）烟气携带高温热量

高温烟气载有热量，且温度很高，在烟气扩散弥漫的区域，可将其热量传给周围可燃建筑构件和可燃物，室内空间温度上升很快，达到 500 ℃时，会发生轰燃现象，即室内的可燃物大部分在瞬间燃烧起来，使火势急剧扩大，人在这种环境下会被严重烧伤。

17.1.2 防止烟气危害的措施

（1）设法排烟，降低烟雾浓度

为了安全疏散和灭火施救活动，可采取的排烟措施有：

1）自然换气排烟法。将着火的房间、楼层或其上层的窗户打开，借助烟的升力和风力排烟。

2）机械排烟法。用排烟机排烟，如用吸气法，吸烟口应设在建筑物顶部，若用鼓风法，送风口应设在地面。

3）喷雾水驱烟法。从空气流入侧用水枪喷水雾，向下风侧驱赶烟雾，同时还可以净化空气。

（2）个人用毛巾防烟法

用折叠的毛巾捂口鼻能起到良好的防烟作用。如果将干毛巾折叠 8 层，烟雾消除率可达 60%，实验证明，人在这种情况下于充满刺激性烟雾的长走廊里慢速行走 15 m，没有刺激性感觉。如果用湿毛巾保护口鼻，则防烟效果更好，因为水能将一些有害气体溶解。捂口鼻时，要使过滤烟的面尽量增大。穿过烟雾区时，即使感到呼吸阻力增大，也绝不能将毛巾从口鼻处拿开。

17.1.3 烟气流动方向和特点

当建筑内的某一个房间（舞厅、餐厅、酒店客房、KTV 包间等）发生火灾时，将会出现一股热的烟气流。这股烟气流在周围冷空气的阻挡下，可能形成一个热烟气包，在浮力的作用下向上飘升。在密闭型的房间内，该气包与房间顶棚相碰，形成一个超压区，与相随的烟气逐渐弥漫整个着火房间。反之，如果该房间顶部有排气洞口或者有天窗，热烟气包和相随的烟气便会由洞口排出着火房间，向外扩散。

（1）烟气水平方向的流动特点

起火房间的烟气，如遇有打开的门、窗，则会由窗口的上部排向室外或者由门洞及其他洞口流向走道，又经过走道向其他房间、楼梯间、电梯间等处流动扩散。从起火房间流向走道的烟气，在顶棚之下呈层流状态流动。在其流动过程中，如遇室外冷空气流入或室内进行排烟时，烟层下面的新鲜空气则流向起火房间，它与烟的流动方向正好相反，烟层的厚度大约在走道高度的一半以上。可是在发生轰燃现象时，由于猛烈喷出大量的烟，故也会出现烟层瞬时下降的现象，有时几乎会降到地面。其后待火势进入发展阶段后，烟层的厚度又基本恢复到原来的状况。因此，逃生和疏散时，采用低姿方式行进可少受烟气的危害。

烟气的水平流动速度在火灾初期，因空气热对流的影响，其扩散速度约为 0.1 m/s。到了火灾发展阶段，特别是猛烈阶段时，由于高温下的热对流的作用，烟气扩散速度可达到 0.3~0.8 m/s。在发生轰燃的瞬间，烟被喷出的速度可达 10 m/s，很快就会扩散到楼梯间等部位。

（2）烟气垂直方向的流动特点

走道中的烟气除向其他房间蔓延外，还会通过楼梯间、电梯间、竖井、通风管道等部位迅速向上层流动，烟气的垂直上升速度能达到 3~5 m/s。可以看出，烟气垂直蔓延的速度很快，很快就会对建筑的上层构成威胁。如果逃生人员认为上层离着火层远而存在侥幸心理，则可能在短时间内就遭到烟气的危害。

对于天井式旅馆、饭店、商场，这种天井式结构和其他竖向井道一样，相当于一个烟囱。在平常状态下，天井因风力或温度差形成负压而产生抽力。当天井侧的某一房间着火后，因抽力的增大，大量热烟将进入天井并向上扩散。天井内的温度也随之升高，冷空气则由其他开启的窗洞口流入天井，形成循环气流。天井的高度越高，抽力也越大。

由此可知，烟气总是由压力高处向压力低处流动。当未起火部位处于负压时，烟气就可能侵入其中；处于正压的房间由于冷空气向外流动，则可有效地阻挡烟气侵袭。

值得重视的是由于空调通风管道四通八达，密布于办公楼、旅馆、饭店、大厅各处，烟气一旦窜入空调系统便会迅速扩散到各个房间。在国内外旅馆、商厦等建筑火灾中，常有人员在远离火点的房间内因吸入有毒烟气致死的情况发生。

17.2　火灾发生后安全疏散与逃生

火灾发生后，由于危险突然降临，人们容易形成恐慌心理，在这种恐慌心理的作用下，会严重干扰人们的行为，形成安全疏散和逃生的重要心理制约因素。因此，火灾发生后一定要保持冷静，做到临危不惧、临危不乱，增强自我控制能力，按照逃生路线安全撤离。

17.2.1 及时迅速报告火警

发现火灾不能惊慌失措，要保持镇静，及时迅速拨打“119”报告火警。火灾报警时应注意以下几个方面：

（1）火警电话打通后，应讲清楚着火单位，所在区县、街道、门牌或乡村的详细地址。

（2）要讲清起火部位、燃烧物质和燃烧情况，以及火势及其发展状况。

（3）要讲清自己的姓名、工作单位和电话号码。

（4）报警后要派专人在街道路口等候消防车到来，指引消防车去火场的道路，以便消防救援人员能够迅速、准确地到达起火地点。

17.2.2 火灾时人的心理特性

（1）惊慌失措

处在火灾现场的人们，尤其是没有经过教育培训、特殊训练的人们，很容易产生不可抑制的恐惧心理，这就是常说的惊慌。惊慌之余，想到火灾危害，便会产生极其不安的惊慌失措的心态与行为，茫然不知所措。

（2）惶恐惧怕

人们面对浓烟烈火，常常是晕头转向、呼吸急促、反应迟钝；面对人群的纷乱骚动，深切感到生命将受到严重威胁，因而产生不能面对伤亡的强烈惧怕感。强烈的惶恐惧怕心态会严重干扰人的正常思维，减弱理性判断能力，失去与烟火拼搏的精神和勇气，束手无策或丧失抗争能力。

（3）判断失误

惊慌惧怕的心态会导致人的非理智思维，进而加深判断的失误，出现非理智的错误行动。另外，人处于高热环境中，先是口干舌燥、软弱无力、痛苦难熬，思维活动受到强烈干扰，进而眩晕心乱，直至昏迷休克、猝然倒下。此外，当人处于缺氧和有毒有害气体大量存在的火场环境中时，因吸入毒气，可使人发生嗅觉刺激、呼吸困难、视线模糊，损伤内脏和脑神经系统等生理危害，进而导致思维不清、行为错乱和心乱目眩，直至因中毒、窒息而亡。

(4) 冲动行为

火灾时容易使人做出不理智的或盲目的冲动行为，如跳楼、乱跑乱窜、大喊大叫、丧失信心、不听劝阻等。火场心理研究证明，乱跑乱窜、大喊大叫不但会使自己陷入危险境地，还会扰乱他人的平静思维，加剧其他人员的惊慌心理，导致更多人的效仿，从而使火场中的人们更加混乱而难于疏导和控制。

(5) 侥幸心理

侥幸心理是人们经常出现的一种心态，表现在面临灾祸之际，轻信事情不会那么严重或抱着“车到山前必有路”的态度，不去冷静沉着地采取措施，是妨碍正确判断的大敌。火场中人们必须首先排除这种心态，不能让其干扰理智的思维和正确的判断。

17.3 火灾现场安全疏散和逃生自救方法

当火灾突然发生，一定要强制自己保持头脑冷静，根据周围环境和各种自然条件，选择恰当的安全疏散和自救方式。能否安全疏散，自救方式是否恰当，直接关系人身安危。

17.3.1 安全疏散注意事项

(1) 保持安全疏散秩序

在疏散过程中，应始终把疏散秩序和安全作为重点，尤其要防止发生拥挤、践踏、摔伤等事故。遇到只顾自己逃生、不顾别人死活的不道德行为和相互践踏、前拥后挤的现象，要想方设法地坚决制止。如看见前面的人倒下去，应立即扶起；发现拥挤应给予疏导或选择其他的辅助疏散方法给予分流，减轻单一疏散通道的压力。实在无法分流时，应采取强硬手段坚决制止拥挤。同时要告诫和阻止逆向人流的出现，保持疏散通道畅通，制止逃生中乱跑乱窜、大喊大叫的行为。因为这种行为不但会消耗大量体力，吸入更多的烟气，还会妨碍别人的正常疏散和诱导混乱。尤其是前呼后拥的混乱状态出现时，决不能贸然加入，这是逃生过程中的大忌，也是扩大伤亡的重要原因。

（2）应遵循的疏散顺序

就多层建筑物而言，疏散应以先着火层，后以上各层、再下层的顺序进行，以安全疏散到地面为最终目标。建筑物火灾中，一般是着火楼层内的人员遭受烟火危害的程度最重，要忍受高温和浓烟的伤害，如疏散不及时，极易发生跳楼、中毒、昏迷、窒息等现象和症状。因此，当疏散通道狭窄或单一时，应首先救助和疏散着火层的人员。着火层以上各层是烟火蔓延将很快被波及的区域，也应作为疏散重点尽快疏散。相对来说，下面各层较为安全，不仅疏散路径短，火势殃及的速度也慢，能够容许留有一段安全疏散时间。分轻重缓急、按楼层疏散，可大大减轻安全疏散通道压力，避免人流密度过大、路线交叉等原因所致的堵塞、践踏等恶果。

疏散中先老、弱、病、残、孕，后为其他救助人员，这是单位负责人和消防队领导必须遵循的疏散原则。对于行动有困难的特殊人员，还应指派专人或青壮年人员协助撤离。

（3）发扬团结友爱精神

火灾中善于保护自己顺利逃生是重要的，同时也要发扬团结友爱精神，尽力救助更多的人撤离火灾危险境地。火灾疏散统计资料表明，孩子、老人、病人、残疾人和孕妇，在火灾伤亡者中占有相当大的比例，这主要是由于他们的体质或智力不足，思维出现差错和行动迟缓而造成的。如能及时给予协助，就能帮助他们逃生。

(4) 启用建筑防火设备

利用防火门、防火卷帘等设施控制火势，启用通风和排烟系统降低烟雾浓度，及时关闭各种防火分隔设施等措施，都可为安全疏散创造有利条件，使疏散行动进行得更为顺利、安全。

(5) 疏散中原则上禁止使用普通电梯

普通电梯由于缝隙多，极易受到烟火的侵袭，而且电梯竖井又是烟火蔓延的主要通道，所以采用普通电梯作为疏散工具是极不安全和危险的。因此发生火灾时，原则上应首先关闭普通电梯。

(6) 不要滞留在没有消防设施的场所

逃生困难时，可将防烟楼梯间、前室、阳台等作为临时避难场所。千万不可滞留于走廊、普通楼梯间等烟火极易波及又没有消防设施的部位。

(7) 逃生中注意自我保护

学会逃生中的自我保护的基本方法，是保证自身安全的重要内容。如在逃生中因中毒、撞伤等原因对身体造成伤害，不但贻误逃生时机，还会遗留后患甚至危及生命。

火场上烟气具有较高的温度，但安全通道的上方烟气浓度大于下部，贴近地面处浓度最低。所以疏散时穿过烟气弥漫区域时要以低姿行进为好，例如弯腰行走、蹲姿行走、爬姿等。但采用上述这些姿势逃离时动作速度不宜过猛过快，否则会增大烟气的吸入量，或因视线不清发生碰壁、跌倒等事故。

(8) 注意观察安全疏散标志

在烟气弥漫、能见度极差的环境中逃生疏散时，应低姿细心搜寻安全疏散指示标志和安全门的应急灯光标志，按其指引的方向稳妥进行，切忌只顾低头乱跑或盲目随从别人。

(9) 脱下着火衣服

如果身上衣服着火，应迅速将衣服脱下，或就地翻滚，将火压灭。如附近有浅水池、池塘等，可迅速跳入水中。如果身体已被烧伤，应注意不要跳入污水中，以防感染。

17.3.2 火场逃生的自救方法

(1) 熟悉所处环境

对于经常工作或居住的建筑物，可事先制定较为详细的逃生计划，并进行必要的逃生训练和演练。必要时可把确定的逃生出口(如门窗、阳台、室外楼梯、安全出口、楼梯间等）和路线绘制在图上，并贴在明显的位置上，以便平时熟悉和记忆。

当走进商场或到影剧院、歌舞厅、娱乐厅等不熟悉的环境时，应留心看一看太平门、楼梯、安全出口，以及灭火器、消火栓、报警器的位置，以便发生火灾时能及时逃出险区或将初期火灾及时扑灭，在被围困的情况下能及时报警求救。

(2) 选择逃生方法

应该根据火场上的火势大小、被围困的人员所处位置和可供使用的救生器材不同，采取不同的逃生方法。在火场上发现或意识到自己可能被烟火围困，生命受到威胁时，要立即采取相应的逃生措施和方法，切不可贻误逃生良机。

应根据火势，优先选择最简便、最安全的通道和疏散设施，如遇高层建筑着火时，首先选择安全疏散楼梯、室外疏散楼梯、普通楼梯间等，尤其是防烟楼梯间、室外疏散楼梯更安全可靠。当身处房间，要打开门窗时，必须先摸摸门窗是否发热。如果发热，就不能打开，应选择其他出口；如果不热，也需要小心慢慢打开，并迅速撤出，然后将门窗立即关好。

当经常使用的通道被烟火封锁后，应该先向远离烟火的方向疏散，然后再向靠近出口和地面的方向疏散。向远离烟火的方向疏散时，应以水平疏散为主，尽量避免向楼上疏散。同时，一旦到达一个较为安全的地方，绝不要停留在原地，应迅速采取措施，利用一切逃生手段，向靠近地面的方向逃生。

当一时想不出更好的疏散路线，而他人的疏散路线又比较安全可靠时，则可模仿他人的行为进行疏散，但千万不要盲目、消极地效仿他人的行为。如果门窗、通道、楼梯等已被烟火封锁但未倒塌，还有可能冲得出去时，则可向头部、身上浇些冷水或用湿毛巾等将头部包好，用湿棉被、毯子将身体裹好后冲出危险区。

当各通道全部被烟火封死时，应保持镇静，寻找可利用的逃生器材和办法进行自救。如果被烟火困在二层或一层楼内，在没有逃生器材或得不到救助的不得已的情况下，也可采取跳窗逃生的办法。但跳窗之前，应先初步判断一下安全高度，然后向地面扔一些棉被、床垫等柔软物件，再用手抓住窗台或阳台，身体下垂，自然落下，同时注意屈膝双脚着地，这样可缩短距离，尽量地保护身体。

(3) 利用避难间逃生

高层建筑和大型建筑物内，在经常使用的电梯、楼梯、公共卫生间附近，以及袋形走廊末端都设有避难间。火灾时，可将短时间内无法疏散到地面的人员、行动不便的人员，以及在灭火期间不能中断工作的人员，如医护人员和广播、通信工作人员等，暂时疏散到避难间。其他被困人员在短时间内无法疏散到地面时，也可先疏散到避难间。

(4) 充分利用各种逃生器材和设施

1) 利用缓降器逃生。缓降器由挂钩（或吊环)、吊带、绳索及速度控制器组成，是一种靠人的自身重量缓慢下降的安全逃生装置，可以用其安装器具固定在建筑物的窗口、阳台、屋顶外沿等处。

2) 利用救生袋逃生。救生袋是两端开口，供逃生者从高处进入其内部缓慢滑降的长条袋状物。被困人员入袋后，可依靠不同姿势来控制降落速度，缓慢降落至地面脱险。

3) 利用逃生绳逃生。在紧急情况下，可利用粗绳索，或利用床单、窗帘、衣服等系在一起作为逃生绳，将绳的一端固定好，另一端投到室外，而后沿逃生绳滑到安全地带或地面。

4）利用自然条件逃生。被困人员在疏散时，在疏散设施无法使用，又无其他应急材料可作救生器材的情况下，则可充分利用建筑物本身及附近的自然条件进行自救，如阳台、窗台、屋顶、落水管、避雷线，以及靠近建筑物的低层建筑屋顶或其他构筑物等。

（5）暂时避难方法

在各种通道被切断，火势较大，一时又无人救援的情况下，对于没有避难间的建筑里，被困人员应开辟临时避难场所与浓烟烈火搏斗。当被困在房间里时，应关紧迎火的门窗，打开背火的门窗，但不能打碎玻璃，要是门窗外有烟气进来时，还要关上。如门窗缝隙或其他孔洞有烟气进来时，应该用湿毛巾、湿床单等物品堵住或挂上湿棉被等物品，并不断向物品上和门窗上洒水，最后向地面洒水，并淋湿房间的一切可燃物，以延缓火势向室内蔓延。

开辟避难间时，要选择在有水源和能同外界联系的房间，有电话要及时报警，无电话时，可向窗外伸出彩色鲜艳的衣物或抛出较轻物件发出求救信号，或用其他明显标志向外报警，夜间可开灯或用手电筒向外报警。

（6）互救和救助

1）自发性互救。自发性互救是指在火灾现场单独的个人或几个人，在无人组织的情况下，采用特殊手段帮助他人的疏散行为，如告知起火。首先发现起火的受灾者，在报警同时高喊“着火了！”或敲门向左邻右舍报警，指示安全疏散走道和安全出口等。

2）帮助疏散。在火情紧急时，年轻力壮的受灾者可帮助年老体弱者首先逃离火灾现场。其具体方法是：对于神志清醒者，可指定通道，让他们自行疏散；对于在烟雾中迷失方向者、年老体弱者，应该引导他们疏散；对病人、不能行走的儿童以及失去知觉的人，可运用背、抱、抬、扛等救人方法，把他们运送到安全地点。

（7）采取防烟措施

利用防毒面具防烟、防毒。大型宾馆饭店都备有过滤式防毒面具，它能过滤烟雾中的烟粒子和一氧化碳等毒气。若确认已发生火灾，应迅速戴上防毒面具。其方法是，将面具下方先套住下颚，然后将头带拉紧，使面罩紧贴面部以防漏气。

也可利用毛巾、衣服、软席垫布等织物叠成多层捂住口鼻，以防烟、防毒。若能将毛巾等织物润湿，则除烟效果更好。

在火灾的初期阶段，靠近地面的烟气和毒气比较稀薄，能见度相对比较高。受灾者在逃生时，应采取低姿行走、探步前进的方法，若烟雾太浓，判断准确方向后，应沿地面爬行，逃离现场。

第 18 讲

火灾爆炸伤员现场急救

现场急救是指在事故发生的现场，对伤员实施及时、有效的初步救护，是立足于现场的应急措施。事故发生后的几分钟、十几分钟，是抢救危重伤员最重要的时刻，医学上称之为“救命的黄金时间”。在此时间内，若抢救及时、正确，生命有可能被挽救；反之，生命丧失或伤情加重的可能性大大增加。现场及时、正确的救护，能为医院救治创造条件，最大限度地挽救伤员的生命和减轻伤残。

在火灾爆炸事故现场，由于各种原因不但会出现烧伤、砸伤等常见事故伤员，还会出现如坠落骨折、危险化学品中毒窒息等其他伤员，“第一目击者”对伤员实施有效的初步紧急救护措施，以挽救生命，减轻伤残和痛苦，然后将伤员迅速送到就近的医疗机构，继续进行救治，这非常重要。本讲重点讲述常见火灾爆炸事故伤员的现场急救知识。

18. 1　事故现场急救概述

18. 1. 1　事故现场急救原则、步骤和注意事项

生产安全事故现场急救，是指在劳动生产过程中和工作场所发生各种意外伤害事故造成急性中毒、外伤和突然发现危重伤员等情况下，专业医务人员没有到来时，为了防止伤情恶化，减少伤员痛苦和预防其休克等所应采取的一种初步紧急救护措施，又称院前急救。

(1) 急救时应遵循的原则

生产事故现场急救总的任务是采取及时有效的急救措施和技术，最大限度地减少伤员的痛苦、降低致残率、减少死亡率，为医院救治打好基础。因此，现场急救时应遵循以下原则：

1) 先复苏后固定原则。遇有心搏、呼吸骤停又有骨折者，应首先用口对口呼吸和胸外心脏按压等技术使心、肺、脑复苏，直至心搏、呼吸恢复后，再进行骨折固定处理。

2) 先止血后包扎原则。遇伤员有大出血又有外伤创口时，首先立即用指压、止血带或药物等方法止血，接着消毒，再对创口进行包扎。

3) 先重后轻原则。同时遇有生命垂危的和较轻的伤员时，应优先抢救危重者，后抢救较轻的伤员。

4) 先救护后搬运原则。发现伤员时，应先判断是否需要急救然后再送医。

5) 急救与呼救并重原则。在遇有成批伤员、现场还有其他参与急救的人员时，要紧张而有序地分工协作，急救和呼救应同时进行，以尽快地争取到急救外援。

6) 搬运与急救一致性原则。在运送危重伤员时，应与急救工作协调一致，争取时间，在途中应继续进行抢救工作，减少伤员不应有的痛苦和死亡发生。

(2) 现场急救的基本步骤

当各种意外事故和急性中毒发生后，参与现场救护的人员要沉着、冷静，切忌惊慌失措。时间就是生命，应尽快对中毒或受伤人员进行认真仔细的检查，确定伤情。检查内容包括伤病人员的意识、呼吸、脉搏、血压、瞳孔是否正常，有无出血、休克、外伤、烧伤，是否伴有其他损伤等。

总体来说，事故现场急救应按照紧急呼救、判断伤情和救护三大步骤进行。

1）紧急呼救。当事故发生，发现了危重伤员，经过现场评估和伤情判断后需要立即救护，同时立即向专业急救医疗服务机构或附近急救医疗部门、社区卫生单位报告，并请求立即派出专业救护人员、救护车至现场抢救。常用的急救电话号码为“120”或“999”。

2）判断伤情。在现场巡视后对伤员进行最初评估。发现伤员，尤其是处在情况复杂现场的伤员，救护人员需要首先确认并立即处理威胁生命的情况，检查伤员的意识、气道、呼吸、循环体征等。

3）救护。事故现场一般都很混乱，组织指挥特别重要，应快速组成临时现场救护小组，统一指挥，高效进行事故现场一线救护，这是保证抢救成功的关键措施之一。

事故发生后，避免慌乱，尽可能缩短伤后至抢救的时间，因此提高基本治疗技术是做好事故现场救护的关键。要善于应用现有的先进科技手段，体现“立体救护、快速反应”的救护原则，提高救护的成功率。

现场救护中，医护人员以救为主，其他人员以抢为主，各负其责、相互配合，以免贻误抢救时机。同时，现场救护人员应注意自身防护。

（3）现场急救应注意的事项

现场急救关键要把好“急”与“救”这两个字。“急”就是在救援行动上要充分体现快速反应、快速抢救，此时此刻真正体现出“时间就是生命”。必须有高效的措施来保证能以最快速度、最短时间让伤员得到医学救护。“救”指对伤员的救援措施和手段要正确有效、处置得当，表现出精良的技术水准和良好的精神风范，以及随机应变的工作能力。实践证明，应急救援成功的关键往往在现场急救，而现场急救是否成功很大程度上又取决于现场急救的组织与实施。

现场急救时应注意的事项主要有：

1）避免直接接触伤者的体液。

2）使用防护手套，并用防水胶布贴住自己有损伤的皮肤。

3）急救前和急救后都要洗手，并且救护伤员的眼、口、鼻或者任何皮肤损伤处时，一旦被溅上伤者的体液，应尽快用肥皂水清洗，必要时应去医院进行处理。

4）进行口对口人工呼吸时，尽量使用人工呼吸面罩。

18.1.2 现场急救区的划分和紧急呼救

（1）现场急救区的划分

通常，现场伤员急救的标记有四类。

1）第Ⅰ急救区（红色）：伤情严重，危及生命者。

2）第Ⅱ急救区（黄色）：伤情严重但短时间内不会危及生命者。

3）第Ⅲ急救区（绿色）：受伤较轻，可行走者。

4）第Ⅳ急救区（黑色）：需要最后处理者。

分类卡由急救系统统一印制，背面有扼要的伤情说明，随伤员携带，此卡常被挂在伤员左胸的衣服上。如没有现成的分类卡，可临时用硬纸片自制。

现场有大批伤员时，最简单、有效的急救应有以下四个区，以便有条不紊地进行急救。

1）收容区：伤员集中区，在此区挂上分类标签，并进行必要的紧急心肺复苏等抢救工作。

2）急救区：用以接收第Ⅰ急救区和第Ⅱ急救区者，在此做进一步抢救工作，如对休克者、呼吸与心搏骤停者等进行心肺复苏。

3）后送区：这个区内接收能自己行走或伤情较轻的伤员。

4）太平区：停放已死亡者。

（2）现场紧急呼救

紧急呼救主要有以下三个步骤：

1）呼救启动。呼救启动就是呼救系统开始工作。呼救系统在国际上被列为抢救危重伤员的“生命链”中的“第一环”。有效的呼救系统，对保障危重伤员获得及时救治至关重要。

通常在急救中心配备有经过专门训练的话务员，能够对呼救迅速做出适当的应答，并能把电话接到合适的急救机构。城市呼救网络系统的通信指挥中心，应当接收所有的医疗（包括灾难等意外伤害事故）急救电话，根据伤员所处的位置和伤情，指定就近的急救站去救护伤员。这样可以大大节省时间、提高效率，便于伤员救护和转运。

2）电话呼救须知。紧急事故发生时，须报警呼救，最常使用的是电话呼救。电话呼救时必须用最精炼、准确、清楚的语言说明伤员目前的情况及严重程度、伤员的人数及存在的危险、需要何类急救设备或措施等。如果不清楚身处位置的话，不要惊慌，因为救护医疗服务系统控制室可以通过全球卫星定位系统追踪呼救时电话所在的正确位置。

电话呼救时，一般应简要清楚地说明以下几点：

①呼救人电话号码与姓名，伤员姓名、性别、年龄和联系电话。

②伤员所在的确切地点，尽可能指出附近街道的交汇处或其他显著标志等。

③伤员目前最危重的情况，如晕倒、呼吸困难、大出血等。

④说明伤害性质、严重程度、伤员的人数等。

⑤现场所采取的救护措施。注意，不要先挂断电话，要等急救医疗服务机构调度人员先挂断电话。

3）单人及多人呼救。在专业急救人员尚未到达时，如果有多人在现场，一名救护人员留在伤员身边开展救护，其他人通知急救医疗服务机构。如果是意外伤害事故，要分配好救护人员各自的工作，分秒必争、组织有序地实施伤员的寻找、脱险、医疗救护工作。

在伤员心搏骤停的情况下，为挽救生命，抓住“救命的黄金时间”，应立即进行心肺复苏，然后迅速拨打电话。如有手机在身，则在进行1~2 min心肺复苏后，在抢救间隙中拨打电话。

任何年龄的外伤或呼吸暂停患者，拨打电话呼救前接受心肺复苏救护是非常必要的。

18.1.3 现场伤员评估和分类

(1) 现场伤员评估

伤员的意识、气道、呼吸、循环体征、瞳孔反应等表象，是判断伤势轻重的重要标志。

1) 意识。先判断伤员神志是否清醒。在呼唤、轻拍、推动时，伤员会睁眼或有肢体活动等其他反应，表明伤员有意识。如伤员对上述刺激无反应，则表明意识丧失，伤情已陷入危重状态。伤员突然倒地，然后呼之不应，情况多为严重。

2) 气道。呼吸的必要条件是保持气道畅通。如伤员有反应但不能说话、不能咳嗽、憋气，则可能存在气道梗阻，必须立即检查和清理，如进行侧卧位和清除口腔异物等。

3) 呼吸。正常人呼吸12~20次/min，危重伤员呼吸变快、变浅乃至不规则，呈叹息状。在气道畅通后，对无反应的伤员进行呼吸检查，如伤员呼吸停止，应保持气道通畅，立即施行人工呼吸急救。

4) 循环体征。在检查伤员意识、气道、呼吸之后，应对伤员的循环体征进行检查。可以通过检查循环体征如呼吸、咳嗽、运动、皮肤颜色、脉搏等情况来进行判断：

成人正常心搏60~100次/min。呼吸停止，心搏随之停止；或者心搏停止，呼吸也随之停止。心搏和呼吸几乎同时停止也是常见的。心搏在手腕处的桡动脉、颈部的颈动脉较易触到。

心律失常以及严重的创伤、大失血等危及生命时，心搏会加快甚至超过100次/min，或减慢至40~50次/min，或不规则，忽快忽慢、忽强忽弱。以上情况均为“心脏呼救”的信号，都应引起重视。

如伤员面色苍白或青紫，口唇、指甲发绀，皮肤发冷等，可以判断为皮肤循环和氧代谢情况不佳。

5）瞳孔反应。眼睛的瞳孔又称“瞳仁”，位于黑眼球中央。正常时双眼的瞳孔是等大圆形的，遇到强光能迅速缩小，强光撤离后很快又回到原状，这种现象被称为瞳孔反应。用手电筒突然照射一下瞳孔即可观察到瞳孔反应。当伤员脑部受伤、脑出血、严重中毒时，瞳孔可能缩小为针尖大小，也可能扩大到黑眼球边缘，对光线不起反应或反应迟钝。有时因为出现脑水肿或脑疝，使双眼瞳孔一大一小。瞳孔的变化表示脑病变的严重性。

当完成现场评估后，再对伤员的头部、颈部、胸部、腹部、盆腔和脊柱、四肢进行检查，看有无开放性损伤、骨折畸形、触痛、肿胀等体征，这有助于对伤员的伤情进行判断。

还要注意伤员的总体情况，如表情淡漠不语、冷汗口渴、呼吸急促、肢体不能活动等现象为伤情危重的表现；对外伤伤员应观察神志不清程度、呼吸频率及其强弱、脉搏频率及其强弱；注意检查有无活动性出血，如有应立即止血。严重的胸腹部损伤容易引起休克、昏迷甚至死亡。

（2）现场伤员分类

重特大事故发生后，伤员数量大、伤情复杂、危重伤员多。急救和送医工作常出现四大矛盾：一是急救技术力量不足与伤员需要抢救的矛盾；二是急救物资短缺与需要量的矛盾；三是重伤员与轻伤员都需要急救的矛盾；四是轻、重伤员都需送医的矛盾。解决这些矛盾的办法就是对伤员进行分类。做好伤员分类工作，可以保证充分地发挥人力、物力的作用，使需要急救的轻、重伤员都能得到妥善处置，使急救和送医工作有条不紊地进行。

事故现场伤员分类的重要意义集中在一个目标，即提高效率。将现场有限的人力、物力和时间，用在抢救有存活希望的伤员身上，可提高伤员的存活率。

1）现场伤员分类的要求：

①分类工作是在特殊困难和紧急的情况下进行的，应一边抢救一边分类。

②分类工作应指派经过训练、经验丰富、有组织能力的技术人员承担。

③分类应依先危后重，后轻再小（伤势小）的原则进行。

④分类应快速、准确、无误。

2）现场伤员分类的判断依据。现场伤员分类是以确定优先急救对象为前提的，首先根据伤情来判定。

①呼吸是否停止，用看、听、感来判定。

看：通过观察胸廓的起伏，或用棉花、羽毛贴在伤员的鼻翼上，看有无摆动。如吸气胸廓上提、呼气下降，或棉、毛有摆动表示呼吸未停止。反之，即呼吸已停止。

听：侧头用耳朵尽量接近伤员的鼻部，去听是否有气体交换的声音。

感：在听的同时，用脸感觉伤者有无气流呼出，如听到有气体交换或有气流感说明尚有呼吸。

②脉搏是否停止，用触、看、摸、量来检查。

触：触桡动脉有无脉搏跳动，感受其强弱。

看：看头部、胸腹、脊柱、四肢，观察有无损伤、大出血、骨折等，这些都是重点判定项目。

摸：摸颈动脉有无脉搏跳动，并感受其强弱。

量：量收缩压是否小于 12 kPa（90 mmHg）。

判定一个伤员的工作要在 1～2 min 完成。通过以上方法对伤员进行简单的分类，便于采取针对性的急救措施。

（3）停止心肺复苏的时机

当心脏停止搏动时，人体的血液循环也就终止了，所以需要及时进行心脏胸外按压以促进血液循环重新启动。人体心脏位于胸骨与胸椎之间，向下按压胸骨时，胸腔内压力会增大，进而就会促使血液流动，同时压挤心脏，向外泵血；在放松压力后，静脉血回流心脏，就可使心脏充盈血液。如此反复进行下去，就可使心脏有节奏地、被动地收缩和舒张，以此来维持血液循环。有效的胸外心脏按压可达到正常心搏时心脏排出血量的25%～30%，可以保障人体最基本的血液循环需要。

停止心肺复苏的时机，一是急救医生接到“120”电话后赶到现场实施专业医治，二是伤员已经恢复了心搏和呼吸。对于在施工现场发生的意外，如电击伤、高处坠落伤、机械事故伤等导致心搏和呼吸停止的情况，应抢救至少30 min以上，以最大限度地提高抢救的成功率。

此外，在心肺复苏中出现如下征象后，可考虑终止心肺复苏工作：

1）脑死亡。全脑功能丧失，不能恢复，又称不可逆昏迷。发生脑死亡即意味着生命终止，即使有心搏，也不会长久维持。所以一旦出现脑死亡即可终止抢救，以免消耗不必要的人力、物力和财力。出现下列情况的伤员可判断为脑死亡：

①深度昏迷，对疼痛刺激无任何反应，无自主活动。

②自主呼吸停止。

③瞳孔固定无反应。

④脑干反射消失，包括瞳孔对光反射、吞咽反射、头眼反射（即“洋娃娃眼现象”，将病人头部向双侧转动，眼球相对保持原来位置不动；若眼球随头部同步转动，即为反射阳性。但颈脊髓损伤者禁忌此项检查）、眼前庭反射（头前屈30°，用冰水20～50 mL，10 s内注入外耳道，应出现快速向灌注侧反方向的眼球震颤，双耳依次检查未见眼球震颤为反射消失）等。

⑤具备上述条件至少观察一定时间无变化方可做出判定。

2）经过正规的心肺复苏20～30 min后，仍无自主呼吸，瞳孔散大，对光反射消失，标志着生物学死亡，可终止抢救。

3）心脏停搏 12 min 以上而没有进行任何复苏治疗者，一般已失去救护意义，但在低温环境（如冰库、水库、雪地、冷水淹溺）下的或年轻的伤员，虽心脏停搏超过 12 min 仍应积极抢救。

4）心搏、呼吸停止 30 min 以上，肛温接近室温，出现尸斑，可停止抢救。

18.2 事故现场通用急救知识

18.2.1 心肺复苏技术

急救现场对伤员进行心肺复苏非常重要。据有关研究数据显示，5 min 内开始实施心肺复苏急救，8 min 内进一步生命支持，心肺暂停伤员存活率最高可达 43%；复苏（加上生命支持）每延迟 1 min，存活率下降 3%；除颤每延迟 1 min，存活率下降 4%。心肺复苏简称 CPR（cardiopulmonary resuscitation），是指当伤病人员呼吸与心搏已经停止时，合并使用人工呼吸及胸外心脏按压技术来进行急救的一种技术。

（1）实施要领

实施心肺复苏时，首先要判断伤员呼吸、心搏状况，只有明确判定呼吸、心搏停止，才能立即进行心肺复苏。

1）开放气道。用最短的时间，先将伤员衣领口、领带、围巾等解开，戴上手套（最好是医用手套）迅速清除伤员口鼻内的污泥、土块、痰、呕吐物等异物，以利于呼吸道畅通，再将气道打开。

2）口对口人工呼吸。口对口人工呼吸的主要步骤为：

①急救者一只手的拇指、食指捏闭伤员的鼻孔，另一只手托其下颏。

②将伤员口打开，急救者深呼吸，用口紧贴并包住伤员口部

吹气。

③看伤员胸部鼓起方为有效。

④脱离伤员口部，放松捏鼻孔的拇指、食指，使胸廓恢复。

⑤感到伤员口鼻部有气呼出。

⑥连续吹气两次，使伤员肺部充分换气。

3）心脏复苏。首先判定心搏是否停止，可以摸伤员的颈动脉有无搏动，如无搏动，立即进行胸外心脏按压。实施胸外心脏按压的主要步骤如下：

①用一只手的掌根按在伤员胸骨中下 1/3 段交界处。

②另一只手压在该手的手背上，手指扣住下方手的手掌并使手指脱离胸腔壁，不能平压在胸壁。

③双肘关节伸直，利用体重和肩臂力量垂直向下挤压，使胸骨下陷 4 cm 左右。

④略停顿后在原位放松，但手掌根不能离开胸骨定位点。

⑤连续进行 15 次胸外心脏按压，再口对口吹气两次，如此反复。

（2）注意事项

1）进行口对口人工呼吸注意事项：

①口对口人工呼吸一定要在气道开放的情况下进行。

②向伤员肺内吹气不能太急太多，仅需胸廓隆起即可，吹气量不能过大，以免引起胃扩张。

③吹气时间以占一次呼吸周期的 1/3 为宜。

2）胸外心脏按压注意事项：

①防止并发症。胸外心脏按压并发症有急性胃扩张、肋骨或胸骨骨折、肋骨软骨分离、气胸、血胸、肺损伤、肝破裂、冠状动脉刺破（心脏内注射时）、心包压塞、胃内返流物误吸或吸入性肺炎等，故要求判断准确、处理及时、操作正规。

②胸外心脏按压与放松时间比例和按压频率。试验研究证明，

当胸外心脏按压及放松时间各占 1/2 时，心脏射血最多，获得最大血流动力学效应；按压频率为 80~100 次/min 时，可使血压短期上升到 8~9 kPa（60~70 mmHg），有利于心脏复搏。

③胸外心脏按压用力要均匀，不可过猛。

3）效果观察：

①颈动脉搏动。胸外心脏按压有效时可随每次按压触及一次颈动脉搏动，测血压为 5. 3~8 kPa（40~60 mmHg）以上，说明胸外心脏按压方法正确。若停止按压，脉搏仍然搏动，说明病人自主心搏已恢复。

②面色转红润。复苏有效时病人面色、口唇、皮肤颜色由苍白或发绀转为红润。

③意识渐渐恢复。复苏有效时，病人昏迷变浅、眼球活动、出现挣扎，或给予强刺激后出现保护性反射活动，甚至手足开始活动，肌张力增强。

④出现自主呼吸。应注意观察，有时很微弱的自主呼吸不足以满足机体供氧需要，如果不继续人工呼吸，则可能很快又停止自主呼吸。

⑤瞳孔变小。复苏有效时，扩大的瞳孔变小，并出现光反应。

18. 2. 2　现场止血

外伤出血分为内出血和外出血。内出血一般只能到医院救治，外出血是现场急救的重点。理论上将出血分为动脉出血、静脉出血、毛细血管出血：动脉出血时血色鲜红，有搏动、量多、速度快；静脉出血时血色暗红，缓慢流出；毛细血管出血时，血色鲜红、慢慢渗出。若当时能鉴别出血类型，对选择止血方法有重要价值。但有时受现场的光线等条件的限制，往往难以区分。

常用的现场止血方法有多种，使用时要根据出血位置等具体情况选择其中的一种，也可以把几种止血法结合在一起应用，以达到最快、最有效、最安全的止血目的。

（1）加压止血法

1）指压动脉止血法。指压动脉止血法适用于头部和四肢某些部位的大出血，方法为用手指压迫伤口近心端动脉，将动脉压向深部的骨头，阻断血液流通。这是一种不需要任何器械，简便、有效的止血方法，但因为止血时间短暂，常需要与其他方法结合进行。

①头面部指压动脉止血法：

——指压颞浅动脉，适用于一侧头顶、额部、颞部的外伤大出血。在伤侧耳前，用一只手的拇指对准下颌关节压迫颞浅动脉，另一只手固定伤员头部。

——指压面动脉，适用于面部外伤大出血。用一只手的拇指和食指或拇指和中指分别压迫双侧下颌角前约 1 cm 的凹陷处，阻断面动脉血流。

——指压耳后动脉，适用于一侧耳后外伤大出血。用一只手的拇指压迫伤侧耳后乳突下凹陷处，阻断耳后动脉血流，另一只手固定伤员头部。

——指压枕动脉，适用于一侧头后枕骨附近外伤大出血。用一只手的四指压迫耳后与枕骨粗隆之间的凹陷处，阻断枕动脉的血流，另一只手固定伤员头部。

②指压四肢动脉止血法：

——指压肱动脉，适用于一侧肘关节以下部位的外伤大出血。用一只手的拇指压迫上臂中段内侧，阻断肱动脉血流，另一只手固定伤员手臂。

——指压桡动脉和尺动脉，适用于手部大出血。双手拇指分别压迫伤侧手腕两侧的桡动脉和尺动脉，阻断血流。因为桡动脉和尺动脉在手掌部有广泛吻合支，所以必须同时压迫双侧。

——指压指（趾）动脉，适用于手指（脚趾）大出血。用拇指和食指分别压迫手指（脚趾）两侧的动脉，阻断血流。

——指压股动脉，适用于一侧下肢的大出血。用两手的拇指用力压迫伤肢腹股沟中点稍下方的股动脉，阻断股动脉血流，伤员应该处于坐姿或卧姿。

——指压胫前、后动脉，适用于一侧脚的大出血。用两手的拇指和食指分别压迫伤脚足背中部搏动的胫前动脉及足跟与内踝之间的胫后动脉。

2）直接压迫止血法。适用于较小伤口的出血，用无菌纱布直接压迫伤口处，时间约 10 min。

3）加压包扎止血法。适用于各种伤口，是一种比较可靠的非手术止血法。先用无菌纱布覆盖压迫伤口，再用三角巾或绷带用力包扎，包扎范围应该比伤口稍大。这是一种目前最常用的止血方法，在没有无菌纱布时，可使用消毒卫生巾或餐巾等代替。

（2）辅助材料止血法

1）填塞止血法。适用于较大而深的伤口，先用镊子夹住无菌纱布塞入伤口内，如一块纱布止不住出血，可再加纱布，最后用绷带或三角巾包扎固定。

2）止血带止血法。止血带止血法只适用于四肢大出血，而且是其他止血法不能止血时才用的方法。止血带有橡皮止血带（橡皮条和橡皮带）、气性止血带（如血压计袖带）和布制止血带，其操作方法各不相同。

使用止血带的注意事项：

①部位。上臂外伤大出血应扎在上臂上 1/3 处，前臂或手大出血应扎在上臂下端，不能扎在上臂的中 1/3 处，因该处神经走行贴近肱骨，易被损伤。下肢外伤大出血应扎在股骨中下 1/3 交界处。

②衬垫。使用止血带的部位应该有衬垫，否则会损伤皮肤。止血带可扎在衣服外面，把衣服当作衬垫用。

③松紧度。应以出血停止、远端摸不到脉搏为宜。过松将达不到止血目的，过紧则会损伤组织。

④时间。一般不应超过 5 h，原则上每小时要放松 1 次，放松时间为 1~2 min。

⑤标记。正在使用止血带的伤员应有明显标记贴在前额或胸前易发现部位，写明绑扎时间。如立即送往医院，可以不做标记。

18. 2. 3 骨折固定

（1）常用骨折固定方法

骨折是人们在生产、生活中常见的身体损伤，为了避免骨折的断端对血管、神经、肌肉及皮肤等组织的再损伤，减轻伤员的痛苦，以及便于搬动与转运伤员，凡发生骨折或怀疑有骨折的伤员，均必须在现场立即采取临时固定的措施。常用的骨折固定方法有以下几种。

1）肱骨（上臂）骨折固定法：

①夹板固定法。用两块夹板分别放在上臂内外两侧（如果只有一块夹板，则放在上臂外侧），用绷带或三角巾等将上下两端固定。肘关节弯曲 90°，前臂用小悬臂带悬吊。

②无夹板固定法。将三角巾折叠成 10~15 cm 宽的条带，其中央正对骨折处，将上臂固定在躯干上，于对侧腋下打结。屈肘 90°，再用小悬臂带将前臂悬吊于胸前。

2）尺骨、桡骨（前臂）骨折固定法：

①夹板固定法。用两块长度超过肘关节至手心的夹板分别放在前臂的内外侧（如果只有一块夹板，则放在前臂外侧），并在手心放好衬垫让伤员握好，以使腕关节稍向背屈，再固定夹板上下两端。屈肘 90°，用大悬臂带悬吊，手略高于肘。

②无夹板固定法。使用大悬臂带、三角巾固定。用大悬臂带将骨折的前臂悬吊于胸前，手略高于肘。再用一条三角巾将上臂带一起固定于胸部，在健侧腋下打结。

3）股骨（大腿）骨折固定法：

①夹板固定法。伤员仰卧，伤腿伸直。用两块夹板（内侧夹板

长度为上至大腿根部，下过足跟；外侧夹板长度为上至腋窝，下过足跟）分别放在伤腿内外两侧（只有一块夹板则放在伤腿外侧），并将健肢靠近伤肢，使双下肢并列，两足对齐。关节处及空隙部位均放置衬垫，用5~7条三角巾或布带先将骨折部位的上下两端固定，然后分别固定腋下、腰部、膝、踝等处。足部用三角巾“8”字固定，使足部与小腿呈直角。

②无夹板固定法。伤员仰卧，伤腿伸直，健肢靠近伤肢，双下肢并列，两足对齐。在关节处与空隙部位之间放置衬垫，用5~7条三角巾或布条将两腿固定在一起（先固定骨折部位的上下两端）。足部用三角巾“8”字固定，使足部与小腿呈直角。

4）脊柱骨折固定法。发生脊柱骨折时不得轻易搬动伤员，严禁一人抱头、另一个人抬脚等不协调的动作。

如伤员俯卧位时，可用“工”字夹板固定，将两横板压住竖板分别横放于两肩上及腰骶部，在脊柱的凹凸部位放置衬垫，先用三角巾或布带固定两肩，再固定腰骶部。现场处理原则是：背部受到剧烈的外伤，有颈、胸、腰椎骨折者，绝不能试图扶着让病人做一些活动来“判断”有无损伤，一定要就地固定。

5）头颅部骨折。头颅部骨折伤员在检查、搬动、转运等过程中，力求头颅部不会受到新的外界的影响而加重局部损伤。具体做法是：伤员静卧，头部可稍垫高，头颅部两侧放两个较大的、硬实的枕头或沙袋等物将其固定住，以免搬动、转运时局部晃动。

（2）骨折固定注意事项

1）如果是开放性骨折，必须先止血、再包扎、最后再进行骨折固定，此顺序绝不可颠倒。

2）下肢或脊柱骨折，应就地固定，尽量不要移动伤员。

3）四肢骨折固定时，应先固定骨折的近端，后固定骨折的远端。如固定顺序相反，会导致骨折再度移位。夹板必须扶托整个伤肢，骨折上下两端的关节均必须固定住，绷带、三角巾不要绑扎在骨折处。

4）夹板等固定材料不能与皮肤直接接触，要用棉垫、衣物等柔软物垫好，尤其骨突部位及夹板两端更要垫好。

5）固定四肢骨折时应露出指（趾）端，以使随时观察血液循环情况，如伤肢出现苍白、发绀、发冷、麻木等情况，应立即松开重新固定，以免造成肢体缺血、坏死。

18.2.4 伤口包扎

包扎的目的是保护伤口、减少污染、固定敷料和帮助止血，常用绷带和三角巾进行包扎。无论采用何种包扎法，均要求达到包好后固定不移动和松紧适度，并尽量注意无菌操作。

(1) 绷带包扎法

1）绷带包扎常用方法。绷带包扎法分为环形包扎法、螺旋形及螺旋形反折包扎法、“8”字形包扎法和头顶双绷带包扎法等。包扎时要掌握好“三点一走行”，即绷带的起点、止血点、着力点（多在伤处）和行走方向的顺序，做到既牢固又不能太紧。先在创口覆盖无菌纱布，然后从伤口低处向上左右缠绕。包扎伤臂或伤腿时，要尽量设法暴露手指尖或脚趾尖，以便观察血液循环。绷带用于胸、腹、臀、会阴等部位效果不好，容易滑脱，所以一般用于四肢和头部伤。

①环形包扎法。绷带卷放在需要包扎位置稍上方，第一圈稍斜缠绕，第二、第三圈作环行缠绕，并将第一圈斜出的旗角压于环行圈内，然后重复缠绕，最后在绷带尾端撕开，打结固定或用别针、胶布将尾部固定。

②螺旋形包扎法。先环形包扎数圈，然后将绷带渐渐地斜旋上升缠绕，每圈盖过前圈的1/3至2/3呈螺旋状。

③螺旋反折包扎法。先作两圈环行固定，再作螺旋形包扎，待到渐粗处，一手拇指按住绷带上面，另一手将绷带自此点反折向下，

此时绷带上缘变成下缘，后圈覆盖前圈 1/3~2/3。此法主要用于粗细不等的四肢如前臂、小腿或大腿等的包扎。

④头顶双绷带包扎法。将两条绷带连在一起，打结处包在头后部，分别经耳上向前，于额部中央交叉，然后，第一条绷带经头顶到枕部，第二条绷带反折绕回到枕部，并压住第一条绷带。第一条绷带再从枕部经头顶到额部，第二条则从枕部绕到额部。

⑤“8”字形包扎法。适用于四肢各关节处的包扎。于关节上下将绷带一圈向上、一圈向下作“8”字形来回缠绕。

2）绷带包扎注意事项。绷带包扎时，应当关注以下注意事项：

①伤口上要加盖敷料，不要在伤口上使用弹力绷带。

②不要将绷带缠绕过紧，经常检查肢体供血情况。

③有绷带过紧的体征（手、足的甲床发紫；绷带缠绕肢体远心端皮肤发紫，有麻木感或感觉消失；严重者手指、足趾不能活动），应立即松开绷带，重新缠绕。

④不要将绷带缠住手指、足趾末端，除非有损伤。

（2）三角巾包扎法

三角巾制作简单、方便，分为普通三角巾和带形、燕尾式三角巾，包扎时操作简捷，且几乎能适应全身各个部位。

1）三角巾的头面部包扎法：

①三角巾风帽式包扎法。适用于包扎头顶部和两侧面、枕部的外伤。先将消毒纱布覆盖在伤口上，将三角巾顶角打结放在前额正中，在底边的中点打结放在枕部，然后两手拉住两底角向下颏包住并交叉，再绕到颈后的枕部打结。

②三角巾帽式包扎法。先用无菌纱布覆盖伤口，然后把三角巾底边的正中点放在伤员眉间上部，顶角经头顶拉到脑后枕部，再将两底角在枕部交叉返回到额部中央打结，最后拉紧顶角并反折塞在枕部交叉处。

③三角巾面具式包扎法。适用于面部较大范围的伤口，如面部

烧伤或较广泛的软组织伤。方法是把三角巾一折为二，顶角打结放在头顶正中，两手拉住底角罩住面部，然后两底角拉向枕部交叉，最后在下颏部打结，在眼、鼻和口处提起三角巾剪成小孔。

④单眼三角巾包扎法。将三角巾折成带状，其上1/3处盖住伤眼，下2/3从耳下端绕经枕部向健侧耳上额部并压住上端带巾，再绕经伤侧耳上，枕部至健侧耳上与带巾另一端在健耳上打结固定。

⑤双眼三角巾包扎法。将无菌纱布覆盖在伤眼上，用带形三角巾从头后部拉向前从眼部交叉，再绕向枕下部打结固定。

⑥下颏、耳部、前额或颞部小范围伤口三角巾包扎法。先将无菌纱布覆盖在伤部，将带形三角巾放在下颏处，两手持带巾两底角经双耳分别向上提，长的一端绕头顶与短的一端在颞部交叉，然后将短端经枕部、对侧耳上至颞侧与长端打结固定。

2）胸背部三角巾包扎法。三角巾底边向下，绕过胸部以后在背后打结，其顶角放在伤侧肩上，系带穿过三角巾底边并打结固定。如为背部受伤，包扎方向相同，只要在前后面交换位置即可。若为锁骨骨折，则用两条带形三角巾分别包绕两个肩关节，在后背打结固定，再将三角巾的底角向背后拉紧，在两肩过度后张的情况下在背部打结。

3）上肢三角巾包扎法。先将三角巾平铺于伤员胸前，顶角对着肘关节稍外侧，与肘部平行，屈曲伤肢，并压住三角巾，然后将三角巾下端提起，两端绕到颈后打结，顶角反折用别针扣住。

4）肩部三角巾包扎法。先将三角巾放在伤侧肩上，顶角朝下，两底角拉至对侧腋下打结，然后急救者一手持三角巾底边中点，另一手持顶角将三角巾提起拉紧，再将三角巾底边中点由前向下、向肩后包绕，最后顶角与三角巾底边中点于腋窝处打结固定。

5）腋窝三角巾包扎法。先在伤侧腋窝下垫上消毒纱布，带巾中间压住敷料，并将带巾两端向上提，于肩部交叉，并经胸背部斜向对侧腋下打结。

6）下腹及会阴部三角巾包扎法。将三角巾底边包绕腰部打结，顶角兜住会阴部在臀部打结固定。或将两条三角巾顶角打结，结点放在伤员腰部正中，上面两端围腰打结，下面两端分别缠绕两大腿根部并与相对底边打结。

7）残肢三角巾包扎法。残肢先用无菌纱布包裹，将三角巾铺平，残肢放在三角巾上，使其对着顶角，并将顶角反折覆盖残肢，再将三角巾底角交叉，绕肢打结。

18.2.5　伤员搬运

搬运伤员的方法是现场急救的重要措施之一。搬运的目的是使伤员迅速脱离危险地带，纠正当时影响伤员的病态体位，使其减少痛苦、避免再受伤害，安全迅速地送往医院进行专业治疗。搬运伤员的方法应根据当地、当时的器材和人力而选定。

（1）徒手搬运

1）单人搬运法。适用于伤势比较轻的伤员，采取背、抱或挟持等方法。

2）双人搬运法。一人托住双下肢，一人托住腰部。在不影响病伤的情况下，还可用椅式、轿式和拉车式。

3）三人搬运法。对疑有胸、腰椎骨折的伤者，应由三人配合搬运。一人托住肩胛部，一人托住臀部和腰部，另一人托住两下肢，三人同时把伤员轻轻抬放到硬板担架上。

4）多人搬运法。对脊椎受伤的患者向担架上搬动时应由 4~6 人一起搬动，2 人专管头部的牵引固定，使头部始终保持与躯干成直线的位置，维持颈部不动，另 2 人托住臂和背，2 人托住下肢，协调地将伤者平直放到担架上，并在颈、腋窝放置一块小枕头，头部两侧用软垫或沙袋固定。

（2）担架搬运

1）自制担架法。因没有现成的担架而又需要担架搬运伤员时，只能快速地自制担架。

①用木棍制担架：用两根长约2.5 m的木棍或竹竿绑成梯子形，中间用绳索来回绑在两长棍之中即成。

②用上衣制担架：用两根长约2.5 m的木棍或竹竿穿入两件上衣的袖筒中即成，常在没有绳索的情况下用此法。

③用椅子代担架：用两把扶手椅对接，用绳索固定对接处即成。

④其他担架的做法：两根木棍、一块毛毯或床单、较结实的长线（铁丝也可）作为材料。第一步，把木棍放在毛毯中央，毯的一边折叠，与另一边重合。第二步，毛毯重合的两边包住另一根木棍。第三步，用穿好线的针把两根木棍边的毯子缝合一条线，然后把包另一根木棍边的毯子两边也缝上，即制作完成。

2）车辆搬运。车辆搬运受气候条件影响小、速度快，能及时送到医院抢救，尤其适合较长距离运送。轻伤者可坐在车上，重伤者可躺在车里的担架上。重伤者最好用救护车转送，没有救护车的地方，可用汽车代替。上车后，胸部伤员取半卧位，一般伤员取仰卧位，颅脑伤员应使其头偏向一侧。

车辆搬运时的注意事项：

①必须先急救，妥善处理后才能搬动。

②搬运时尽可能不摇动伤者的身体。若遇脊椎受伤者，应将其身体固定在担架上，用硬板担架搬运。切忌一人抱胸、一人搬腿的双人搬抬法，因为这样搬运易加重脊髓损伤。

③运送伤员时，应随时观察其呼吸、体温、出血、面色等变化情况，注意伤员姿势，注意保暖。

④在人员、器材未准备完好时，切忌随意搬运。

⑤上述不论哪种搬运伤员的方法，在途中都要保持平稳，切忌颠簸。

18.3 火灾爆炸事故常见伤员急救

18.3.1 烧伤急救

(1) 热力烧伤的现场急救

热力烧伤一般是指热水、热液、蒸汽、火焰和热固体以及热辐射所造成的烧伤。热力烧伤在日常生活中发生最多，因而民间的急救措施也多种多样，最常见的是在创面上涂抹牙膏、酱油、香油等，但是这些物品都不利于热量散发，同时还可能加重创面污染。

热力烧伤有效的措施是立即去除致伤因素并给予降温。如热液烫伤，应立即脱去被浸渍的衣物，使热力不再继续作用并尽快用凉水冲洗或浸泡，使伤部冷却，以减轻疼痛和损伤程度。

去除致伤因素后，创面应用冷水冲洗，这样做的好处是能防止热力继续作用，可减少渗出和水肿，减轻疼痛。冷疗需在伤后半小时内进行，否则无效。具体方法是烧伤后创面立即浸入自来水或冷水中，水温为15~20 ℃，可用纱布垫或毛巾浸冷水后敷于局部0.5~1 h或更长，直到停止冷疗后创面不再感觉疼痛为止。冷水冲洗的水流大小与时间长短应结合季节、室温、烧伤面积、伤员体质而定，气温低、烧伤面积大、年老体弱的不能耐受较大范围的冷水冲洗，冲洗后的创面不要随意涂抹药物，即使从医疗单位购置的和家庭常用的一些外用药如龙胆紫、汞溴红等也不行，以免影响清创和对烧伤深度的诊断，创面可用无菌敷料覆盖，没有条件的可用清洁布单或被服覆盖，以尽量避免与外界直接接触，然后尽快送医院诊治。

(2) 吸入性损伤的现场急救

吸入性损伤是指热空气、蒸汽、烟雾等有害气体、挥发性化学物质等致伤因素和其中某些物质中的化学成分被人体吸入所造成的呼吸道和肺实质的损伤，以及毒性气体和物质吸入引起的全身性化学中毒。

吸入性损伤可主要归纳为以下三个方面：一是热损伤，因吸入的干热或湿热空气直接造成呼吸道黏膜、肺的实质性损伤。二是窒息，因缺氧或吸入窒息性有毒气体引起窒息，是火灾中常见的死亡原因，一方面是因为在燃烧过程中，尤其是密闭环境中大量的氧气被急剧消耗，高浓度的二氧化碳可使伤员窒息。另一方面是由于含碳物质不完全燃烧可产生一氧化碳，含氮物质不完全燃烧可产生氰化氢，两者均具有强窒息危害性，吸入人体后可引起氧代谢障碍导致窒息。三是化学损伤，火灾烟雾中含有大量的粉尘颗粒和各种化学性物质，这些有害物质可过局部刺激或吸收引起呼吸道黏膜的直接损伤和广泛的全身中毒反应。

此时应迅速使伤员脱离火灾现场，置于通风良好的地方清除口鼻分泌物和炭粒，保持呼吸道通畅，有条件者给予导管吸氧。判断是否有导致窒息的物质，如一氧化碳、氰化氢中毒的可能性，及时送医疗机构进一步处理，途中要密切观察，防止因窒息而死亡。

(3) 电烧伤的现场急救

电烧伤时首先要用木棒等绝缘物或绝缘手套切断电源，立即进行急救维持病人的呼吸和循环。对出现呼吸和心搏停止者，应立即进行口对口人工呼吸和胸外心脏按压，不要轻易放弃。

(4) 烧伤伴合并伤的现场急救

火灾现场除烧伤之外往往还伴有其他损伤，如煤气、危险化学品爆炸常伴有爆震伤；房屋倒塌、车祸时可伴有挤压伤，另外还可造成颅脑损伤，骨折、内脏损伤，大出血等。在急救中对危及病人生命的合并伤应迅速给予处理，如活动性出血应给予压迫或包扎止血；开放性损伤争取灭菌包扎或保护；合并颅脑、脊柱损伤者，应小心搬动；合并骨折伤者应给予简单固定。

(5) 现场急救后转送前的注意事项

经过现场急救后，为使伤员能够得到及时、系统的治疗，应尽快转送医院，送医的原则是尽早、尽快、就近。但是，由于一些基层医院没有烧伤外科或专业医师，因此，烧伤伤员经常还会遇到再次转院的问题。对轻中度烧伤一般可以及时转送，但对重度伤员，因伤后早期易发生休克，故对此类伤员应首先及时建立静脉补液通道，给予有效的液体复苏，能有效预防休克的发生或及时纠正休克，减轻创面损伤程度可降低烧伤并发症的发生率。

18.3.2 触电急救

电击伤俗称触电，是由于电流或电能（静电）通过人体，造成的机体损伤或功能障碍，甚至死亡。触电伤害大多数是由于人体直接接触电源所致，也有被数千伏以上的高压放电击伤所致。

人体接触1 000 V以上的高压电时多出现呼吸停止，220 V以下的低压电易引起心房纤颤及心脏停搏，220~1 000 V的电压可致心脏和呼吸中枢同时麻痹。

（1）触电症状

触电轻者症状表现为心慌，头晕，面苍白，恶心，呼吸、心搏无规律，四肢无力，如脱离电源，安静休息，注意观察，不需特殊处理。重者呼吸急促、心搏加快、血压下降、昏迷、心室颤动、呼吸中枢麻痹甚至呼吸停止。

触电局部可有深度烧伤，呈焦黄色，与周围正常组织分界清楚，有两处以上的创口，一个入口、一个或几个出口，重者创面深及皮下组织、肌腱、肌肉、神经，甚至深达骨骼，呈炭化状态。

（2）触电急救措施

1）尽快切断电源。立即拉下总闸或关闭电源开关，拔掉插头，使触电者很快脱离电源。急救者可用绝缘物（干燥竹竿、扁担、木棍、塑料制品、橡胶制品、皮制品等）挑开接触病人的电源，使病人迅速脱离。

2）如患者仍在接触漏电的部位时，赶快用干燥的绝缘棉衣、棉被等将病人推拉开。在高空高压线触电抢救中，注意不要造成摔伤。

3）未切断电源之前，抢救者切忌用自己的手直接去拉触电者，这样自己也会遭到触电受伤，因为人体是良导体，极易导电。急救者最好穿胶底鞋，踏在木板上保护自身。

4）确认心搏停止时，在用人工呼吸和胸外心脏按压后，才可使用强心剂等药物。

5）触电烧伤应合理包扎。

（3）注意事项

1）救护人员应在确认触电者已与电源隔离，且救护人员本身所涉环境安全距离内无危险电源时，方能接触伤员进行抢救。

2）在抢救过程中，不要为图方便而随意移动伤员，如确需移动，应使伤员平躺在担架上并在其背部垫以平硬阔木板，不可让伤员身体蜷曲着进行搬运。移动过程中应继续抢救。

3）任何药物都不能代替人工呼吸和胸外心脏按压，对触电者用药或注射针剂，应由有经验的医生诊断确定，其他施救者慎重使用。

4）抢救过程中，要每隔数分钟再判定一次，每次判定时间均不得超过一秒。做人工呼吸要有耐心，不能轻易放弃。

5）如需送医院抢救，在途中也不能中断急救措施。

6）在医务人员未接替抢救前，现场救护人员不能轻易放弃现场抢救，只有专业医生才有权做出伤员死亡的诊断。

18.3.3 急性中毒的急救

发生中毒后，可分除毒、解毒和对症救护三步进行急救。

（1）除毒方法

1）发现吸入毒物的伤员后，应立即将其救离中毒现场，搬至空气新鲜的地方，解开衣领，以保持呼吸道的通畅，同时可吸入氧气。中毒者昏迷时，如有假牙则需要取出，并将舌头牵引出来。

2）清除皮肤毒物。迅速使中毒者离开中毒场地，脱去被污染的衣物，皮肤、毛发等彻底清除和清洗，可用流动清水或温水反复冲洗身体，清除黏附的毒物。有条件者，可用1%乙酸或1%～2%稀盐酸、酸性果汁冲洗碱性毒物；3%～5%碳酸氢钠或石灰水、肥皂水冲洗酸性毒物。但敌百虫中毒忌用碱性溶液冲洗。

3）清除眼内毒物。迅速用0.9%盐水或清水冲洗眼睛5～10 min。酸性毒物用2%碳酸氢钠溶液冲洗，碱性毒物用3%硼酸溶液冲洗。然后可点0.25%氯霉素眼药水，或0.5%金霉素眼药膏以防止感染。无药液时，可用微温清水冲洗。

4）经口误服毒物的急救。对于已经明确属口服毒物的神志清醒的中毒者，应马上采取办法，使毒物从体内排出。

①催吐。首先让中毒者取坐姿，上身前倾并饮水约300～500 mL，然后嘱中毒者弯腰低头，面部朝下，抢救者站在中毒者身旁，手心朝向其面部，将中指伸到其口中（若留有长指甲须剪短），用中指指肚向上钩按软腭（紧挨上牙的是硬腭，再往后就是软腭），按压软腭造成的刺激可以导致中毒者呕吐。呕吐后再让中毒者饮水并再次刺激使其呕吐，如此反复操作，直到吐出的是清水为止。也可用羽毛、筷子、压舌板，或触摸咽部催吐。催吐可在发病现场进行，也可在送医院的途中进行，总之越早越好。

对下列情况不能实施催吐：口服强酸、强碱等腐蚀性毒物者；已发生昏迷、抽搐、惊厥者；患有严重心脏病、食道胃底静脉曲张、胃溃疡、主动脉夹层动脉瘤的患者；孕妇等。

②洗胃。对于清醒者，洗胃急救越快越好，但神志不清、惊厥抽动、休克、昏迷者忌用。洗胃只能在医生指导下进行。洗胃液体一般用清水，如条件许可，亦可用无强烈刺激性化学液体破坏或中和胃中毒物。

③灌肠。清洗肠内毒物，防止吸收。腐蚀性毒物中毒可灌入蛋清、米汤、淀粉糊、牛奶等，以保护胃肠黏膜，延缓毒物的吸收；口服炭末、白陶土有吸附毒物的功能。

大量饮水、茶水都有利尿排毒的作用，可促使已到体内的毒物排除。

（2）解毒和对症急救

关于解毒和对症急救须在医院进行。

（3）给予中毒者生命支持

在医生到达之前或在送中毒者去医院途中，应使已发生昏迷的中毒者采取正确体位，防止其窒息；对已发生心搏、呼吸停止的中毒者应立即实施心肺复苏等。

18.3.4 刺激性气体及其急救措施

刺激性气体过量吸入可引起以呼吸道刺激、炎症乃至肺水肿为主要表现的疾病状态，称为刺激性气体中毒。

（1）主要毒物

最常见的刺激性气体可大致分为如下几类：

1）酸类和成酸化合物，如硫酸、盐酸、硝酸、氢氟酸等酸雾；成酸氧化物（酸酐），如二氧化硫、二氧化氮、五氧化二氮、五氧化二磷等；成酸氢化物，如氟化氢、氯化氢、溴化氢、硫化氢等。

2）氨和胺类化合物，如氨、甲胺、乙胺、乙二胺、乙烯胺等。

3）卤素及卤素化合物，以氯气及含氯化合物（如光气）最为常见。近年有机氟化物中毒亦有增多，如八氟异丁烯、二氟一氯甲烷裂解气、氟利昂、聚四氟乙烯热裂解气等。

4）金属或类金属化合物，如氧化镉、羰基镍、五氧化二钒、硒等。

5）酯、醛、酮、醚等有机化合物，其中，酯和醛的有机化合物刺激性尤强，如硫酸二甲酯、甲醛等。

6）其他类，如臭氧，它常被用作消毒剂、漂白剂、强氧化剂。空气中的氧在高温或短波紫外线照射下也可转化为臭氧，最常见于氩弧焊、X光机、紫外线灯管、复印设备等工作环境中。现代建筑材料、家具、室内装饰中已广泛采用高分子聚合物，故其火灾燃烧的烟雾中常含大量具有刺激性的热解物，如氮氧化物、氯气、氯化氢、光气、氨气等。

（2）刺激性气体的毒性作用

刺激性气体主要毒性在于它们对呼吸系统的刺激及损伤作用，这是因为它们可在黏膜表面形成具有强烈腐蚀作用的物质，如酸类物质或成酸化合物、氨或胺类化合物、醋类、光气等。

有的刺激性气体本身就是强氧化剂，如臭氧，可直接引起过氧化损伤。

上述损伤作用发生在呼吸道则可引起刺激反应，严重者可导致化学性炎症、水肿、充血、出血，甚至黏膜坏死；发生在肺泡，则可引起化学性肺水肿。化学物质的刺激性还可引起支气管痉挛及分泌物增加，进一步加重可导致肺水肿。

（3）刺激性气体中毒症状

1）化学性（或称中毒性）呼吸道炎。主要因刺激性气体对呼吸道黏膜的直接刺激损伤作用所引起。水溶性越大的刺激性气体，对上呼吸道的损伤作用也越强，其进入深部肺组织的量也相应较少，如氯气、氨气、二氧化硫、各种酸雾等。此时，可同时见有鼻炎、咽喉炎、气管炎、支气管炎等表现及眼部刺激症状，如喷嚏、流涕、流泪、畏光、眼痛、喉干、咽痛、声音嘶哑、咳嗽、咳痰等，严重时可有血痰及气急、胸闷、胸痛等症状；高浓度刺激性气体吸入可因喉头水肿而致明显缺氧、发绀，有时甚至引起喉头痉挛，导致窒息死亡。较重的化学性呼吸道炎可出现头痛、头晕、乏力、心悸、恶心等全身症状。轻度刺激性气体中毒或高浓度刺激性气体吸入早期，应及时脱离中毒现场，给予适当处理后多能很快康复。

2）化学性（中毒性）肺炎。主要是进入呼吸道深部的刺激性气体对细支气管及肺泡上皮的刺激损伤作用引起中毒性肺炎，常见表现除有呼吸道刺激症状外，主要表现为较明显的胸闷、胸痛、呼吸急促、咳嗽、痰多，甚至咯血；体温多有中度升高，伴有较明显的全身症状，如头痛、畏寒、乏力、恶心、呕吐等，一般可持续3~5天。

3）化学性（中毒性）肺水肿。肺水肿是吸入刺激性气体后最严重的表现，如吸入高浓度刺激性气体可在短期内迅速出现严重的肺水肿，但一般情况下，化学性肺水肿多由化学性呼吸道炎乃至化学性肺炎演变而来，如积极采取措施，减轻乃至防止肺水肿的发生，对改善愈后状况有重要意义。

肺水肿的主要特点是突然发生呼吸急促、严重胸闷憋气、剧烈咳嗽，患者会出现大量泡沫痰，呼吸常达30~40次/min以上，并伴明显发绀、烦躁不安、大汗淋漓，不能平卧。多数化学性肺水肿治愈后不留后遗症，但有些刺激性气体，如光气、氮氧化物、有机氟热裂解气等可引起的肺水肿，在恢复2~6周后可能出现逐渐加重的咳嗽、发热、呼吸困难，甚至死于急性呼吸衰竭；还有些危险化学品，如氯气、氨气等可导致慢性堵塞性肺疾患；有机氟化合物、现代建筑火灾的烟雾等则可引起肺间质纤维化等。

（4）刺激性气体中毒的现场急救

刺激性气体中毒的现场急救原则是迅速将伤员脱离事故现场，对无心搏、呼吸者采取人工呼吸和心脏复苏，具体参照急性中毒的现场急救措施。

18.3.5 窒息性气体及其中毒急救措施

（1）窒息性气体及其分类

窒息性气体过量吸入可造成机体以缺氧为主要特性的疾病状态，称之为窒息性气体中毒。

窒息性气体中毒是最常见的急性中毒。据全国职业病发病统计资料，窒息性气体中毒数量在急性中毒总数量中的比例最高，由其造成的死亡人数占急性职业中毒总死亡人数的65%。根据窒息性气体毒作用的不同，可将其大致分为三类。

1）单纯窒息性气体。属于这一类的常见窒息性气体有氮气、甲烷、乙烷、丙烷、乙烯、丙烯、二氧化碳、水蒸气，以及氩、氖等稀有气体。这类气体本身的毒性很低，或属稀有气体，但若在空气中大量存在可使吸入气中氧含量明显降低，导致机体缺氧。正常情况下，空气中氧含量约为20.96%，若氧含量小于16%，即可造成呼吸困难；氧含量小于10%，则可引起昏迷甚至死亡。

2）血液窒息性气体。常见的有一氧化碳、一氧化氮、苯的硝基或氨基化合物蒸气等，这类气体的毒性在于它们能明显降低血红蛋白对氧气的化学结合能力，从而造成组织供氧障碍。

3）细胞窒息性气体。常见的是氰化氢和硫化氢，这类毒物主要作用于细胞内的呼吸酶，阻碍细胞对氧的利用，故此类毒物也称细胞窒息性毒物。

（2）接触窒息性气体的中毒症状

1）缺氧表现。缺氧是窒息性气体中毒的共同致病环节，故缺氧症状是各种窒息性气体中毒的共有表现。轻度缺氧时主要表现为注意力不集中、智力减退、定向力障碍、头痛、头晕、乏力；缺氧较重时可有耳鸣、呕吐、嗜睡、烦躁、惊厥或抽搐，甚至昏迷等症状。但上述症状往往被不同窒息性气体的独特毒性所干扰或掩盖，故并非不同窒息性气体引起的相近程度的缺氧都有相同的临床表现。如能及时地治疗处理，使脑缺氧尽早改善，常可避免发生严重的脑水肿。

2）急性颅压升高表现：

①头痛是早期的主要症状，为全头痛，前额尤其明显，程度甚剧，任何可增加颅内压的因素，如咳嗽、喷嚏、排便，甚至突然转头均可使头痛明显加重。

②呕吐是颅内压增高的常见症状，主要因延髓的呕吐中枢受压所致，但窒息性气体中毒所致脑水肿以细胞内水肿为主。

③抽搐，常为频繁的癫痫样抽搐发作，主要因大脑皮质运动区缺血、缺氧或水肿压迫所致；若累及脑干网状结构，则可出现阵发性或持续性肢体强直。

④视盘水肿。一般在2~3天后才逐渐显现颅内压升高，故中毒早期未能检查出视盘水肿并不能排除脑水肿存在。

⑤心血管系统变化。早期可见血压升高、脉搏缓慢，为延髓心血管运动中枢对水肿压迫及缺血缺氧代偿所致；若延髓功能衰竭，则可见血压急剧下降，脉搏亦微弱、快速。

⑥呼吸变化。早期表现为呼吸深慢，亦为延髓的代偿性反应；呼吸中枢若有衰竭，则呼吸转为浅慢、不规则，或有叹息样呼吸，严重时可发生呼吸骤停。

⑦其他表现。颅内高压刺激耳内迷路和前庭神经，可引起耳鸣、眩晕；外展神经受压引起外展神经麻痹；延髓交感神经中枢刺激，可导致脑性肺水肿。

（3）窒息性气体中毒的急救措施

窒息性气体中毒有明显剂量—效应关系，侵入体内的毒物数量越多危害越大，且由于伤情也更为急重，故特别强调尽快中断毒物侵入，解除体内毒物毒性。越早抢救，机体的损伤越小，并发症及后遗症也越少。

1）中断毒物继续侵入。迅速将伤员脱离危险现场，同时清除衣物及皮肤污染源。如硫化氢中毒伤员应脱去污染工作服，若有氢氰酸、苯胺、硝基苯等液体溅在身上，还应彻底清洗污染的皮肤，不可大意。危重伤员易发生中枢性呼吸循环衰竭，应高度警惕，如有发现呼吸、心搏停止的情况，应立即进行心肺复苏。

2）解毒措施。单纯窒息性气体如氮气，并无特殊解毒剂，但高浓度二氧化碳吸入后可使用呼吸兴奋剂，严重者应使用呼吸机通气，以排出体内过量二氧化碳。具体解毒措施要由专业医疗机构进行。

3）脑水肿的防治。脑水肿是缺氧引起的最严重后果，也是引起窒息性气体中毒死亡最重要原因，因此是成功抢救急性窒息性中毒的关键，其要点是早期防治，避免脑水肿发生或使危害程度减轻。

18.3.6 化学性烧伤急救

（1）化学性眼烧伤急救

酸、碱等化学物质溅入眼部引起损伤，其程度和愈后决定于化学物质的性质、浓度、渗透力，以及化学物质与眼部接触的时间。常见的化学性眼烧伤有硫酸、硝酸、氨水、氢氧化钾、氢氧化钠等烧伤，其中碱性化学品的毒性更大。

1）烧伤症状：

①低浓度酸、碱烧伤时，表现为刺痛、流泪、怕光，眼睑、结膜充血，结膜和角膜上皮脱落等症状。

②高浓度酸、碱烧伤时，表现为剧烈疼痛、流泪、怕光、眼睑痉挛、眼睑及结膜高度充血水肿、局部组织坏死等症状。

③严重的酸、碱烧伤时，可损害眼的深部组织，出现虹膜炎、前房积脓、晶状体浑浊、全眼球炎，甚至会造成眼球穿孔、萎缩或继发青光眼。

2）急救措施：

①发生化学性眼烧伤，应立即彻底冲洗。现场可用自来水冲洗，冲洗时间要充分，一般需半小时左右。如无水龙头，可把头浸入盛有清洁水的盆内，用手把上下眼睑翻开，眼球在水中轻轻左右转动冲洗，然后再送医院治疗。

②用生理盐水冲洗，以去除和稀释化学物质。冲洗时，应注意穹隆部结膜是否有固体化学物质残留，并去除坏死组织。石灰和电石颗粒，应先用植物油棉签清除，再用水冲洗。

（2）化学性皮肤烧伤急救

1）迅速移离现场，脱去污染的衣物，立即用大量流动清水冲洗20~30 min。碱性物质污染后冲洗时间应延长，应特别注意眼及其他特殊部位，如头面、手、会阴的冲洗，烧伤创面经水冲洗后，必要时应进行合理的中和治疗，例如氢氟酸烧伤，经水冲洗后需及时用钙、镁的制剂局部中和治疗，必要时用葡萄糖酸钙动、静脉注射。

2）化学性烧伤创面应彻底清创、剪去水疱、清除坏死组织，深度创面应立即或早期进行削（切）痂植皮及延迟植皮。例如黄磷烧伤后应及早切痂，防止磷被吸收而导致中毒。

3）对有些化学物烧伤，如氰化物、酚类、氯化钡、氢氟酸等在冲洗时应进行适当解毒急救处理。

4）化学性烧伤合并休克时，冲洗应从速、从简，积极进行抗休克治疗。

5）积极防治感染、合理使用抗生素。

18.3.7 爆炸伤的应急与处置

爆炸伤是指由于爆炸造成的人体损伤，广义上的爆炸分为化学性爆炸和物理性爆炸两类。前者主要是由炸药类化学物引起，后者由如锅炉、氧气瓶、煤气罐、高压锅等超高压气体引起。另外，局部空气中有较高浓度的粉尘，在一定条件下也能引起爆炸。

（1）爆炸伤的危害

爆炸瞬间产生的巨大能量借空气迅速向周围传播，形成高压冲击波，不仅可使爆炸作用范围内的人发生严重损伤，而且可使地面和建筑物等也受到巨大破坏，继而造成砸伤、压埋伤。

爆炸伤的特点是程度重、范围广泛且有方向性，兼有高温、钝器或锐器损伤的特点。离爆炸中心越近者，爆炸伤也越重。位于爆炸中心和其附近的人，会造成肢体离断并被抛掷很远，严重烧伤；离爆炸中心稍远的人，主要是受冲击波损伤，其特点是外轻内重，体表常仅见波浪状的挫伤和表皮剥脱，但体内可能存在多发性内脏破裂、出血和骨折等，重者可见挫裂伤和撕脱伤，甚至体腔破裂。冲击波还可将人体抛掷很远，落地时再造成坠落伤。

（2）爆炸伤的表现

根据爆炸的性质不同，其造成的伤害形式也多样，其中严重的多发伤占较大的比例。爆炸伤可以分为爆震伤、爆烧伤、爆碎伤、心理创伤等，有的同时伴有烧伤和有毒有害气体中毒。

1）爆震伤又称为冲击伤，一般是在距爆炸中心0.5~1.0 m处受伤，是爆炸伤害中最为严重的一种损伤。爆震伤的受伤原理是由于爆炸物在爆炸的瞬间产生高速高压，形成冲击波，作用于人体形成冲击伤。冲击波比正常大气压大若干倍，作用人体造成全身多个器官损伤，同时又因高速气流形成的动压，使人跌倒受伤，甚至肢体断离。

2）爆烧伤实质上是烧伤和冲击伤的复合伤，一般发生在距爆炸中心1~2 m范围内，由爆炸时产生的高温气体和火焰造成。严重程度取决于烧伤的程度。

3）爆碎伤是指爆炸物爆炸后直接作用于人体或由于人体靠近爆炸中心，造成人体组织如内脏、肢体破裂，失去完整形态。甚至还有一些是由于爆炸物穿透体腔，形成穿透伤，导致大出血、严重骨折。

4）心理创伤是指因爆炸伤害通常导致伤亡人数众多，现场的惨状而对人群造成的很大心理冲击伤害。

（3）爆炸伤的现场急救原则

1）爆炸多为突发事故，伤亡人数众多。事故发生后，需要迅速报警，并且拨打紧急救助电话，对伤员进行救治，同时维持现场的秩序。

2）医疗急救对短时间发生大量伤员的现场急救原则是：先救命、后治伤，先救重伤、后救轻伤。应有效地利用急救资源，尽快将重伤员送医院治疗。

3）将病人尽快转移到安全区。需要注意的是：如果伤者面色苍白、脉搏细弱、四肢发凉，烧伤面积达30%以上，判断已处在休克时，不要用冷水冲洗；呼吸道烧伤易发生窒息，要高度警惕；注意清除呼吸道的异物，保持呼吸道通畅；一旦发生窒息或呼吸停止，应立即进行心肺复苏，尽快送往医院进一步治疗。还要注意：不要轻易给感觉口渴的烧伤伤员喝水，可用湿布或棉球湿润口唇；烧伤创面上切勿使用紫药水、消毒药膏等涂抹，以免掩盖烧伤的程度，不利于治疗；搬运伤员动作应轻柔，行进要平稳，并随时观察伤员情况，对途中发生呼吸、心搏停止者，应就地抢救。

4）爆炸伤伤口的处理原则。尽量保存皮损、肢体，包括离断的肢体，为后期修复、愈合打下基础，最大限度地避免伤残和减轻伤残。颅脑外伤有耳鼻流血者不要堵塞，胸部有伤口随呼吸出现血性泡沫时，应尽快包扎伤口。腹部内脏流出时不要将其送回去，而要用湿的消毒无菌的敷料覆盖后用碗等容器罩住保护，使其免受挤压，尽快送医院处理。

5）爆炸现场尤其要注意防护有毒有害气体。防护好眼睛、呼吸道和皮肤等有毒有害气体进入的途径，穿戴护目镜、头盔、口罩、手套、靴子、防护服等，有条件的救援队员应穿戴专业的防护装备，如带供氧装置的防护服。脱离现场后脱去染毒服装及时进行洗消，包括冲洗眼睛、全身淋浴。对已发生气体中毒的人员，应将其快速转移到安全地点进行急救。如果判断呼吸、心搏停止，应立即进行心肺复苏。已经意识不清的伤者，要注意保持呼吸道的通畅，可以采用仰头提颏法开放呼吸道，但如果是坠落伤或头部、背部受伤，则要注意保护颈椎，因此要谨慎使用这种开放呼吸道方式。